植物多组学解读系列成果

玉叶金花转录组与代谢组联合分析

梅　鑫　吕立堂　周小露　主编

中国轻工业出版社

图书在版编目（CIP）数据

玉叶金花转录组与代谢组联合分析 / 梅鑫, 吕立堂, 周小露主编. -- 北京：中国轻工业出版社, 2025.9
ISBN 978-7-5184-4129-7

Ⅰ. ①玉… Ⅱ. ①梅… ②吕… ③周… Ⅲ. ①茜草科—植物生物化学 Ⅳ. ①Q949.781.1

中国版本图书馆 CIP 数据核字（2022）第 167453 号

责任编辑：贾　磊　　　责任终审：劳国强
文字编辑：王彩缘　　　责任校对：吴大朋　　　封面设计：锋尚设计
策划编辑：贾　磊　　　版式设计：砚祥志远　　　责任监印：张京华

出版发行：中国轻工业出版社（北京鲁谷东街5号，邮编：100040）
印　　刷：北京君升印刷有限公司
经　　销：各地新华书店
版　　次：2025年9月第1版第1次印刷
开　　本：710×1000　1/16　印张：14.25
字　　数：400千字
书　　号：ISBN 978-7-5184-4129-7　　定价：98.00元
邮购电话：010-85119873
发行电话：010-85119832　010-85119912
网　　址：http://www.chlip.com.cn
Email：club@chlip.com.cn
版权所有　侵权必究
如发现图书残缺请与我社邮购联系调换
211297K8X101ZBW

本书编写人员

主　编

梅　鑫(黔南民族师范学院)

吕立堂(贵州大学)

周小露(贵州医科大学)

副主编

李　平(湖南农业大学)

马　媛(黔南民族师范学院)

文　狄(黔南民族师范学院)

参　编

木　仁(黔南民族师范学院)

刘丽明(梧州职业学院)

王　芬(黔南民族师范学院)

姚新转(贵州大学)

王传明(黔南民族医学高等专科学校)

周爽爽(黔南民族师范学院)

格根图雅(黔南民族师范学院)

胡榴虹(黔南民族师范学院)

王佳莱(黔西南州农业林业科学研究院)

莫莉利(贵州省三都水族自治县农业农村局农业产业发展服务中心)

吴兴利(贵州省三都水族自治县九阡镇农业农村综合服务中心)

李东旭(贵州省湄潭县中等职业学校)

陈崇俊(贵州省湄潭县中等职业学校)

王　艳(黔南民族师范学院)

王　顺(贵州省思南县茶桑技术推广中心)
史芳源(广东省英德市农业技术推广中心)
李兴春(贵州省罗甸县边阳第二中学)
赵盼盼(贵州省兴仁市鲁础营回族乡鲁础营民族中学)
彭功明(云南中茶茶业有限公司)

前　言
PREFACE

　　贵州省委、省政府致力于加快发展特色优势产业战略部署，着力推进贵州省茶产业的转型升级。然而，目前贵州地区的茶叶产品和功能类别较为单一。为了开发出更多的茶叶风味和附带功效，我们引进玉叶金花这一传统中草药，其茎叶味甘、性凉，有清凉消暑、清热疏风的功效，具有与茶叶类似的特性，常供药用或晒干代茶叶饮用。

　　本书主要内容包括：玉叶金花的种质资源、遗传关系、生物特征、植物生理、植物成分、功效作用等研究进展；生物信息学中常用的转录组、代谢组以及二者联合分析的介绍；基于转录组分析玉叶金花不同叶位叶片的基因表达量变化的报告解读；基于广靶代谢组分析玉叶金花不同叶位叶片的生化成分变化的报告解读；通过对转录组与代谢组联合分析报告的解读，揭示玉叶金花不同叶位叶片的基因和化合物之间的变化关系。

　　本书拟对引入的玉叶金花品种的遗传关系、生物学特征、生长和生殖行为进行调查研究；对其全株的生化成分和转录组等进行鉴定和生物信息学分析，形成指纹图谱；对其消炎等保健功能进行研究论述。在整个研究进程中，涉及较多英文的分析方法以及文献资料。为了让读者能够清晰地理解英文分析方法，特提供英文示例供读者拓展阅读（扫描书中二维码可查看英文示例）。本书的调研内容，将使读者对玉叶金花的遗传背景、生理机制和健康功效形成全面的认识，对其所制成的相关茶叶产品有深刻的了解，并将有利于推动玉叶金花的栽培和其相关产业的发展。

　　本书获得以下课题资助：国家自然科学基金委项目（31960605、32160727）；贵州省科技厅项目（黔科合支撑〔2019〕2377号、黔科合基础-ZK〔2022〕一般548、黔科合基础-ZK〔2021〕一般167、黔科合LH字〔2014〕7428、黔科合基础〔2019〕1298号、黔科合基础-〔2024〕青年058）；贵州省教育厅项目（重点实验室黔教技〔2023〕027号、黔教合KY字〔2022〕089号，黔教技〔2024〕235号、黔农育专字〔2017〕016号、黔教合KY字〔2017〕336、黔教高发〔2015〕337号、黔教合人才团队字〔2015〕68、黔学位合字ZDXK〔2016〕23号、黔教合KY字〔2016〕020、黔教合KY字〔2020〕193、黔教合KY字〔2022〕089、黔教合KY字〔2020〕071、黔教合KY字〔2020〕070、黔教合人才团队字〔2014〕45号、黔教合KY字〔2014〕227号、黔教合KY字〔2015〕477号);贵州省卫生厅项目(GZWKJ2012-2-017);黔南州科技局项目(黔南科合〔2018〕14号、黔南科合学科建设农字〔2018〕6号、黔南科合〔2018〕13号、黔南州茶资源综合利用重点实验室);黔南民族师范学院科研项目(2017XJG0811、2020QNSYRC08、QNSY2018BS019、QNSY2018PT001、QNSYZW1802、QNYSKYTD2018011、QNSYK201605、2019XJG0303、2018XJG0520、QNYSKYTD2018006、QNYSXXK2018005、QNSY2020XK09、QNYSKYTD2018004、QNSY2018001、QNSY2018PT005);此外,特别感谢武汉迈维代谢生物科技股份有限公司、贵州省灵峰科技产业园有限公司、贵州碧竖科技(集团)有限公司对本书中样品采集、检测分析等给予的大力支持。

第一章 玉叶金花概述与研究进展

第一节 种质资源

玉叶金花的学名为 Mussaenda pubescens W. T. Aiton,俗名有良口茶、野白纸扇、灵仙玉叶金花,异名包括 Mussaenda pubescens f. clematidiflora、Mussaenda bodinieri 以及 Mussaenda pubescens var. alba(Zhou et al.,2024)。

一、玉叶金花(f. pubescens,原变型)

攀援灌木,嫩枝表面具短柔毛。叶为对生或轮生,叶形呈卵状长圆形或卵状披针形,膜质或薄纸质,长为5~8cm,宽为2~2.5cm,叶尖渐尖,叶基楔形,叶面近无毛或少被毛,叶背密生短柔毛;叶柄长为3~8mm,有柔毛;托叶呈三角形,长为5~7mm,深2裂,裂片呈钻形,长为4~6mm。聚伞花序顶生,密花;苞片线形,有硬毛,长约4mm;花梗极短或没有花梗;花萼管呈陀螺形,长为3~4mm,有柔毛,萼裂片呈线形,一般较花萼管长2倍以上,基部密生柔毛,越向上毛越稀疏;花叶为阔椭圆形,长为2.5~5cm,宽为2~3.5cm,纵脉有5~7条,顶端短尖或钝,基部狭窄,柄长为1~2.8cm,两面有柔毛;花冠为黄色,花冠管长约2cm,外面具短柔毛,内面喉部密生棒形毛,花冠裂片呈长圆状披针形,长约4mm,渐尖,内面密生金黄色小疣突;花柱短,内藏。浆果近球形,长8~10mm,直径6~7.5mm,疏被柔毛,顶部有萼檐脱落后的环状疤痕,干时黑色,果柄长4~5mm,疏被毛。花期6—7月。

玉叶金花产于我国广东、香港、海南、广西、福建、湖南、江西、浙江和台湾。生于灌丛、溪谷、山坡或村旁。其模式标本采自我国南部,具体地点不详。

其茎叶味甘、性凉,有清凉消暑、清热疏风的功效,供药用或晒干代茶叶饮用。

二、灵仙玉叶金花(f. *clematidiflora* Chun ex Hsue et H. Wu,变型)

本变型和原变型不同之处在于花萼裂片 5 枚均略增大为大小不等的有色花瓣状的花叶,花叶长 4~12mm,宽 2~3mm,个别的长达 18mm,宽 8mm,柄长 3~4mm。花期 5 月。

灵仙玉叶金花产于广东,遍生于路旁灌木丛中。模式标本采自广东高要九坑。

第二节 遗传关系

一、新变种

Duan 等报道了玉叶金花属新种——云南玉叶金花(Duan et al.,2019)、长瓣玉叶金花(*Mussaenda longipetala* H. L. Li)(林春蕊 等,2011)、峨眉玉叶金花(祝正银 等,2008)、狭瓣玉叶金花(*M. lancipetala* X. F. Deng & D. X. Zhang)(邓小芳 等,2008)和玉叶金花属一新变种,即白花玉叶金花(*Mussaenda pubescens* Ait. f. var. *alba* X. F. Deng)(邓小芳 等,2004)。

二、花性状与性系统

杂种优势是一种花的多态性,增加了种间的花粉转移,促进了非分化交配。玉叶金花属是一个具有多样性系统的属,包括远侧性、雌雄异株性、花单形性和同源性,是研究花性状进化及其与性系统转换关系的理想系统。

关于玉叶金花属的比例、花性状进化和性系统转变之间的关系,对花性状和花粉-胚珠比例进行检验,得到结论:具有功能雌雄异株的物种中较低层次器官的功能丧失是由于不太严格的互惠关系造成的。花粉-胚珠比例和互易指数之间的关系有力地支持了长柄双花的有效非分化授粉可能促进向低花粉-胚珠比例的进化的观点(Yuan et al.,2017)。

采用红纸扇为研究对象,根据玉叶金花以聚合酶链反应(PCR)技术为核心的脱氧核糖核酸(DNA)分子标记、物种分子鉴定,遗传多样性分析和谱系关系,建立简单重复序列-聚合酶链反应(SR-PCR)最优系统对最优反应体系进行研究,得出结论:SR-PCR 最优反应体系为玉叶金花 20μL、Mg^{2+} 浓度 1.50mmol/L、三磷酸脱氧核苷酸(dNTPs)浓度0.150mmol/L、引物浓度0.45μmol/L、Taq DNA聚合酶2.00U、模板DNA 15ng、退火温度53.4℃(郑艳 等,2018)。

三、分子鉴定

用DNA条形码鉴定玉叶金花属分子水平,种间的遗传距离显著高于种内。在序列相似度和相邻度方法的基础上,结果表明,片断结合后的 *mat K+rbc L+trn H-psb A+ITS* 和 *mat K+rbc L+ITS* 分辨能力明显高于其他片断组合,并成功地鉴定出15个近缘类群。由于 *trn H-psb A* 的扩增速率很低,因此,推荐将 *mat K+rbc L+ITS* 作为玉叶金花属DNA条形码和其药用种类的分子鉴定工具(龚维 等,2015)。

四、微卫星标记

通过链亲和素磁珠吸附法获得玉叶金花的微卫星单链酶切,得到了一条单链的目标片段,经PCR扩增后,将其克隆到pGEM-T载体上,再将其转化至质粒克隆的DH5α菌株中,获得一个微卫星序列文库。5对具有多态性的简单重复序列(SSR)引物是由序列设计的SSR两侧引物PL和PR得到的。通过对玉叶金花微卫星的引物的筛选,可以为下一步玉叶金花基因组结构的分析、分子进化和系统发育研究奠定基础(王小兰 等,2007)。

第三节　生物特征

一、显微特征

玉叶金花有显著的显微特征,气孔结构有显著的特点,表现为:上表皮细胞气孔少见,呈类多角形、垂周壁增厚;叶下表皮细胞气孔呈平轴型、不规则,多为非腺毛、垂周壁波形;粉末显微特征常表现为:表面光滑,螺纹导管少见,非腺毛众多,导管多为具缘纹孔,石细胞众多,呈长方形、方形及类圆形;薄层色谱中主斑点分离良好且清晰,色泽和部位与对照品基本一致;13批次玉叶金花的总灰分、醇溶性浸出物和含水量有差别(秦兰 等,2020)。

二、雌雄异位

玉叶金花具有两种花柱长度变体,使其在功能上呈雌雄异株,在形态上则是雌雄同体,并呈现出严格的自交不亲和性(吴小琴 等,2010);长柱型花药绒毡层和短柱型花药绒毡层的类黄酮合成有明显的差别,长柱型花绒毡层的分解时间在短柱型花绒毡层分解前,从而可能影响了小孢子的育性,造成玉叶金花长花柱花雄性不育(Li et al.,2010)。

三、访花昆虫

峨眉山地区自然分布的主要访花昆虫26种,主要为膜翅目、双翅目和鳞翅目等访花昆虫,这三类访花昆虫日活动规律在一定程度上是重合的,表现为双峰型和单峰型,其中鳞翅目是玉叶金花主要的访花昆虫(何应森 等,2016)。

四、性状置换

开黄花的玉叶金花变种和南藤的主要传粉媒介为鳞翅目昆虫,而开白花的玉叶金花变种的主要传粉媒介为膜翅目,且其品种的出现是一种性状替换现象(赖明 等,2009)。

五、种子萌发

玉叶金花的最佳贮藏条件在室内及4℃环境下,发芽速度先降低后增加;随着贮藏时间的延长,种子发芽率呈下降趋势;4℃贮藏期间,种子发芽率为72%~75%;-20℃贮藏后,发芽速度和发芽率均明显下降(崔现亮 等,2020)。

第四节　植物生理

一、感病生理

与健康的玉叶金花相比病株的可溶性糖、叶绿素和可溶性蛋白质含量降低,而过氧化物酶(POD)活性、过氧化氢酶(CAT)、总酚和丹宁含量升高(玉舒中 等,2012)。

二、与微生物互作

叶层真菌普遍表现出高度的物种多样性,在植物适应性和生态系统功能方面发挥着重要作用,但寄主植物基因型与叶层真菌群落之间的关系仍知之甚少。在这项研究中,使用 ITS2 序列的 Illumina MiSeq 测序技术,在整个区域范围内调查了与玉叶金花叶片相关的真菌群落,然后利用微卫星技术对寄主植物基因型和遗传结构进行了表征。在 97% 的序列相似性水平上,共获得了 1575 个真菌分类操作单元(OTU),它们主要由点硫菌纲和泛硫菌纲的成员组成。研究发现真菌群落的组成主要由寄主基因型构成,而受地理距离的影响较小。此外,寄主植物群体间存在显著的遗传分化,植物遗传距离与真菌群落的差异性呈显著正相关。这项研究强调了种内寄主遗传特性作为形成区域叶层真菌群落的主要驱动因素的重要性(Qian et al.,2018)。

三、对重金属的吸收、积累和适应性

对中国南方常见的亚热带林下阳性植物玉叶金花叶片铜、锌、镉和铅进行采样和浓度测定,目的是调查叶片重金属浓度和植物积累的地理变化。采样点的土壤 pH 和锌、镉和铅的重金属浓度存在显著差异,珠江三角洲工业区 3 个采样点的酸度较高。然而,叶 pH 在玉叶金花的地理种群之间没有显著差异。在叶重金属浓度方面,玉叶金花代表铜、锌、铅。各物种不同地理种群间重金属的染色体(BACs)变异系数(CV)在 41.99%~221.83%,表明重金属的植物积累具有较高的地理变异性,其积累能力随着土壤重金属浓度的增加而下降。这项研究表明,玉叶金花群体可以作为铅的超积累者(Su et al.,2012)。

第五节 植物成分

一、检测方法

测定玉叶金花中苷酸甲酯含量的最佳高效液相色谱条件详见表 1-1。

表 1-1　　　　　　　　　　色谱条件

色谱柱	溶剂	柱温/℃	方法	检测波长/nm	进样量/μg
Diamonsil C_{18}(2)(5μm,150mm×4.6mm)	甲醇-0.5%冰乙酸	25	梯度洗脱	265	1.26~20.10

平均回收率和相对标准偏差(RSD)值分别为 97.64% 和 1.23%($n=6$),线性关系良好(潘利明 等,2013)。

测定玉叶金花中总三萜类成分的最佳香草醛比色条件详见表 1-2。

表 1-2　　比色条件

5%香草醛-冰乙酸溶液/mL	高氯酸/mL	温度/℃	反应时间/min	样本含量范围/mg
0.6	0.6	70	15	0.021~0.16

对照品和供试品液在显色反应完全后 70min 内稳定性良好,精密度高,平均回收率为 100.08%,线性关系良好(于虹敏 等,2015)。

测定 01G3 型大孔树脂纯化富集玉叶金花中三萜皂苷(mussaendoside G)的最佳高效液相色谱条件详见表 1-3。

表 1-3　　色谱条件

上样浓度/(g/mL)	上样量/(mL/g)	流速/(mL/min)
1	1.5	1

按顺序使用 9BV 水、6BV 20%乙醇、13BV 60%乙醇和 6BV 95%乙醇洗脱(张颖 等,2015)。

利用羟丙基葡聚糖凝胶(Sephadex LH-20)、ODS 柱色谱等方法对化合物进行分离和纯化,从玉叶金花中分离并鉴定出 6 种单体化合物,对其中 5 种化合物进行了抗病毒活性测定,并用细胞病变效应(CPE)和噻唑蓝(MTT)法进行评估;用定量聚合酶链反应(qPCR)技术测定病毒 HA 基因的相对含量,探讨化合物对病毒 HA 基因表达的调控效果。评价抗炎活性使用脂多糖(LPS)诱发的 THP-1 大鼠巨噬细胞的炎症模型。研究者对 THP-1 细胞活性和单体化合物的半数中毒浓度(TC_{50})进行测定时使用 CCK-8 方法;检测炎症因子的基因采用荧光定量 RT-PCR 方法。结果从玉叶金花中提取出咖啡酸甲酯(1)和豆甾醇(2)等 6 种化合物。在 LPS 诱导的巨噬细胞 THP-1 上对化合物 1、3、4、5 和 6 的抗炎作用试验表明,在体外试验中均可对炎症因子的基因相对水平有一定的调控作用,其中,化合物 1、3 具有明显的调控效果。结果表明,化合物 1、3、4 具有一定的体外抗病毒活性,并能降低血凝素信使核糖核酸(HAmRNA)的相对含量。结论:本属植物首次发现化合物 1;化合物 1、3、4 在体外对流感病毒有一定的抑制作用(王遥,2017)。

测定玉叶金花清热片中化合物含量的最佳超高效液相色谱-电喷雾电离串联质谱(UPLC-ESI-MS/MS)条件详见表 1-4。

表 1-4　　色谱条件

色谱柱	流动相	方法	体积流量	质谱	模式
安捷伦 Zorbax SB C_{18} 柱(50mm×3.0mm,1.8μm)	甲醇-0.1%乙酸(含 0.02mol/L 乙酸铵)	梯度洗脱	0.3mL/min	电喷雾电离(ESI)正、负离子同时采集	多反应监测(MRM)

14种成分在相应线性范围内与测定值线性关系良好（$r>0.9985$），平均加样回收率94.5%~101.5%（RSD<3.0%）（覃华亮 等，2020）。

二、指纹图谱

以水杨酸为对照品，对不同产地、不同季节采集的玉叶金花采用电位返滴定方法测定其总有机酸质量分数的范围（潘利明 等，2013）；并采用高效液相色谱和中药色谱指纹图谱分析方法对10批次的药材进行高效液相色谱（HPLC）图谱分析，将11个峰位作为指纹图谱共有峰，形成了玉叶金花药材的色谱指纹图谱（潘利明 等，2014）。

三、玉叶金花皂苷U

玉叶金花皂苷U能抑制M胆碱引起的神经兴奋，因其能降低肠平滑肌的收缩力，从而导致溴化乙酰胆碱终质量浓度与肌收缩力之间的量效反应曲线右移；曾宪彪等研究表明，在老鼠尾部静脉内注射玉叶金花皂苷U的急性毒性试验，当剂量为128~760mg/kg时，最低剂量组和最高剂量组的死亡率为20%~70%，剂量对数与死亡率单位的关系接近（曾宪彪 等，2015）。

四、植物组织成分

（一）根茎

检测玉叶金花的干燥根和茎得到15个化合物，鉴定了其中14个化合物的结构，分别是山栀子苷甲酯（shanzhiside methyl ester）（1）、schimoside（2）、mussaendiside L（3）、隐绿原酸甲酯（4-dicaffeoylquinic acid methyl ester）（4）、绿原酸甲酯（3-dicaffeoylquinic acid methyl ester）（5）、玉叶金花苷酸甲酯（mussaenoside）（6）、异绿原酸B甲酯（3,4-dicaffeoylquinic acid methyl ester）（7）、异绿原酸A甲酯（3,5-dicaffeoylquinic acid methyl ester）（8）、异绿原酸C甲酯（4,5-dicaffeoylquinic acid methyl ester）（9）、quinovic acid 3-O-β-D-glucopyranosyl-28-O-β-L-rhamnopyranosyl ester（10）、绿原酸（3-dicaffeoylquinic acid）（11）、异绿原酸B（3,4-dicaffeoylquinic acid）（12）、异绿原酸A（3,5-dicaffeoylquinic acid）（13）、异绿原酸C（4,5-dicaffeoylquinic acid）（14）。其中化合物（2）、（4）、（5）、（7）~（14）首次从该植物中分离得到，且玉叶金花中咖啡酰奎宁酸类化合物具有一定的抗炎活性（张谦华，2019）。

（二）地上部分

从玉叶金花（茜草科）地上部分分离得到heinsiagenin A 3-O-[α-L-rhamnopyranosyl-(1→2)-β-D-glucopyranosyl-(1→2)]-β-D-glucopyranoside(1)、heinsiagenin A 3-O-[α-L-rhamnopyranosyl-(1→2)-β-D-glucopyranosyl-(1→2)]-[β-D-glucopyranosyl-(1→4)]-β-D-glucopyranoside(2)、2α-hydroxyheinsiagenin A 3-O-[α-L-rhamnopyranosyl-(1→2)-β-D-glucopyranosyl-(1→2)]-β-D-glucopyranoside(3)、2α-hydroxyheinsiagenin A 3-O-[β-D-glucopyranosyl-(1→2)]-[β-D-glucopyranosyl-(1→4)]-β-D-glucopyranoside(4)、N-(2S,3R,4R-3-methyl-4-pentanolid-2-yl)-18-hydroxylanosta-8(9),22E,24E-trien-27-amide-3-O-[α-L-rhamnopyranosyl-(1→2)-β-D-glucopyranosyl-(1→2)]-[β-D-glucopyranosyl-(1→4)]-β-D-glucopyranoside(5)(Mohamed et al.,2015)、海因素 A3-O-{α-L-鼠李糖基(1→2)-[β-D-吡喃葡萄糖苷(1→6)]-β-D-吡喃葡萄糖苷(1→2)}-α-L-吡喃葡萄糖苷和3β(6),19α-二羟-油酸-12-en-24,28-二甲酸-24,28-二-O-β-D-吡喃葡萄糖苷(7)(Zhao et al.,1996)、咖啡酸甲酯(8)、豆甾醇(9)、mussaendoside R(10)、mussaendoside Q(11)、mussaendoside G(12)、mussaendoside U(13)(王遥,2017)、N-甲基吡咯(14)、叶绿醇(15)(潘绒 等,2018),以及两个新的三萜皂苷(mussaendosides U 和 V)、一种已知的皂苷和四种已知的三萜(Zhao et al.,1997);其中化合物 1 显示出强大的抗锥体细胞活性,半数抑制浓度(IC_{50})值为 8.80μmol/L;化合物 2~4 显示出高度有效的抗锥虫活性,IC_{50} 值介于 2.57~2.84μmol/L,90%抑制浓度(IC_{90})值介于 3.36~4.35μmol/L,比阳性对照 DFMO(IC_{50} 和 IC_{90} 值分别为 13.06μmol/L 和 28.99μmol/L)大 5 倍;化合物 1 和 2 与 μ-阿片受体具有中等亲和力,抑制常数(K_i)值分别为 9.936μmol/L 和 0.872μmol/L,而阳性对照品盐酸纳洛酮的 K_i 值为 1.958nmol/L(Mohamed 2015);化合物 8~13 均对细胞因子 IL-1β、IL-23、TNF-α、IL-12、IL-22、IL-8 的信使核糖核酸(mRNA)相对含量有一定调节能力,其中化合物 8 和化合物 10 的调节作用显著(王遥,2017)。

采用表 1-5 方法,可得 2.71%的浸出率。经检验,该工艺是稳定可行的(赵玉立 等,2017)。

表 1-5　　　　　　　　　　　　提取条件

原料	料液比/(g/mL)	醇析体积倍数	pH	浸提时间/h
玉叶金花果实	1∶15	1∶4	6	3

(三)全株

玉叶金花的全株在中国民间医学中被用于治疗咽喉炎、急性胃肠炎和痢疾,也被用作避孕药(Wang et al.,2013)。利用高效液相色谱法测定玉叶金花全株得到新绿原酸 0.30~1.57mg/g、山栀苷甲酯 0.34~5.20mg/g、绿原酸 0.34~5.84mg/g、隐绿原酸 0.32~2.26mg/g、玉叶金花苷酸甲酯 0.05~21.63mg/g、8-O-乙酰山栀苷甲酯 0.07~18.93mg/g、3,4-O-二咖啡酰基奎宁酸 1.02~4.21mg/g、3,5-O-二咖啡酰基奎宁酸 0.39~5.77mg/g、4,5-O-二咖啡酰基奎宁酸 1.38~5.25mg/g（林雀跃 等,2018)、异绿原酸 A（3,5-二咖啡酰奎宁酸）、异绿原酸 B（3,4-二咖啡酰奎宁酸）、异绿原酸 C（4,5-二咖啡酰奎宁酸)（张谦华 等,2019）以及三种新的三萜皂苷（mussaendosides O、P 和 Q)（Zhao, et al.,1994）和两种新的环烷型三萜皂苷（mussaendosides M 和 N)（XU et al.,1992）。

（四）萃取部位

从玉叶金花正丁醇萃取部位、三氯甲烷部位和乙酸乙酯部位分离鉴定得到 $3\beta,19\alpha$-dihydroxyolean-12-en-28-oic acid $(28\rightarrow1)$-β-D-glucopyranosyleste（1）、mussaendoside R（2）、mussaendoside V（3）、mussaendoside M（4）、mussaendoside Q（5）、mussaendoside G（6）、mussaendoside U（7)（张颖 等,2013）、β-谷甾醇（8）等，且化合物 1 和 10~13 均是首次从该植物中分离得到（周中林 等,2017）。

第六节 功效作用

一、抗炎镇痛抑菌

玉叶金花具有抗炎镇痛抑菌的功效,具体如下。

玉叶金花的根和茎均具有明显的镇痛、抗炎及抗菌功效（黄捷 等,1999）,有助于清热利湿、解毒消肿（潘利明 等,2015）;多种化学成分共同发挥抗炎镇痛药效,26 个共有峰与抗炎活性均存在一定关联度,其中关联度在 0.7272~0.5779 的新绿原酸、异绿原酸 A 等对抗炎活性贡献作用较大,关联度在 0.7333~0.5708 的山栀苷甲酯、8-O-乙酰山栀苷甲酯等对镇痛作用贡献较大（张赞 等,2020）。

玉叶金花的抑菌谱广,对大肠埃希菌、肺炎克雷伯菌、金黄色葡萄球菌、伤寒杆菌、痢疾杆菌、铜绿假单胞菌、阴沟肠杆菌、枯草芽孢杆菌、白假丝酵母和总状毛霉均表现明显的抑制作用（王永刚 等,2013）（潘利明 等,2015）。在 $P<0.05$ 下,玉叶金花水提物能明显缓解由二甲苯、角叉菜胶引起的小鼠耳、足部肿胀（潘利明 等,2012）和肉芽肿（邢文善 等,2013）;且水提物乙酸乙酯（$C_4H_8O_2$）萃取部位、正丁醇[$CH_3(CH_2)_3OH$]萃取部位及水溶性部位能明显缓解耳肿胀度,但石油精（PE）萃取部位则作用不显著（潘利明 等,2013）。

玉叶金花苷酸甲酯能显著减轻由醋酸引起的小鼠扭体反应,还能明显延长热刺激引发的小鼠痛反应时间（潘利明 等,2012）。

玉叶金花干燥茎叶中咖啡酸甲酯(1)、豆甾醇(2)、mussaendoside R(3)、mussaendoside Q(4)、mussaendoside G(5)、mussaendoside U(6)都能调节白细胞介素-23、白细胞介素-1β、肿瘤坏死因子-α等的mRNA相对含量,且咖啡酸甲酯、豆甾醇具有显著调节作用。其中对病毒HAmRNA、炎症细胞的体外抗病毒活性具有调节作用的物质分别为咖啡酸甲酯、mussaendoside R、mussaendoside Q(王遥,2017)。

玉叶金花对甲型流感病毒鼠肺适应株A/FM1/47(H1N1)的增殖、促炎细胞因子上调有显著抑制作用,可减少流感病毒感染后炎性细胞因子的产生(邵敏明,2015)。

此外,钩吻与玉叶金花配伍,既能减轻毒性,又能维持止痛效果。高汉云等(2020)研究表明,吲哚美辛组、钩吻组和其配伍组在15min后可明显降低乙酸诱发的扭体次数,并可延长扭转反应时间。

二、解毒

玉叶金花能降低炎症细胞因子的生成,是通过抑制TLR7介导的MyD88、NF-κB等信号通路实现,且玉叶金花及其解毒剂对A/FM1/47(H1N1)在细胞水平、鸡胚水平和整体动物中均显示出明显的抑制作用(邵敏明,2015)。

钩吻是一种著名的有毒植物,而其醇提物具有一定的抗肿瘤作用(杨帆 等,2004),钩吻配伍玉叶金花可降低钩吻毒性,不仅可以保持钩吻的抗肿瘤作用又可以保持玉叶金花的镇痛作用(李德森 等,2018)。其混合提取物对小鼠的半数致死剂量(LD_{50})为7.64g/kg(杨帆 等,2004);最佳配比为0.54∶14.23(钩吻∶玉叶金花),LD_{50}为0.68g/kg,钩吻中胡蔓藤碱丙、钩吻素己、钩吻绿碱和胡蔓藤碱已的值分别降低43.69%、41.42%、36.00%和8.90%(Wang et al.,2017);且钩吻毒效部位配伍后能达到减毒的目的,推测可能是P-gp、MRP2转运蛋白的诱导剂增强了Ⅱ相代谢酶谷胱甘肽-S-转移酶(GST)的活性(王英豪,2016)。

三、抗氧化

玉叶金花的叶挥发油和醇提物各极性部位均有抗氧化活性(潘绒 等,2018),而其醇提物能清除2,2-联氮-二(3-乙基-苯并噻唑-6-磺酸)二铵盐(ABTS)$^+$自由基、1,1-二苯基-2-三硝基苯肼(DPPH)自由基的部位分别为EA(乙酸乙酯)、1-丁醇[$CH_3(CH_2)_3OH$]部位;其中抗坏血酸(VC)到达89.98%,则EA部位还原能力最强,清除能力和各部位还原力均随浓度的增大而增大(周中林 等,2017);除此之外,还从其叶挥发油中共鉴别出49个有效成分,其中N-

甲基吡咯（N-Methylpyrrole）和叶绿醇（Phytol）具有很高的研究和应用价值（潘绒 等，2018）。

四、化感作用

鸡屎藤乙醇提取液和玉叶金花乙醇提取液对萝卜胚根和萝卜幼苗的抑制效果最好；鸡屎藤对萝卜幼苗根系活力的抑制作用大于玉叶金花，对剑叶耳草乙醇提取液有明显的促进作用。由此可以看出，茜草科3种植物的抑制效果：鸡屎藤抑制效果最好，剑叶耳草次之，玉叶金花最差（刘龙元 等，2012）；3种植物的乙醇提取液明显增加了受体萝卜幼苗的脯氨酸含量，并使其发芽速率指数、发芽率、叶绿素含量明显下降（刘龙元 等，2014）。

五、抗病毒

采用细胞病变效应（CPE）还原试验筛选了中国南部传统使用的21种草药的水提液，发现其对HSV-1和RSV均有一定的抗病毒作用。其中仙鹤草、仙人掌和石榴三种提取物都显示出抗HSV-1活性，这可能是由于草药提取物中的多酚化合物引起；而六耳铃、地胆草、玉叶金花、鹅掌柴、韩信草及蕨类植物的提取物，具有抗呼吸道合胞病毒（RSV）活性，50%抑制（IC_{50}）浓度范围为12.5~32μg/mL，选择性指数（SI）范围为11.2~40。除了多酚化合物外，这些提取物中的其他成分也可能有助于其抗RSV活性。（Li et al.，2004）

六、玉叶金花配伍

利用HPLC检测玉叶金花清热片得到的栀子苷在0.166~2.981μg，平均回收率为99.4%；脱水穿心莲内酯在0.222~3.992μg，平均回收率为100.1%；穿心莲内酯在0.146~2.621μg，平均回收率为99.2%（唐德智，2015）；利用UPLC-ESI-MS/MS测定玉叶金花清热片中牛磺酸、栀子苷、玉叶金花苷酸甲酯、β-蜕皮甾酮、脱水穿心莲内酯、穿心莲内酯、哈巴俄苷、胆红素、哈巴苷山栀苷甲酯、京尼平苷酸、绿原酸、3,5-O-二咖啡酰基奎宁酸、胆酸成分在相应线性范围内与测定值线性关系良好，平均加样回收率为94.5%~101.5%（覃华亮 等，2020）。利用HPLC检测不出豆甾醇和β-谷甾醇，但中药渣、玉叶清火胶囊、玉叶金花药材中却含有少量咖啡酸和阿魏酸，且最优的提取条件是采用50%乙醇作提取剂（黄炳雄 等，2015）。

参考文献

[1] 崔现亮,卢文,邱其伟,等.储藏条件和时间对糯扎渡自然保护区3种灌木种子萌发的影响[J].普洱学院学报,2020,36(3):1-3.

[2] 邓小芳,张奠湘.玉叶金花一新变种[J].热带亚热带植物学报,2004(5):476.

[3] 邓小芳,张奠湘.中国玉叶金花属(茜草科)植物一新种(英文)[J].植物分类学报,2008(2):220-225.

[4] 高汉云,王翠雪,黄宇如,等.钩吻配伍玉叶金花对大鼠脏器组织病理形态改变及扭体镇痛实验研究[J].药学研究,2020,39(1):7-10.

[5] 龚维,陈湜,刘婉桢,等.基于DNA条形码的玉叶金花属植物鉴定研究[J].中草药,2015,46(5):727-732.

[6] 何应森,徐晓燕,李昕然.峨眉山自然保护区玉叶金花访花昆虫种类和访花行为研究(英文)[J].农业科学与技术:英文版,2016,17(5):1200-1203.

[7] 黄炳雄,陈帆,陈薇,等.高效液相色谱法测定药渣再次提取物中的有效成分[J].北京农业,2015(14):18-19.

[8] 黄捷,何颂华.玉叶清火片的薄层色谱鉴别[J].基层中药杂志,1999(4):33.

[9] 赖明,罗中莱,张奠湘.玉叶金花种内性状置换的初步研究[J].广西植物,2009,29(6):724-728.

[10] 李德森,王英豪,吴水生,等.钩吻配伍减毒存效作用实验研究[J].福建中医药,2018,49(2):17-19.

[11] 林春蕊,谢彦军,梁树朝,等.中国玉叶金花属一新记录种——长瓣玉叶金花[J].热带亚热带植物学报,2011,19(6):554-557.

[12] 林雀跃,罗永强,张荣林,等.HPLC法同时测定壮药玉叶金花中9个成分的含量[J].药物分析杂志,2018,38(5):765-770.

[13] 刘龙元,贺鸿志,黎华寿.3种茜草科药用植物乙醇浸提液对萝卜种子萌发及幼苗生长的化感作用[J].广东农业科学,2014,41(9):33-38.

[14] 刘龙元,黎华寿,贺鸿志.3种常见茜草科药用植物化感作用的生物测定[J].广东农业科学,2012,39(8):41-43.

[15] 潘利明,林励,胡旭光.玉叶金花水提物的抗炎抑菌作用[J].中国实验方剂学杂志,2012,18(23):248-251.

[16] 潘利明,林励.HPLC法测定玉叶金花中玉叶金花苷酸甲酯的含量[J].云南中医中药杂志,2013,34(11):62-64.

[17] 潘利明,林励.电位返滴定法测定玉叶金花中总有机酸的含量[J].广东药学院学报,2013,29(3):281-284.

[18] 潘利明,林励.玉叶金花苷酸甲酯抗炎、镇痛、抑菌作用研究[J].中成药,2015,37(3):633-636.

[19] 潘利明,林励.玉叶金花高效液相色谱指纹图谱研究[J].广州中医药大学学报,2014,31(2):284-288.

[20] 潘利明,林励.玉叶金花水提物不同萃取部位的抗炎活性研究[J].广东药学院学报,2013,29(5):530-532.

[21] 潘绒,黄京京,赵玉立,等.资源植物玉叶金花挥发油的GC-MS分析及体外抗氧化活性研究[J].安徽农业科学,2018,46(1):173-177.

[22] 秦兰,刘亭,孙佳,等.玉叶金花质量控制研究[J].贵州医科大学学报,2020,45(4):408-414.

[23] 邵敏明.玉叶解毒颗粒及组方抗流感病毒作用及免疫机制[D].广州:广州中医药大学,2015.

[24] 覃华亮,覃子龙,符传武,等.UPLC-ESI-MS/MS法同时测定玉叶金花清热片中14种成分的含量[J].中南药学,2020,18(5):844-848.

[25] 唐德智.HPLC同时测定玉叶金花清热片中3种有效成分的含量[J].中国现代应用药学,2015,32(4):486-489.

[26] 王小兰,庾文根,周玉萍,等.玉叶金花(*Mussaenda pubescens*)SSR引物的快速开发[J].广州大学学报(自然科学版),2007(1):50-52.

[27] 王遥.玉叶金花化学成分及其体外抗流感病毒抗炎活性研究[D].广州:广州中医药大学,2017.

[28] 王英豪.毒性中药钩吻配伍玉叶金花减毒机制研究[D].福州:福建中医药大学,2016.

[29] 王永刚,王长明.11种中草药抑菌性能研究[J].畜牧与饲料科学,2013,34(10):117-118.

[30] 吴小琴,陈湜,张奠湘.玉叶金花属植物繁育系统的研究:第九届全国植物结构与生殖生物学学术研讨会[C],中国陕西西安,2010.

[31] 邢文善,李艳华,朱玉花,等.玉叶金花提取液对动物模型抗炎抑菌作用研究[J].中国实验方剂学杂志,2013,19(19):267-270.

[32] 杨帆,陆益,李艳,等.钩吻提取物抗肿瘤作用的实验研究[J].广西中医药,2004(1):51-53.

[33] 于虹敏,卢雪花,王英豪,等.玉叶金花总三萜类成分含量测定方法建立[J].辽宁中医药大学学报,2015,17(2):40-42.

[34] 玉舒中,王缉健,吕文玲,等.玉叶金花丛枝症病害生理学初探[J].湖北农业科学,2012,51(9):1808-1810.

[35] 曾宪彪,李嘉,韦桂宁,等.小鼠尾静脉注射玉叶金花皂苷U的急性毒性试验研究[J].药学研究,2015,34(5):254-255.

[36] 张谦华,林雀跃,朱韬,等.一测多评测定玉叶金花中4种有机酸的含量[J].河北大学学报(自然科学版),2019,39(2):137-143.

[37] 张谦华.玉叶金花化学成分及抗炎活性研究[D].广州:广西中医药大学,2019.

[38] 张颖,李嘉,姜平川.大孔树脂纯化玉叶金花中三萜皂苷mussaendoside G的工艺研究[J].中南药学,2015,13(7):704-707.

[39] 张颖,李嘉,姜平川.玉叶金花化学成分研究[J].中药新药与临床药理,2013,24(3):278-281.

[40] 张赞,黄逯,张慧,等.壮药玉叶金花抗炎镇痛作用的谱效关系研究[J].中国药理学通报,2020,36(6):870-874.

[41] 赵玉立,程鑫,潘绒,等.资源植物玉叶金花果实多糖的提取工艺研究[J].天津农业科学,2017,23(8):15-19.

[42] 郑艳,胡章立,陈涛.玉叶金花SSR-PCR体系的优化[J].安徽农业科学,2018,46(13):98-103.

[43] 周中林,雷佳琦,潘利明,等. 玉叶金花醇提物不同极性部位抗氧化活性研究[J]. 广东化工,2017,44(7):26-28.

[44] 周中林,孙继燕,潘利明,等. 玉叶金花化学成分研究[J]. 广东药科大学学报,2017,33(2):184-186.

[45] 祝正银,祝世杰. 峨眉山玉叶金花属一新种[J]. 植物研究,2008(3):257-258.

[46] DUAN T,QIAN X,DENG X,et al. *Mussaenda yunnanensis* sp. nov. (Rubiaceae),a new functionally dioecious species from Yunnan,China[J]. Nordic Journal of Botany,2019,37(11):10-11.

[47] LI AM,WU XQ,ZHANG DX,et al. Cryptic dioecy in *Mussaenda pubescens* (Rubiaceae):a species with stigma-height dimorphism[J]. Ann Bot. 2010,106(4):521-531.

[48] LI Y,OOI L,WANG H,et al. Antiviral activities of medicinal herbs traditionally used in southern China's mainland. [J]. Phytotherapy Research :PTR,2004,18(9):718-722.

[49] MOHAMED S M,BACHKEET E Y,BAYOUMI S A,et al. Potent antitrypanosomal triterpenoid saponins from *Mussaenda luteola*[J]. Fitoterapia,2015,107:114-121.

[50] QIAN X,DUAN T,SUN X,et al. Host genotype strongly influences phyllosphere fungal communities associated with *Mussaenda pubescens* var. *alba* (Rubiaceae)[J]. Fungal Ecology,2018,36:141-151.

[51] SU Z, OU Y, LI Y, et al. Soil Heavy Metal Concentrations and Leaf Accumulation in Four Subtropical Plant Species from South China[J]. Advanced Materials Research,2012:1310.

[52] WANG J,KANG W. Aroma volatile compounds in *Mussaenda pubescens*[J]. Chemistry of Natural Compounds,2013,49(2):358-359.

[53] WANG Y,WANG H,WU S,et al. Effect of Gelsemium elegans and *Mussaenda pubescens*, the Components of a Detoxification Herbal Formula, on Disturbance of the Intestinal Absorptions of Indole Alkaloids in Caco-2 Cells [J]. Evidence-Based Complementary and Alternative Medicine,2017:1-10.

[54] XU JP,XU R,LUO ZI,et al. Mussaendosides M and N, New Saponins from *Mussaenda pubescens* [J]. Journal of Natural Products,1992,55(8):1124-1128.

[55] YUAN S, CHEN S, DENG X, et al. Pollen-ovule ratios are strongly correlated with floral reciprocity, in addition to sexual system, in *Mussaenda* (Rubiaceae)[J]. Nordic Journal of Botany,2017,35(4):395-403.

[56] ZHAO W,WOLFENDER J,HOSTETTMANN K,et al. Triterpenes and triterpenoid saponins from *Mussaenda pubescens*[J]. Phytochemistry,1997,45(5):1073-1078.

[57] ZHAO W,XU J,QIN G,et al. New triterpenoid saponins from *Mussaenda pubescens*[J]. Journal of Natural Products,1994,57(12):1613-1618.

[58] ZHAO W,XU R,QIN G,et al. Saponins from *Mussaenda pubescens*. [J]. Phytochemistry,1996,42(3):827-830.

[59] ZHOU CB,TAO F,LONG RP,et al. The complete chloroplast genome of Mussaenda pubescens and phylogenetic analysis[J]. Scientific Reports,2024,14(1):9131.

第二章 生物信息学技术应用

第一节 转录组学

转录组广义上指特定物种或细胞中的所有转录组产物的集合,包括mRNA、非编码核糖核酸(ncRNA)。狭义上定义为所有 mRNA 的集合,本书中测试的 RNA 具体指的是 mRNA。转录组是研究基因功能和结构的依据,用于识别生物体的发育过程和监测疾病的发生。转录组研究的主要方法是 RNA 测序(RNA-seq),它具有高通量、高灵敏度和广泛的应用范围等优点,有利于基因测序技术的发展和测序成本的降低。

一、常见转录组学

(一)circRNA 测序

环状 RNA(circular RNA,circRNA)是一类特殊的内源非编码 RNA,主要存在于真核细胞胞质内,在可变剪接的过程中 mRNA 前体(pre-mRNA)将上游外显子(exon)的 5′端与下游 exon 的 3′端剪接到一起,形成首尾相接的环状 RNA 分子。

它常被发现起到微 RNA(miRNA)海绵的作用,在细胞生长发育、功能代谢和某些病理反应中发挥重要的调控作用。例如,circRNA 可以作为竞争性内源 RNA(competing endogenous RNA,ceRNA)结合胞内 miRNA,通过 circRNA-miRNA-mRNA 的途径来阻断 miRNA 对靶编码基因的抑制作用。circRNA 也参与基因的表达调控、调节蛋白质活性等功能。circRNA 测序技术路线如图 2-1 所示。

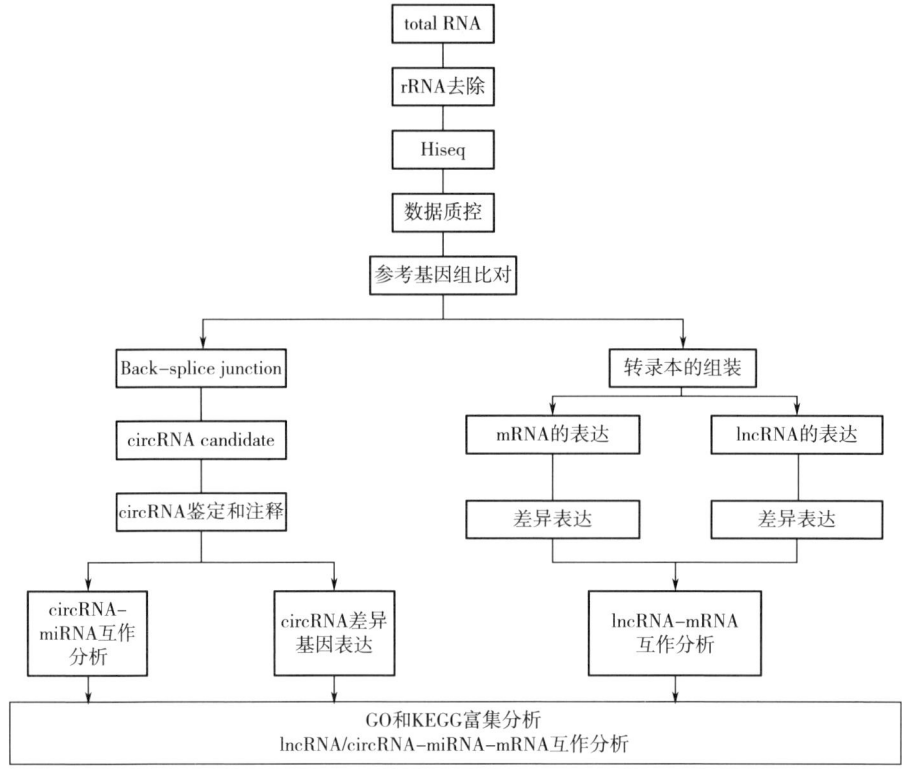

total RNA—总 RNA；rRNA—核糖体 RNA；Hiseq—测序软件；Back-splice junction—背面拼接接头；circRNA—环状 RNA；candidate—候选库；miRNA—微 RNA；mRNA—信使 RNA；lncRNA—长链非编码 RNA。

图 2-1　circRNA 测序技术路线

与传统的线性 RNA(linear RNA,含 5′和 3′末端)相比,circRNA 分子为闭合环状结构,不易被 RNA 外切酶降解,表达性更稳定。circRNA 在生物的发育过程、疾病的监控、对外界环境的抵御等方面具有重要的调控作用。由于 circRNA 的闭合环状特性,通过去除 total RNA 中的核糖体 RNA(rRNA)和线性 RNA 分子,可以特异地富集 circRNA 分子后测序,为了更有针对性地分析受检样本中特定的 circRNA 谱、circRNA 剪接模式、分子功能及组间差异等。

(二)small RNA 测序

small RNA[小 RNA,包括微 RNA(miRNAs)、干扰小 RNA(siRNAs)和 PIWI 互作 RNA(piRNAs)等]是一类长度在 18~32nt 之间的高度保守的 RNA 分子,作为生命活动重要的调控因子,在基因表达调控、生物个体发育、代谢紊乱和疾病发生等生理过程中发挥重要作用。miRNA 是一类内源性的、长度为 18~25nt、具有调控功能的非编码 RNA,通过与靶基因碱基配对而引导沉默复合体降解 mRNA 或阻碍其翻译。small RNA 测序技术不受物种限制,既能鉴定特定条件下表达的 miRNA,又能预测发现新的 miRNA,对于疾病的发生发展研究有重要意义。

microRNA 是一类大小从 21nt 到 23nt 的非编码 small RNA 分子,它与 mRNA 相互作用,影响目标 mRNA 的稳定性和翻译,最终导致基因沉默,并调控生物学过程,如基因表达、细胞生长和发育。对 small RNA 的测序分析可以得到物种全基因组水平的 small RNA 图谱,挖掘新的 small RNA 分子,预测靶基因,进行样本间差异表达分析和聚类分析。

研究表明,许多疾病,包括癌症、心血管疾病和免疫系统疾病,都与 miRNA 调控密切相关。近年来,由于 small RNA 测序技术的应用,发现越来越多的 small RNA,并对其功能进行了验证,small RNA 测序技术将在疾病诊断、个性化治疗和预后等方面得到广泛应用。

small RNA 测序步骤为总 RNA 提取→small RNA 富集→small RNA 质控→文库构建→上机测序。

(三)lncRNA 测序

长链非编码 RNA(long non-coding RNA,lncRNA)是一类长度超过 200nt,不编码蛋白质的 RNA 分子。这类 RNA 分子在表观遗传水平、转录水平和转录后水平调控基因的表达,从而广泛参与动植物的各种生理学过程。此外,lncRNA 还被证明与人类疾病有关,包括癌症、心血管疾病和神经退行性疾病。目前,lncRNA 已经取代 miRNA 成为近几年来最耀眼的明星 RNA 分子,是国际上的研究热点。

lncRNA 测序是通过高通量测序技术及生物信息学方法在整体水平上揭示样品中 lncRNA 及 mRNA 的全面信息的研究方法。lncRNA 测序技术路线图如图 2-2 所示。

(四)全转录组测序

真核生物转录组测序研究的是特定组织或细胞在特定功能状态下可以转录的所有 RNA 之和,主要包括 mRNA、lncRNA 和环状 RNA。常规的转录组分析仅通过寡脱氧胸苷酸[Oligo(dT)]法对 mRNA 进行富集和分析,这导致了包括环状 RNA 和相当比例的 lncRNA 丢失,不能准确、全面地反映转录组信息。全转录组测序技术路线如图 2-3 所示。

常见转录组学的技术优势、应用领域、样品要求和生物信息学分析,详见表 2-1。

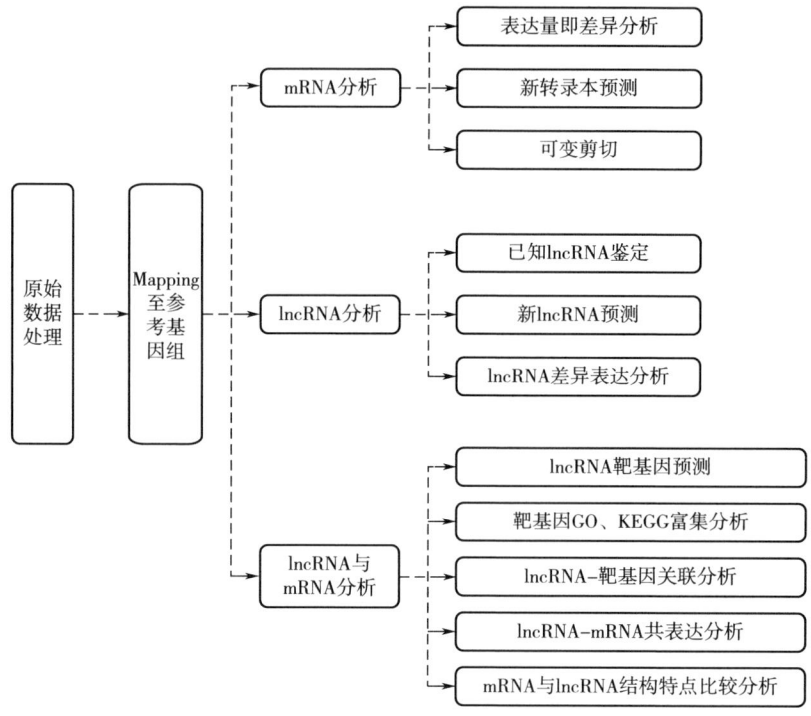

Mapping—比对。

图 2-2　lncRNA 测序技术路线

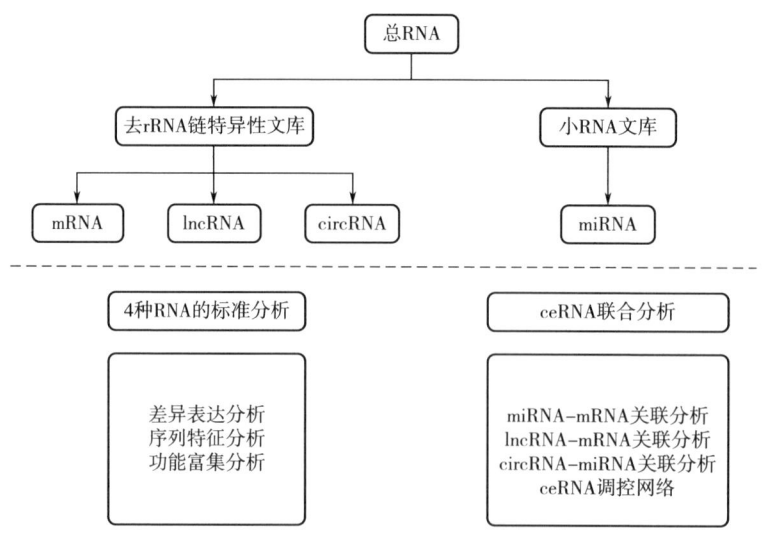

ceRNA—竞争性内源 RNA。

图 2-3　全转录组测序技术路线

表 2-1　常见转录组学

项目	circRNA 测序	small RNA 测序	lncRNA 测序	全转录组测序
技术优势	1. 文库优化:采用核糖体去除、链特异性文库构建以及核糖核酸酶R(RNase R)消化方案,既能获取完整 circRNA 和线性 RNA 序列,也可以仅保留 circRNA 序列。 2. 分析全面:全面分析和鉴定样本 circRNA 和长链线性 RNA (包括 mRNA 和 lncRNA)。 3. 方案多样:从 circRNA 发掘与表达分析,circRNA 与长链线性 RNA 互作分析,到 circRNA 与 ceRNA 调控机制解析,由研究人员自由选择研究方案	1. 快速、针对性强、高度覆盖。 2. 高通量,一次测序得到 300 万条以上的序列。 3. 不依赖已知信息,既能鉴定已知 miRNA,又能发现新的 miRNA。 4. 高分辨率,可以检测 miRNA 单个碱基的差异。 5. 高精确度,能精确计数表达量为几个到数十万个拷贝的 small RNA。 6. 重复性好,深度测序保证了抽样随机性,可靠性高,不需重复实验	采用去 rRNA 建库,同时可以分析其中包含的 mRNA 信息;可将 lncRNA 与 mRNA 关联分析,挖掘 lncRNA 可能的功能信息	1. 双文库构建:small RNA 文库和去核糖体的链特异性文库。 2. 4 种 RNA 全方位分析:通过预测的 circRNA 进行分析,整合并定量得到 miRNA-mRNA、lncRNA-miRNA 以及 circRNA-miRNA 的靶向关系。 3. 数据库全面整合:整合并定时升级国际公认数据库和靶基因预测算法,如 NPInter (是非编码 RNA 和蛋白质相关生物大分子相互作用的数据库之一)、miRBase (是一个提供包括 miRNA 序列数据、注释、预测基因靶标等信息的全方位公共数据库最主要的公共数据库之一)、RNAhybrid (是一种基于分析 miRNA 和靶基因形成双链的二级结构,从而预测 miRNA 靶基因的软件)等。 4. 上游测序+下游验证:提供细胞、组织或者总 RNA,可进行后续定量聚合酶链反应(qPCR)验证

续表

项目		circRNA测序	small RNA测序	lncRNA测序	全转录组测序
应用领域		1. 检测几乎任何动植物的circRNA; 2. 检测部分降解的样品的circRNA	动、植物体等领域	1. 医学癌症肿瘤诊断(人、小鼠):对于阐明疾病发生机制,进一步应用于临床诊断和药物研发等领域具有重要的参考价值。 2. 农学应用上:深入研究能够帮助我们更好地解决生物的生长发育、产量品质、抗病机制及遗传育种等问题	1. 细胞水平:细胞增殖、细胞凋亡及周期变化、肿瘤转移等。 2. 分子水平:蛋白质印迹(Western Blot)和免疫组化,siRNA干扰或过表达载体、免疫沉淀(IP)等。 3. 动物实验:构建动物模型、肿瘤模型 4. 临床层面:检测动物表型及生化指标变化,术后恢复情况
样品要求		1. 样品类型:组织、细胞、体液或总RNA样品。 2. 样品量:①细胞 $2×10^7$ 个;②组织100mg;③体液——全血、血清、血浆 2～3mL;④脑脊液 5mL;⑤尿液 50mL;⑥总RNA2μg。 3. 样品运输及保存:①样品干冰运输;②细胞样品或新鲜组织应可用TRIZOL或RNA保护剂处理,液氮冻存后-80℃保存;血液样品应使用乙二胺四乙酸(EDTA)抗凝,不可用肝素;RNA样品可溶于乙醇或无核糖核酸(RNA-free)的超纯水中,-80℃保存,避免反复冻融	1. RNA样品总量 $≥3μg$;浓度 $≥200ng/μL$。 2. 组织样本总量 $≥200mg$。 3. 血液样本总量 $≥4mL$(全血) $≥5mL$(血清/血浆)。 4. 细胞样本总量 $≥5×10^7$ 个	1. 样品类型:组织、细胞、体液或RNA样品。 2. 样品量:①细胞 $2×10^7$ 个;②组织100mg;③体液——全血、血清、血浆 2～3mL;④脑脊液 5mL;⑤尿液 50mL;⑥总RNA2μg,$OD_{260/280}$ $≥1.8$,$OD_{260/230}$ $≥1.5$,无明显降解,电泳检测样品特征性条带完整清晰,无明显弥散或拖尾。 3. 样品运输及保存:同circRNA	1. 样品类型:组织、细胞、体液、总RNA。 2. 样品量:①细胞 $2×10^7$ 个;②组织100mg;③体液——全血、血清、血浆 2～3mL;④脑脊液 5mL;⑤尿液 50mL;⑥总RNA2μg,$OD_{260/230}$ $≥1.8$,$OD_{260/280}$ $≥1.5$,无明显降解,电泳检测样品特征性条带完整清晰,无明显弥散或拖尾。 3. 样品运输及保存:同circRNA

生物信息学分析	1. circRNA 的识别与注释。 2. 差异 circRNA 的筛选。 3. 差异 circRNA 的聚类。 （1）差异 circRNA 的来源基因的基因本体（GO）和信号通路分析。 （2）差异 circRNA - miRNA 相互作用网络。 （3）circRNA 的可视化	1. 测序数据质量评估。 2. 参考基因组比对分析。 3. 测序数据的过滤。 4. miRNA 表达及差异分析。 5. 单核苷酸多态性（SNP）分析。 6. 靶基因预测。 7. 新 miRNA 预测。 8. 差异 miRNA 靶基因的富集分析。	1. 差异 lncRNA 的筛选。 2. lncRNA 靶基因共表达网络分析（CNC）。 3. lncRNA 靶基因集信号通路富集分析（lncRNA-GSEA）。 4. lncRNA 靶基因临近靶基因 GO 和信号通路分析。 5. lncRNA - miRNA - mRNA 关联分析。 6. lncRNA 上游转录因子分析。	1. 差异表达 mRNA、circRNA、lncRNA 的筛选。 2. 差异表达 mRNA、circRNA、lncRNA 的聚类。 3. 差异表达 mRNA、circRNA、lncRNA 的 GO 和信号通路分析。 4. lncRNA - mRNA 共表达网络（CNC 网络）构建。 5. 竞争性内源 RNA（ceRNA）分析。 6. circRNA/lncRNA - miRNA - mRNA 网络构建

二、玉叶金花转录组分析

(一)试验目的

目前,玉叶金花的研究主要集中在不同部位组织的生化成分及其功能作用等方面,但关于玉叶金花种质资源开发利用的相关研究未见报道。

笔者团队以玉叶金花不同生育期的叶片为研究对象,利用高通量测序技术进行转录组分析,探究玉叶金花生长过程中主要生物活性物质和生化成分代谢的分子机制,以期为玉叶金花生育过程中关键基因的鉴定及代谢通路调控机制的研究提供基础,为玉叶金花种质资源的开发和利用提供参考。

(二)试验材料

1. 材料与试剂

(1)材料 以黔南民族师范学院种质资源圃内种植的玉叶金花为试验材料,在2021年10月18日选取的同一棵玉叶金花树体上无病虫害、叶片完整、无机械损伤的健康叶片作为测序样品,分别取芽头(MpBud)、嫩叶(MpTen)、成熟叶(MpMat)三个时期的玉叶金花叶片,每个处理3个重复,用锡箔纸包裹并用液氮迅速冷冻,转移至试管内,置于超低温冰箱(-80℃)中保存,转录组测序分析由武汉迈维代谢生物科技股份有限公司完成。

(2)试剂 甲醇,色谱纯;乙腈,色谱纯;乙醇,色谱纯;标准品,色谱纯;交联聚乙烯基吡咯烷酮(polyvinylpyrrolidone cross-linked,PVPP);苯甲基磺酰氟(phenylmethylsulfonyl fluoride,PMSF);乙二胺四乙酸(ethylenediaminetetraacetic acid,EDTA)、碘代乙酰胺(iodoacetamide,IAM)、2-D Quant Kit(GE Healthcare)、Bradford Protein Assay Kit 试剂盒、8-plex iTRAQ 标记试剂盒(Applied Biosystems)、RNAplant Plus RNA 提取试剂盒(TIANGEN BIOTECHCO,LTD)、ReverTra Ace® qPCR RT Kit 和 SYBR® Green Realtime PCR Master Mix-Plus qRT-PCR 试剂(TOYOBO 公司)等。

2. 仪器与设备

试验仪器与设备详见表2-2。

表 2-2　　　　　　　　　　仪器设备

名称	型号	生产商
冷冻离心机	Centrifuge 5804R	Eppendorf 公司
PCR 仪	Personalcycler	Personalcycler,Bionietra 公司
qRT-PC® 仪器	Roche LightCycler 480 II	罗氏公司

续表

名称	型号	生产商
RNA质量检测	Agilent Technologies 2100 Bioanalyzer、Illumina Cluster Station 和 Illumina Hi Seq™2000 系统	微谱公司

(三)试验方法

1. RNA 提取

RNA 提取步骤见表 2-3。

表 2-3　　　　　　　　　　RNA 提取步骤

步骤	内容
1	将样品置于预冷的研钵,迅速加入液氮后充分研磨至粉末状
2	将研磨得到的粉末,快速转移至预先经液氮冷却无核糖核酸酶(RNase)的 2mL 离心管,加入提取试剂 1mL,颠倒混匀,涡旋,室温静置 5min
3	4℃ 12000r/min 离心 2min,上清液转入新的 2mL 离心管
4	加 0.5 倍体积的 5mol/L NaCl,并用枪头迅速吹打混匀
5	加 0.5 倍体积的氯仿,颠倒混匀
6	4℃ 12000r/min 离心 15min,将上层水相转移至新离心管
7	重复步骤 5 和 6
8	加入 1 倍体积的异丙醇,充分混匀,室温静置 10min
9	4℃ 12000r/min 离心 15min,弃上清液,加入 75% 乙醇 10mL
10	4℃ 8000r/min 离心 5min,弃上清液,室温晾干 5min
11	加入无 RNase 水,用枪头反复吹打,使 RNA 充分溶解,冻存于 -80℃

2. RNA 检测

RNA 检测流程见图 2-4。

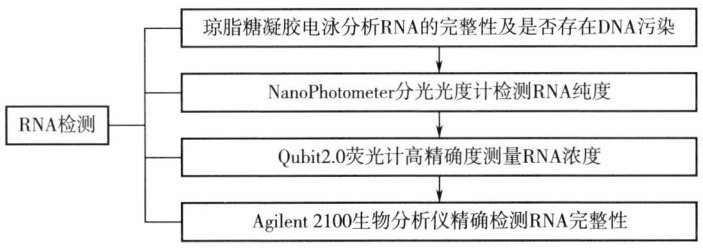

图 2-4　RNA 检测流程

3. 文库构建

文库构建流程见图2-5。

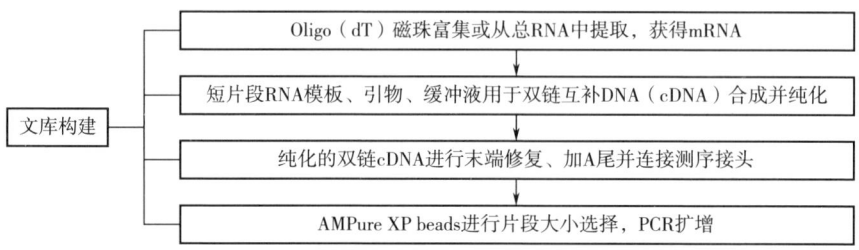

图2-5 文库构建流程

4. 文库质检

文库质检流程见图2-6。

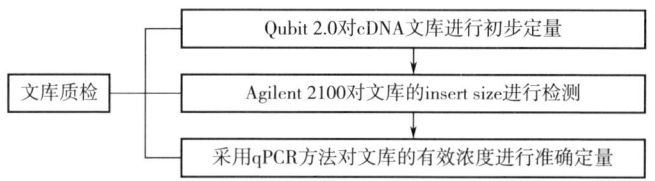

insert size—插入子大小。

图2-6 文库质检流程

5. 上机测序

上机测序流程见图2-7。

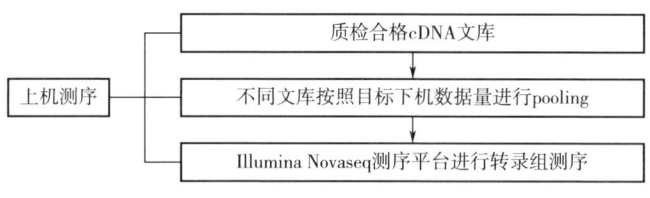

pooling—建立数据池。

图2-7 上机测序流程

(四)数据分析

利用Illumina Novaseq测序技术对玉叶金花不同生育期的叶片进行转录组研究,首先对样品进行测序数据质量分析和基因表达水平分析,证明测得的数据结果真实可信,再筛选出不同生育阶段的差异基因,并结合生物信息学分析方法对差异表达基因进行 GO 功能富集分析、京都基因与基因组百科全书(KEGG)代谢通路富集分析和差异基因的转录因子分类。

(五)注意事项

(1)假阴性,不出现扩增条带。

(2)假阳性。

(3)出现非特异性扩增带。

(4)出现片状拖带或涂抹带。

第二节 代谢组学

一、常见代谢组学

(一)非靶向代谢组学

非靶向代谢组学(untargeted metabolomics)是通过比较对照组与实验组的代谢组,以寻找其代谢谱差异的一种研究方法,其技术路线如图 2-8 所示。这些差异可能与某些疾病的临床生物标志物发现相关,也可能与药物研发毒理研究中候选药物摄入后的代谢改变有关。可以通过非靶向代谢组学寻找差异代谢物,再通过靶向代谢组学进一步定性定量验证。

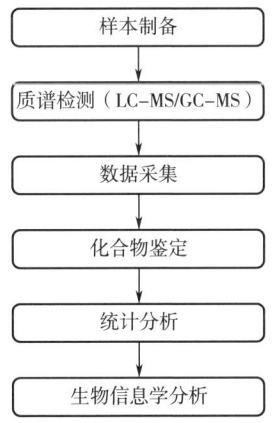

LC-MS-液相色谱-质谱联用;GC-MS-气相色谱-质谱联用。

图 2-8 非靶向代谢组学技术路线

(二)靶向代谢组学

靶向代谢组学(targeted metabolomics)是对样品中特定代谢物绝对浓度的定量测定,其技术路线如图2-9所示。靶向代谢组学分析侧重于利用大量的自然和生物变异样本来验证预先确定的代谢产物,这就需要用分析标准进行定量分析。

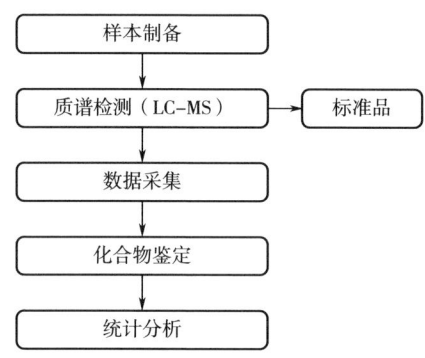

LC-MS—液相色谱-质谱联用。

图2-9 靶向代谢组学技术路线

常见代谢组学的技术优势、应用领域、样品要求和生物信息学分析,详见表2-4。

表2-4　　　　　　　　　　常见代谢组学技术

项目	非靶向代谢组学	靶向代谢组学
技术优势	1. 基因和蛋白质表达在功能水平上的微小变化在代谢物上被放大,使得检测更加容易。 2. 基因和蛋白质水平的非功能性变化不反映在代谢水平上,信息从上游传递到下游时起到"噪声过滤"的作用。 3. 代谢物的种类要远小于基因和蛋白质的数目,物质的分子结构也要简单得多。 4. 代谢物在各个生物体系中都是类似的,其检测方法也相似,所以代谢组学采用的技术更具有普适性 5. 与靶向代谢组学相比,非靶向代谢组学在全面性、无偏性、灵活性和适应性方面具有显著的技术优势,但在数据处理和定量分析方面也面临一定的挑战	与非靶向代谢组学相比,靶向代谢组学在定量准确性、特异性、方法学验证、生物信息分析和仪器平台等方面具有显著的技术优势,使其在代谢组学研究中扮演着重要的角色

续表

项目	非靶向代谢组学	靶向代谢组学
应用领域	1. 生物样本中复杂代谢产物的检测。 2. 寻找疾病的生物标志物。 3. 标志物的验证和绝对定量研究。 4. 研究代谢通路机制	1. 疾病诊断与防治。 2. 疾病机制研究。 3. 新药筛选和开发。 4. 药物作用机制的研究。 5. 药物毒性评价。 6. 动植物代谢组学研究。 7. 微生物代谢组学研究
样品要求	（样品名称：推荐送样量） 1. 植物叶片：1g； 2. 植物茎秆：1g； 3. 植物根系：1g； 4. 植物种子：2g； 5. 动物组织：0.2g； 6. 血清：200μL； 7. 体液：1mL； 8. 尿液：1mL； 9. 培养细胞：10^7 个； 10. 微生物：10^7 个； 11. 土壤样品：10g	（样品名称：推荐送样量） 1. 植物叶片：1g； 2. 植物茎秆：1g； 3. 植物根系：1g； 4. 植物种子：2g； 5. 动物组织：0.2g； 6. 血清：1mL； 7. 体液：1mL； 8. 尿液：1mL； 9. 培养细胞：10^7 个； 10. 微生物：10^7 个； 11. 土壤样品：60g
生物信息学分析	1. 需要进行复杂的数据处理和分析，包括代谢物的峰识别、质谱峰对齐、定量和定性分析以及统计模式识别等方法，旨在识别和测量样本中的所有代谢物，包括已知和未知的代谢物，因此其数据分析方法更加复杂和多样化。 2. 生成的数据量通常较大，因为其目的是对样本中的所有代谢物进行全面检测；且包含许多未知代谢物，非靶向代谢组学的数据分析复杂性较高。 3. 通常只能进行相对定量分析，即比较不同样本之间的代谢物相对含量；识别和鉴定样本中的许多未知代谢物	1. 数据处理和分析相对较为简单和明确，常见的方法包括代谢物浓度的计算、统计分析等；关注特定代谢物或代谢通路，因此其数据分析方法更加集中和明确。 2. 数据量相对较小，因为它只关注特定的代谢物或代谢通路；且目标明确，靶向代谢组学的数据分析复杂性较低。 3. 进行绝对定量分析，即测定代谢物在样本中的绝对含量；主要关注已知代谢物的定性分析

二、玉叶金花广靶代谢分析

（一）试验目的

笔者团队以玉叶金花三个不同生育期的叶片为研究对象，运用超高效液相色谱和质谱联用(UPLC/MS/MS)的方法进行代谢组分析,探究玉叶金花叶片不同生育期的叶色变化、主要生物活性物质和生化成分的代谢机制。为玉叶金花不同生育期叶片的叶色变化和代谢物鉴定提供了基础,有助于玉叶金花种质资源的保护和开发利用。

(二)试验材料

1. 材料与试剂

(1)材料 有关"玉叶金花试验材料"的内容可参照"第二章第一节,二、玉叶金花转录组分析,(二)试验材料"。

(2)试剂 试验试剂信息见表2-5。

表2-5 试剂信息

试剂	级别	品牌
氯化钠	分析纯	国药
正己烷	色谱纯	Merck
标准品	色谱纯	BioBioPha/Sigma-Aldrich

2. 仪器与设备

试验仪器与设备见表2-6。

表2-6 仪器设备

生产商	名称	型号
Retsch	球磨仪	MM400
METTLER TOLEDO	电子天平	MS105DU
CTC Analytics AG	固相微萃取装置	SPME
	老化装置	Fiber Conditioning Station
Agilent	GC-MS	8890-5977B
	色谱柱	DB-5MS
	萃取头	120μm DVB/CAR/PDMS

(三)试验方法

1. 样品制备

样品制备流程见图2-10。

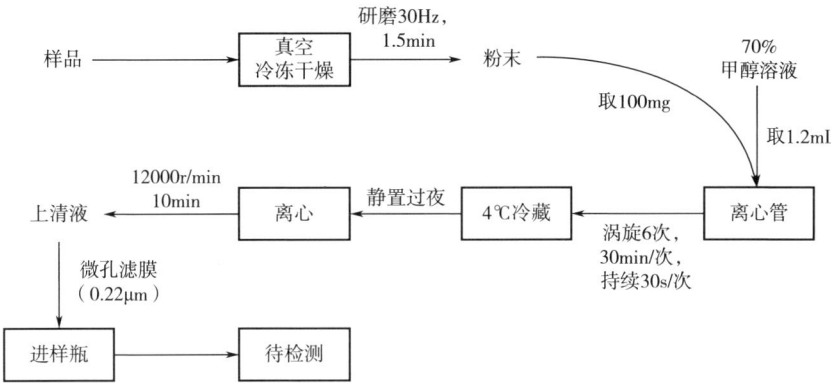

图 2-10 样品制备流程

2. 样品检测

运用超高效液相色谱和质谱联用的方法对样品进行检测,色谱条件见图 2-11。

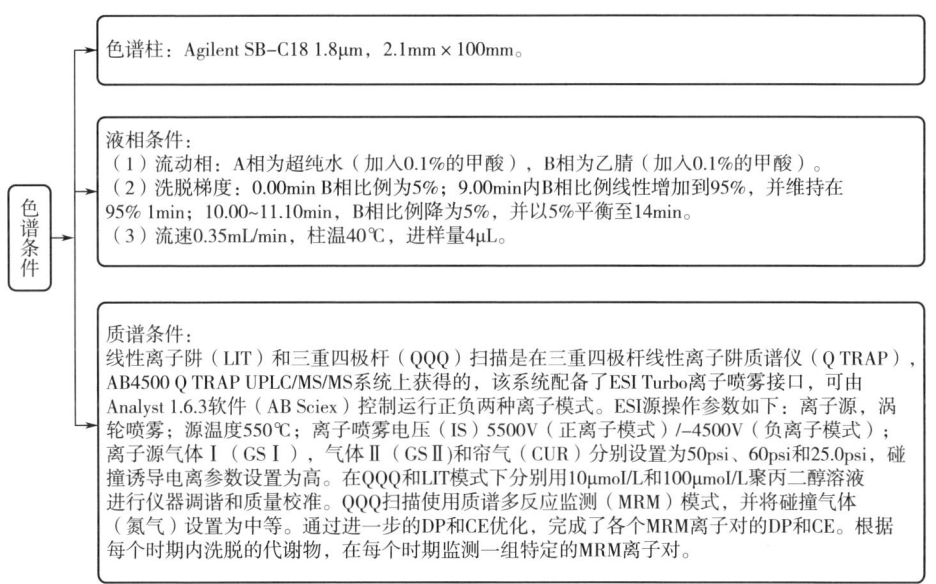

Agilent—安捷伦;UPLC/MS/MS—超高效液相色谱-质谱-质谱联用;ESI Turbo—电喷雾离子源;DP—declustering potential,去簇电压;CE—collision energy,碰撞能。

图 2-11 色谱条件

(四)数据分析

利用 Analyst 1.6.3 软件及三重四极杆质谱多反应监测(multiple reaction monitoring,MRM)模式处理质谱数据及进行定量分析,对所有代谢物进行峰提取和峰校正。所有数据集经过处理后用正交偏最小二乘法判别分析(OPLS-DA)模型进行分析,以预测参数 R^2X、R^2Y 和 Q^2 的值来评价模型的有效性,它们的大小直接反映了模型的可靠程度。

(五)注意事项

1. 取样

按照试验方案取样,要求生境、长势一致,健康,无病害、虫害。

2. 检测

排除仪器本身的误差。

第三节 组学联合分析

一、试验目的

转录组学:研究特定样品特定时期的转录 mRNA 的测序技术,重点在对具有翻译功能的 mRNA,以及对其有调控作用的非编码 RNA 的研究。

代谢组学:研究特定样本特定时期的代谢物的积累变化的学科,代谢物是细胞中基因表达的最终产物,直接反映机体的生理状态。

生物过程是整体性的、复杂的,单一组学数据无法解释生物系统的宏观发育过程,复杂的生物学过程由生物网络调控,不能仅通过单一组学数据来解释。在单一组学研究中,融合多组学数据分析可以补偿数据缺失、噪声等因素造成的不足。多组学数据相互验证,减少单一组学分析中的误报。更重要的是,多组学数据联合分析对于研究生物模型中的表型和生物学过程调控机制更有用。

二、试验材料

本次多组学联合分析中不同组学数据的样品名称与分组名称对应关系如表2-7所示,其中Sample 列为统一样品名称,Group 列为统一样品分组名称,Meta 和 Trans 则分别代表代谢组学和转录组学。

表 2-7　　各组学样品与分组名称对应表

Sample	Group	Meta_sample	Meta_group	Trans_sample	Trans_group
MpBud1	MpBud	MpBud1	MpBud	MpBud1	MpBud
MpBud2	MpBud	MpBud2	MpBud	MpBud2	MpBud
MpBud3	MpBud	MpBud3	MpBud	MpBud3	MpBud
MpTen1	MpTen	MpTen1	MpTen	MpTen1	MpTen
MpTen2	MpTen	MpTen2	MpTen	MpTen2	MpTen
MpTen3	MpTen	MpTen3	MpTen	MpTen3	MpTen
MpMat1	MpMat	MpMat1	MpMat	MpMat1	MpMat
MpMat2	MpMat	MpMat2	MpMat	MpMat2	MpMat
MpMat3	MpMat	MpMat3	MpMat	MpMat3	MpMat

注：MpBud（Mp 芽头）、MpTen（Mp 嫩叶）、MpMat（Mp 成熟叶）。

三、试验方法

不同层次的组学数据联合分析，一方面可以相互验证，另一方面为我们提供了一个全景式了解生物活动过程的窗口。

通过建立不同层次分子数据之间的关系，结合代谢通路富集和功能分析，对解析调控机制和生物分子功能进行系统、全面的分析，可以了解生物变化的总趋势和方向，建立分子生物学变化机制模型，筛选出关键的重点代谢通路或蛋白、基因和代谢产物，进行后续的实验分析和应用。

四、数据分析

转录组和代谢组数据的联合分析流程如图 2-12 所示。

五、注意事项

根据试验方案，综合分析不同生育期玉叶金花的转录组与广靶代谢的差异和相关性。

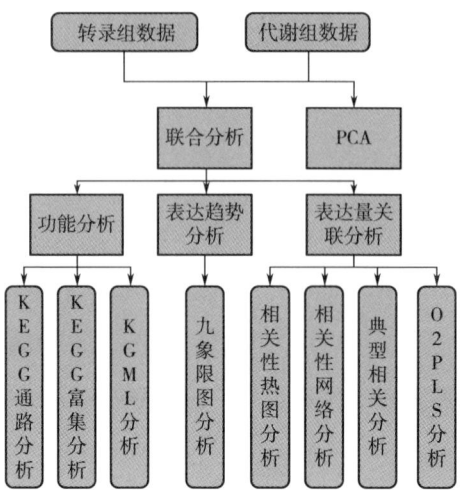

PCA—主成分分析；O2PLS—双向正交偏最小二乘法；KGML—KEGG 标记语言。

图 2-12 联合分析流程图

第三章 玉叶金花不同叶位叶片的转录组分析

第一节 测序数据及质量控制

一、测序数据说明和过滤

(一)测序数据说明

基于边合成边测序(sequencing by synthesis,SBS)技术,Illumina HiSeq 高通量测序平台对 cDNA 文库进行测序,高通量测序仪得到的图像数据经 CASAVA 碱基识别转化为大量高质量的数据(Data),称为原始数据(raw data)。

Raw data 通常以 FASTQ(用于存储生物序列及其质量值的文本格式)格式提供,主要包含测序片段的序列信息和相应的测序质量信息。FASTQ 格式文件中每条读段(read)由四行描述信息组成,如下所示。

```
@ST-E00600:42:H3JYTALXX:1:1101:1217:1000 1:N:0:TCCGTCTA
TCTCTTTCAATTCGCAATTTTTCAGGATCCAACTTTTCACCCTTTTCTAGTGCCT
TCTCTCGGGCTTTAGTATTGTGTC
+
AFFFJJJJJJJJJJJJJJJJ7JJJJJJJJJJJJJJJJJJJJJ77JJJJJ7JJJJJJJ7JJJJJJJJ
```

上述文件中第一行以"@"开头,为 Illumina 测序标识符(sequence identifiers)和描述文字;第二行是测序片段的碱基序列;第三行以"+"开头,为 Illumina 测序标识符(也可为空);第四行测序质量值为测序片段每个碱基相对应值,该碱基的测序质量值为行中每个字符对应的美国信息交换标准代码(ASCII)值减去 33。

（二）测序数据过滤

在对原始数据进行质量检测之后，对原始数据进行进一步的过滤称为测序数据过滤。

注：数据的质量控制需使用 FASTP 软件，过滤标准如下。

(1) 去除带接头(adapter)的 reads。

(2) 当测序 read 碱基中 N 含量超过原始 read 碱基数的 10% 时，去除此 paired reads（指从 DNA 片段的两端分别进行测序得到的一对序列）。

(3) 当测序 read 中低质量（$Q \leqslant 20$）碱基数超过原始 read 碱基数的 50% 时，去除此 paired reads。

二、原始测序数据成分统计图

（一）定义

原始测序数据成分统计即对原始数据进行质量检测之后，对原始数据成分进行统计，常以原始测序数据成分统计图的形式出现。

（二）组成与含义

1. 组成

对原始测序数据质量进行统计作图，Adapter related：带接头的 reads 所占比例；Containing N：带 N 碱基的 reads 所占比例；Low quality：测序质量低的 reads 所占比例；Clean reads：clean reads 所占比例。

2. 含义

在进行数据分析之前，首先需要确保这些 reads 有足够高的质量，以保证后续分析的准确。

（三）解读

在全部 9 个样品中，符合要求的 Clean reads（高清读段）均达到了 90% 以上，占全部数据量的 90.81%～96.07%。剩余的数据中，Adapter related（带有接头的）读段最多，占 3.51%～8.71%；而真正低质量的测序数据仅占极少部分，其中 Containing N（读段中结果为 N 的不确定碱基数量占到读段总长 10% 及以上的）占 0.01%～0.09%，Low quality（读段中 $Q \leqslant 20$ 的低质量碱基数量占读段总长 50% 及以上的）占 0.28%～0.31%。关于 Q 值（碱基质量）的解释见下文"碱基识别与 Phred 分值简明对应表"。

小结：原始测序数据质量的统计结果显示所有样品的测序质量都很高，去除少量带接头和低质量的读段后，可用于后续转录组分析的 Clean reads 达到了 90% 以上。得到的 Clean reads 继续进行下面的查验，以便进一步发现并过滤不达标的读段。

每个样本的测序数据过滤情况如图3-1所示。

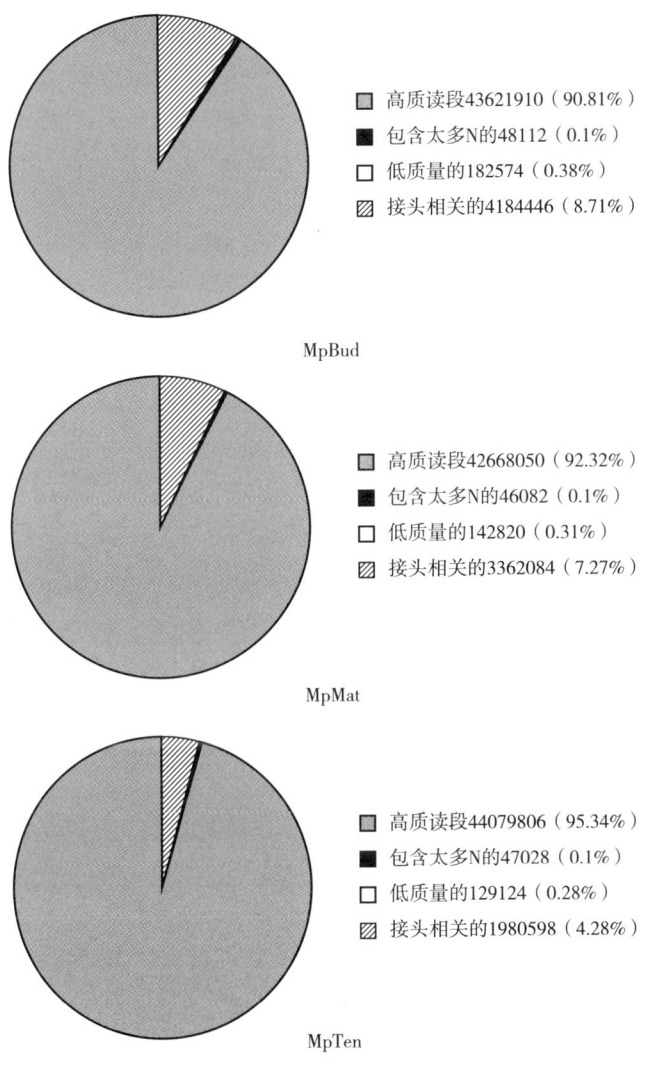

图3-1 原始测序数据成分统计图

拓展阅读

英文示例3.1

三、测序错误率分布

测序错误率分布,常以碱基识别与 Phred 分值简明对应表和 Reads 碱基错误率分布图的形式体现。

(一)碱基识别与 Phred 分值简明对应表

1. 定义

碱基识别与 Phred 分值简明对应表即碱基识别的过程中通过预测碱基发生错误概率计算得到的表。

2. 组成与含义

(1)组成　碱基识别与 Phred 分值简明对应表包含测序错误率、碱基质量、phred33 对应字符、phred64 对应字符。

(2)含义　测序错误率分布反映测序数据质量,碱基质量的高低和碱基错配对测序错误率呈显著性影响。

3. 解读

碱基质量值越高表明碱基识别越可靠,若想测序错误率较低,则需要过滤低质量的测序数据(表 3-1)。

表 3-1　　　　　　　碱基识别与 Phred 分值简明对应表

测序错误率	碱基质量	phred33 对应字符	phred64 对应字符
5%	13	.	M
1%	20	5	T
0.10%	30	?	^

(二)Reads 碱基错误率分布图

1. 定义

根据 reads 中每个位置碱基的平均测序质量值,绘制测序质量分布图。

2. 组成与含义

(1)组成　横坐标表示 reads 的碱基位置,纵坐标表示单碱基错误率。Reads 碱基错误率分布图统计了 reads 每个位置上的测序错误率并绘制分布图。

(2)含义　虽然图中读段尾部错误率上升,但数值上依然较低;Reads 碱基错误率分布图与测序产出统计表对应,由此可得出整体测序错误率。

3. 解读

Reads 碱基错误率分布图(图 3-2)显示了 paired reads(成对测序)的两个读段的碱基错误率。测序错误率增加是由于测序序列(sequenced reads)长度的增加,此过程主要是化学试剂的消耗,但错误率小于 0.05%。此外,建库过程中反转录所需的随机引物长度为 RNA-seq 长度,且 Reads 碱基错误率分布图左图的前 6 个碱基具有较高的测序错误率,主要是随机引物和 RNA 模版的不完全结合。其各个样本之间的结果类似,前端测序错误率为 0.022%~0.038%,后端测序错误率为 0.022%~0.048%。

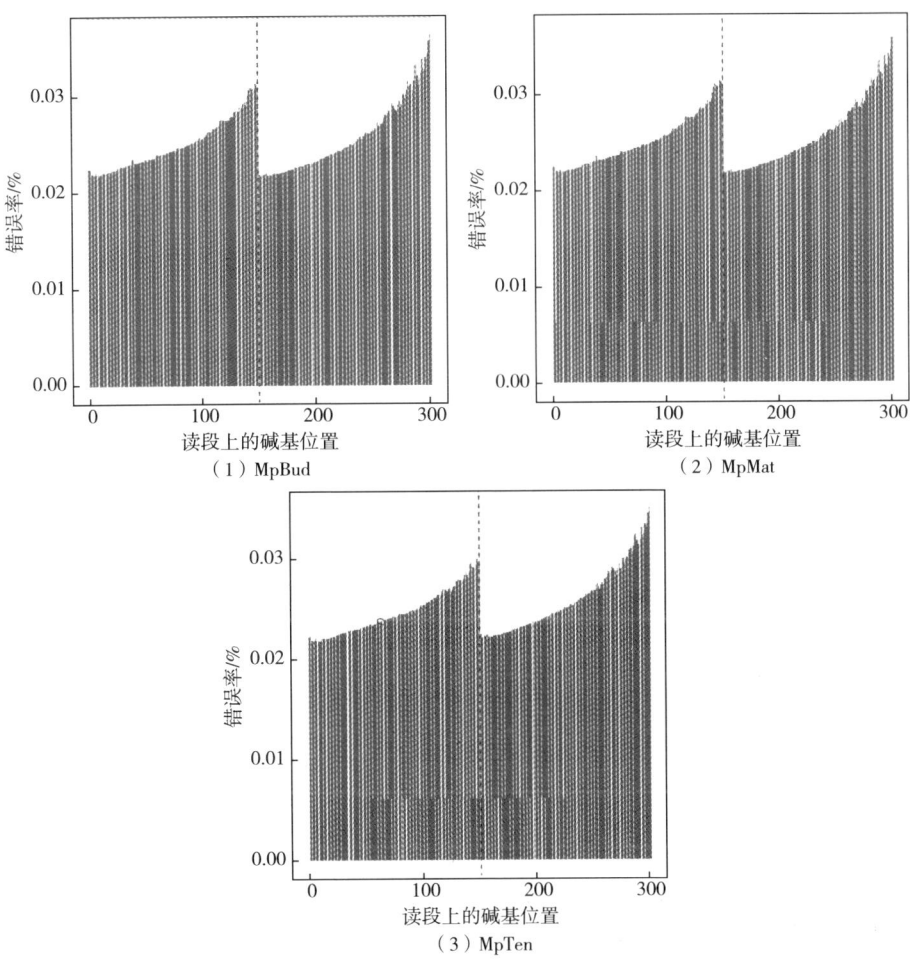

图 3-2　Reads 碱基错误率分布图

四、碱基 GC 含量分布

(一)定义

GC 含量分布,即在 DNA4 种碱基中鸟嘌呤(G)和胞嘧啶(C)所占 GC 含量比率的分布,常以 GC 含量分布图的形式体现,表达碱基含量分布的检测结果。

(二)组成与含义

1. 组成

横坐标为 reads 的碱基位置,纵坐标为单碱基百分比。图中橙红色线条表示腺嘌呤脱氧核苷酸;青色线条表示胞嘧啶脱氧核苷酸;绿色线条表示鸟嘌呤脱氧核苷酸;蓝色线条表示胸腺嘧啶脱氧核苷酸;紫红色线条表示含氮碱基。

2. 含义

GC 含量分布主要用于检测 AT、GC 分离现象。因为双链互补原则和测序序列的随机打断,所以测序读段在每个位置的 GC 及 AT 含量基本相等,且在整个测序过程中趋于稳定。前几条碱基在核苷酸组成上具有偏好性,产生波动后趋于稳定,原因是反转录使用 6bp 随机引物。

(三)解读

GC 含量分布图(图 3-3)是针对双端测序所得的结果,根据碱基互补配对原则,基因中 A 和 T 以及 G 和 C 的含量应当是一致的。因此,也可以从这个角度检验测序结果的准确性。发现 paired reads 除了各自开头因 6 碱基随机引物导致前几位碱基产生波动外,后续 A 和 T、G 和 C 的含量分别趋于一致,没有出现分离现象。这从生物学角度证明了测序结果的可靠性,样本间的结果较为一致,A 或 T 的含量在 28% 左右,G 或 C 的含量在 22% 左右。所以全部样本中 G 和 C 的总和占所有碱基总量的 43.11%~43.81%,其中芽头的 GC 含量为 43.11%~43.81%(平均为 43.46%),嫩叶为 43.125%~43.735%(平均为 43.43%),成熟叶的 GC 含量为 43.31%~43.765%(平均为 43.57%),嫩叶的 GC 比例与芽头、成熟叶差不多。

综上所述,Reads 碱基错误率分布图和 GC 含量分布图表明测序前端的错误率较高。Reads 碱基错误率分布图中虽然读段尾部错误率上升,但数值上依然较低,而且 GC 含量分布图中显示读段尾部没有出现配对碱基含量的分离现象。因此,读段的碱基序列除了头部几个碱基不可采信以外,其余的真实性很高。这些 Clean Reads 可以进行正式的数据分析了。此外,玉叶金花中的 GC 含量在 43.93% 左右,嫩叶是芽头的 1.03 倍,是成熟叶的 1.034 倍。

五、测序产出统计

(一)定义

测序产出统计即通过测序得到的 reads 数,经统计后用表的形式体现。

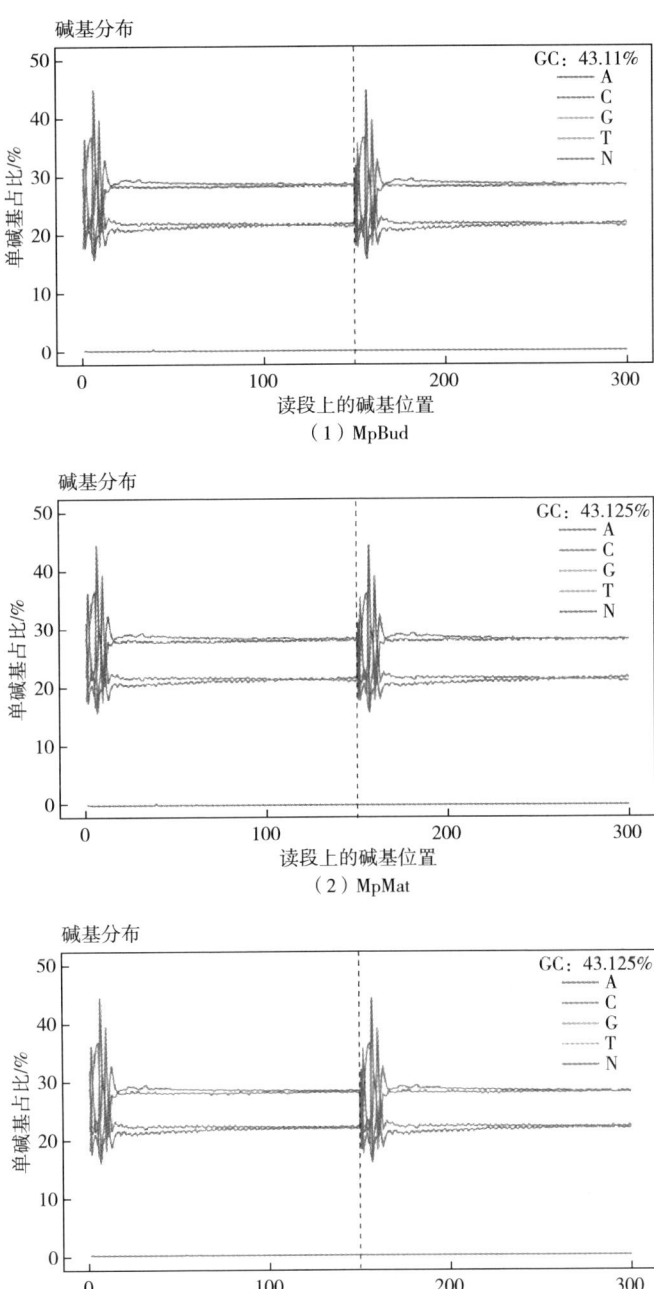

图 3-3　GC 含量分布图

(二)组成与含义

1. 组成

数据产出统计包括8列,分别为Sample(样品名)、Raw Reads(原始数据中的reads数)、Clean Reads(原始数据过滤后的高质量的reads数)、Clean Bases(高质量的reads的碱基总数)、Error Rate(整体测序错误率)、Q20(Qphred值不低于20的碱基数占总碱基数的百分比)、Q30(Qphred值不低于30的碱基数占总碱基数的百分比)、GC Content(高质量reads中G、C数量之和占总碱基数的百分比)。

2. 含义

经过原始数据过滤、GC含量分布检查、测序错误率检查,可知后续分析所需clean reads。

(三)解读

经过测序质量控制(表3-2),显示样品GC含量为43.11%~43.81%,Q20、Q30值都高于93.74%,表明转录组测序的质量较高,可以进行下一步分析,原始数据过滤后的高质量的reads数为388,190,474个过滤数据,高质量的reads的碱基总数为43.43%,各样本的测序深度基本一致,碱基总量达到6.11~6.72G。整体测序错误率相同,为正常水平。

表3-2　数据产出统计

样品名	reads数	高质量reads数	高质量reads的碱基总数/G	错误率/%	Q20/%	Q30/%	GC占比/%
MpBud1	48,037,042	43,621,910	6.54	0.03	97.92	93.99	43.11
……							
MpTen3	45,613,172	43,358,518	6.5	0.03	97.85	93.74	43.31

拓展阅读

英文示例3.2

第二节 转录本拼接

一、拼接技术

(一)拼接原理

每一个物种的参考基因组序列的产生都要先通过测序的方法,获得基因组的测序读段(reads),然后再进行从头拼接或组装,最后还原测序物种的各条染色体的序列,即 A、T、G、C 四种碱基的排列顺序。

1. 组成

Trinity 拼接原理示意图(图 3-4)由 Inchworm、Chrysalis 和 Butterfly 组成。

2. 含义

对于无参考基因组的项目,获得 clean reads 后,需要对 clean reads 进行拼接以获取后续分析的参考序列。

注:Trinity(Grabherr et al.,2011)是为高通量转录组测序设计的组装软件。转录本测序深度与测序数据量和转录本的表达丰度等相关,且会直接影响组装的好坏。对于同物种的测序样品,其中表达丰度较低的转录本组装可通过合并组装使其更完整,间接增加测序深度,同时也利于后续的数据分析;针对不同物种的样品,因基因组间存在差异,可采用分别组装或分开分析的方法。

(二)拼接方法

(1)Inchworm 将原始序列建立起一个 k-mer 字典($k=25$),选择种子 k-mer 进行两边延伸形成 contig,最后得到一组 contig。

(2)Chrysalis 将第一步得到的 contig 进行聚类。若得到的 contig 中存在 k-mer 重复片段,或原始序列中存在一条 reads 可跨过不同的 contig,那么 contig 是源于同一个基因且被分到一个组中。聚类完成后会对每一组重新建立一个自己的德布莱英图(de Bruijn graph)用于后面的组装。

(3)Butterfly 遍历 Chrysalis 生成的 graph,修剪掉一些边缘路径,将主要的路径保存下来。Butterfly 是将原始序列和这些路径比对后将原始序列中的支持路径保存下来,并得到最终的拼接结果。

(三)拼接结果

TRINITY_DN196_c0_g1_i1 是转录本的 ID,len = 305 代表转录本的长度是 305bp。转录本 ID 格式是 c_g_i,c_g 代表基因,c_g_i 是 c_g 基因的不同转录本。

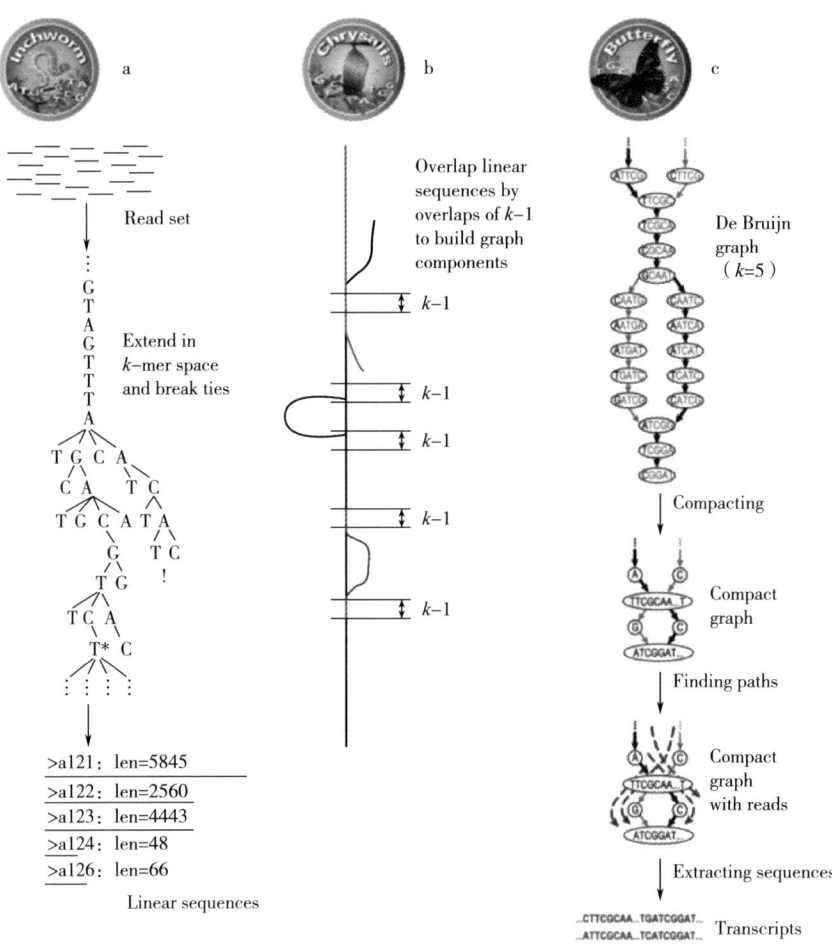

Read set—读段集；Extend in k-mer space and break ties—k-mer 空间中的扩展和断开连接；len—length，长度；Linear sequences—线性序列；Overlap linear sequences by overlaps of $k-1$ to build graph components—通过 $k-1$ 的重叠来重叠线性序列并建立图的组成部分；Compacting—压缩；Compact graph—压缩图；Finding paths—查找路径；Compact graph with reads—带读段的压缩图；Extracting sequences—提取序列；Transcripts—转录本。

图 3-4 Trinity 拼接原理示意图

拼接得到的转录本以 FASTA 格式储存，示例如下。

```
>TRINITY_DN196_c0_g1_i1 len=305 path=[1:0-131 220:132-304][-1,1,220,-2]
TTCTGCTTTACTAGAAGCTGCCTGATAAGCTTTCATTGACTGATCAGCAACCTCTTTCCT
GATGTCGCTGCAAATGCTAGAGAGCTCGGACTCGACCTTTTTCCTGTACTCCTTGATACG
GCTCACATTCTGATCGTTCCCTTTCCCCTCCTCCTTCTGCTCAATCGACGACAGAATTCT
CCACG
>TRINITY_DN196_c0_g1_i2 len=242 path=[1:0-131 110:132-241][-1,1,110,-2]
TTCTGCTTTACTAGAAGCTGCCTGATAAGCTTTCATTGACTGATCAGCAACCTCTTTCCT
```

```
AAACACAGTGGACTCGAAAGCGGTGCACGAGGGAATGAGATGCTCATCGATAACCCTCTT
GATGTCGCTGCAAATGCTGGAGAGCTCGGACTCAACCTTTTGCCTGTACTCCTTGATACG
GC
```

(四)Corset 层次聚类

在 Corset 层次聚类中,大于号(>)后紧跟序列 id 号(Clusters-X. Y),其中 X 表示 super_cluster ID,即当转录本有相同的 reads 比对上时,会被赋予相同的 super_cluster ID,Y 为在该 super_cluster ID 中的 cluster number。

Corset 利用比对上转录本的 reads 数和表达模式对转录本进行层次聚类。层次聚类后的序列信息以 FASTA 格式储存,如下所示。

```
>Cluster-0.0
CTTTAATTCAGTCCGGTCCGCGTGTGTACGTCGAGATCCGATTCCCTGTCTGTATGTACA
TTCTGCTTTACTAGAAGCTGCCTGATAAGCTTTCATTGACTGATCAGCAACCTCTTTCCT
GGAATTTGTGCGTGTGAAGGCGACCGACGACGAAGGTGGGAAATCTGAGGCTTTCTTCTC
GATGTCGCTGCAAATGCTAGAGAGCTCGGACTCGACCTTTTCCTGTACTCCTTGATACG
AGCCTCACCTTGCTGCACTGAAACACATTCTTCGTTACGTCCGTGGCACTCTTCATCTGG
GCTCACATTCTGATCGTTCCCTTTCCCCTCCTCCTTCTGCTCAATCGACGACAGAATTCT
CCACG
>Cluster-1.0
TTCTGCTTTACTAGAAGCTGCCTGATAAGCTTTCATTGACTGATCAGCAACCTCTTTCCT
CCCAGACAGTGTTTTCTTTGTGTTTGGCATCAGAGGAGAATGGAGAGAGCACAGCGAGCT
AAACACAGTGGACTCGAAAGCGGTGCACGAGGGAATGAGATGCTCATCGATAACCCTCTT
CAGCGCCCCAGTCCCCAGCACATGACTACTACGACCAAGAATCATAAGCAGCAGCAGCA
GATGTCGCTGCAAATGCTGGAGAGCTCGGACTCAACCTTTTGCCTGTACTCCTTGATACG
GCCGGGTCTGTAGCTGATCGGCTCCGTTTCGTTCAGGCACTTGTTCTTGTCTTGTCCGCC
GC
```

二、组装结果统计表

(一)定义

组装结果统计表是将拼接转录本按照一定长度大小进行排序所得结果统计表。

(二)组成与含义

1. 组成

组装结果统计表包括序列条数(Number);序列平均长度(Mean Length);将拼接转录本按照长度进行排序并累加,得到总长大于或等于 50%/90% 的拼接转录本的长度(N50/N90);序列总碱基数(Total Bases)。

2. 含义

将拼接转录本按照长度进行排序并累加,得到总长大于或等于50%/90%的拼接转录本的长度。将Trinity拼接得到的转录本序列,作为后续分析的参考序列。以Corset(Davidson et al.,2014)层次聚类后得到最长聚类簇(Cluster)序列作为唯一基因序列数据库(Unigene)进行后续的分析。

(三)解读

组装结果统计表(表3-3)显示转录本序列条数为100433,Unigene的为95481;转录本序列平均长度为1278,Unigene为1331。

表3-3　　　　　　　　　组装结果统计表

类型	序列条数	序列平均长度	N50	N90	序列总碱基数
转录序列	100433	1278	2238	520	128305517
Unigene	95481	1331	2256	553	127106629

拓展阅读

英文示例3.3

三、序列长度分布图

(一)定义

序列长度分布图,即将Trinity拼接得到的转录本序列绘制成图。

(二)组成与含义

1. 组成

横坐标是长度分布,纵坐标是数量;红色是转录本,蓝色是基因数据库。

2. 含义

通过软件对序列长度、获取系列信息序列长度、reads数量进行组装;说明转录本与Unigene基因序列长度的分布情况,体现Unigene基因质量的高低。

(三)解读

由图3-5可知,转录本与Unigene基因长度分布整体范围在2000bp左右,且变化趋势基本一致;当片段在200~2000bp时,随着序列长度的增长,数量呈递减趋势,当片段长度大于 2000bp 时,序列长度达到最大值。

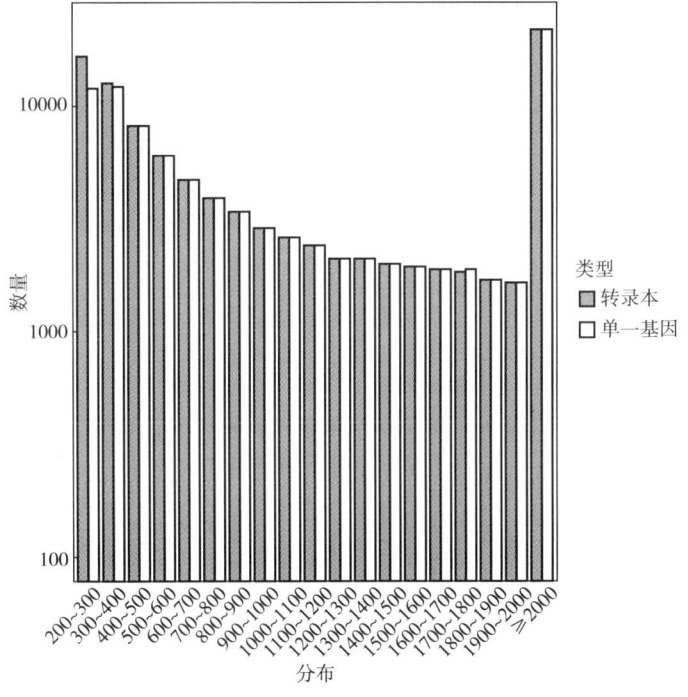

图 3-5　序列长度分布图

拓展阅读

英文示例 3.4

第三节　基因功能注释

基因功能注释常以注释统计表和 Unigene 注释统计图的形式体现。

使用 DIAMOND(Benjamin et al., 2014)BLASTX 软件将 Unigene 序列与 KEGG、NR、Swiss-Prot、GO、COG/KOG、TrEMBL 数据库比对。利用 HMMER 软件与 Pfam 数据库进行比对,预测 Unigene 的氨基酸序列并获得注释信息。如表 3-4 所示。

表 3-4 常见基因功能注释数据库

数据库	简介	详细信息	软件及参数
NR	NCBI non-redundant protein sequ-ences,美国国家生物技术信息中心(NCBI)官方的蛋白序列数据库	包括了 GenBank 基因的蛋白质编码序列,蛋白质数据库 [PDB(Protein Data Bank)]、SwissProt 蛋白质序列及来自 PIR(Protein Information Resource,蛋白质信息资源库)和蛋白质研究基金会 [PRF(Protein Research Foundation)] 等数据库的蛋白质序列	diamond,v0.9.24.125,E-value=1e-5
Pfam	Protein family,最全面的蛋白结构域注释的分类系统	蛋白质是由一个个结构域组成的,而每个特定结构域的蛋白序列具有一定保守性。Pfam 将蛋白质的结构域分为不同的蛋白质家族,通过蛋白质序列的比对建立了每个家族的氨基酸序列的 HMM 统计模型。Pfam 家族按注释结果可靠性分为两大类:手工注释的可靠性高的 Pfam-A 家族和程序自动产生的 Pfam-B 家族。通过 HMMER3 程序,可以搜索已建好的蛋白质结构域的 HMM 模型,从而对 Gene 进行蛋白质家族的注释	HMMER 3.2 package, hmmscan,E-value=0.01
COG/KOG	COG:Clusters of Orthologous Groups of proteins,同源蛋白簇;KOG:euKaryotic Orthologous Groups,真核生物直系同源序列聚类	KOG 和 COG 都是 NCBI 基于基因直系同源关系构建的分类体系,其中 COG 针对原核生物,KOG 针对真核生物。COG/KOG 结合进化关系将来自不同物种的同源基因分为不同的 Ortholog 簇,目前 COG 有 4873 个分类,KOG 有 4852 个分类。来自同一 Ortholog 的基因具有相同的功能,这样就可以将功能注释直接继承给同一 COG/KOG 簇的其他成员	diamond,v0.9.24.125,E-value=1e-5
Swiss-Prot	A manually annotated and reviewed protein sequence database(一种手动注释和审查的蛋白质序列数据库)	搜集了经过有经验的生物学家整理及研究的蛋白质序列	diamond,v0.9.24.125,E-value=1e-5
TrEMBL	a variety of new documentation files and the creation of TrEMBL, a computer annotated supplement to Swiss-Prot(Swiss-Prot 的计算机注释补充)	包括源自 EMBL 核苷酸序列数据库中所有编码序列(CDS)翻译的 Swiss-Prot 样格式的条目,除了已包括在 Swiss-Prot 中的 CDS	diamond,v0.9.24.125,E-value=1e-5

续表

数据库	简介	详细信息	软件及参数
KEGG	京都基因与基因组百科全书(Kyoto Encyclopedia of Genes and Genomes)	系统分析基因产物和化合物在细胞中的代谢途径以及这些基因产物的功能的数据库。它整合了基因组、化学分子和生化系统等方面的数据,包括代谢通路(KEGG PATHWAY)、药物(KEGG DRUG)、疾病(KEGG DISEASE)、功能模型(KEGG MODULE)、基因序列(KEGG GENES)及基因组(KEGG GENOME)等。KO(KEGG Ortholog)系统将各个KEGG注释系统联系在一起,KEGG已建立了一套完整KO注释的系统,可完成新测序物种的基因组或转录组的功能注释	diamond,v0.9.24.125, E-value=1e-5
GO	基因本体,(Gene Ontology)一套国际标准化的基因功能描述的分类系统	GO分为三大类 ontology:生物过程(Biological Process)、分子功能(Molecular Function)和细胞组分(Cellular Component),用于描述基因编码产物所参与的生物过程、分子功能及细胞环境。GO的基本单元是term,每个term都有唯一的标示符(由"GO:"加上7个数字组成,例如GO:0072669);每类ontology的term通过它们之间的联系(is_a,part_of,regulate)构成一个有向无环的拓扑结构	基于Swiss-Prot和Trembl,diamond,v0.9.24.125,E-value=1e-5

一、注释统计表

(一)定义

基因功能注释表是对上一步的基因结构进行预测,并对提取翻译后的蛋白序列和数据库比对,完成功能注释后所得的表。

(二)组成与含义

1. 组成

注释统计表包括3列[Database、Number of Genes、Percentage(%)]。

2. 含义

使用DIAMOND BLASTX软件将Unigene序列与KEGG、NR、Swiss-Prot、GO、COG/KOG、TrEMBL数据库比对,利用HMMER软件与Pfam数据库进行比对,预测Unigene的氨基酸序列并获得的注释信息。

(三)解读

在数据库 KOG、COG 中 COG 针对原核生物,KOG 针对真核生物;Pfam 是最全面的蛋白质结构域注释的分类系统;在注释统计表(表3-5)中基因数量最多的是 NR,基因库中基因数量所占的百分比在 31.39%~52.99%;至少注释到了一个数据库,被注释到的基因占 53.97%,有 46.03% 的基因完全没有被注释到;注释到的百分百都是 Unigenes 基因。

表3-5　　　　　　　　　注释统计表

数据库	基因数量	百分比/%
KEGG	37799	39.59
NR	50701	53.1
SwissProt	37345	39.11
TrEMBL	50600	52.99
KOG	29940	31.36
GO	43665	45.73
蛋白质家族数据库(Pfam)	37431	39.2
至少在一个数据库中被注释	51528	53.97
总 Unigenes	95481	100

拓展阅读

英文示例3.5

二、Unigene 注释统计

(一)定义

Unigene 注释统计图是通过展示图显示特定功能基因组所注释到的基因数量。

(二)组成与含义

1. 组成

Unigene 注释统计图横坐标代表数据库,纵坐标代表蛋白注释到的数量。

2. 含义

Unigene 序列通过 blastx 被比对到蛋白数据库 NR、SwissProt、KEGG 和 GO、KOG，从而得到与 Total Unigenes 具有最高排列相似性的蛋白质及该 Unigene 的蛋白质功能注释信息。

(三) 解读

由 Unigene 注释统计图(图 3-6)知,数据库中所注释到的基因数量基本一致,均在 4000bp 左右,只有 Unigene 基因注释接近 100%。

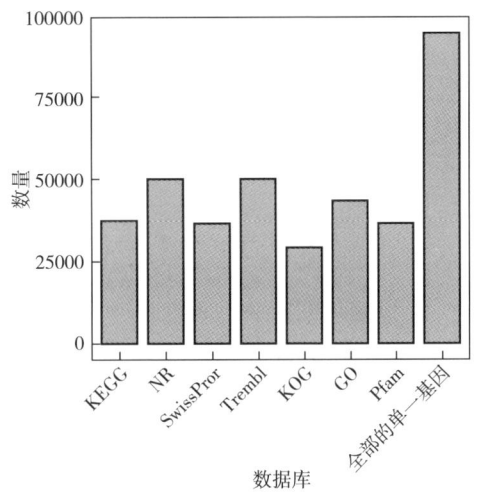

图 3-6　Unigene 注释统计图

拓展阅读

英文示例 3.6

三、NR 数据库注释结果统计

(一) 定义

NR 是 NCBI 中蛋白质数据库,集合其他数据库中的蛋白质的注释信息。

(二)组成与含义

1. 组成

NR 注释饼图包括 *Coffea canephora*、*Olea europaea* var. *sylvestris*、*Sesamum indicu*、*Vitis vinifera*、*Nicotiana attenuata*、Others。

2. 含义

通过与 NR 库的比对,可以查看本物种转录本序列与相近物种的相似情况,以及同源序列的功能信息。

(三)解读

NR 注释饼图(图3-7)中 *Coffea canephora* 占总注释基因的 76.87%,注释到的基因有 38974 条;其他注释到的基因各占总注释基因的 1.43% 左右,有 8821 条。

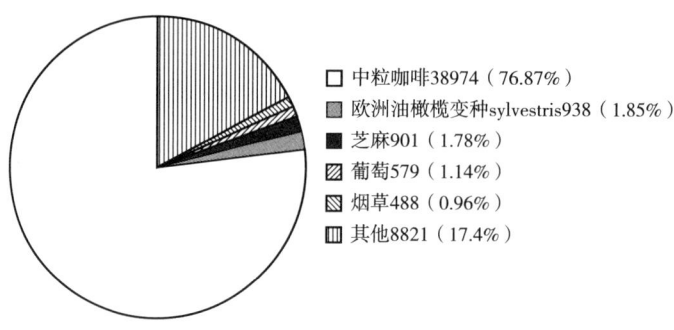

图 3-7 NR 注释饼图

拓展阅读

英文示例 3.7

四、GO 分类

(一)定义

Gene Ontology(简称 GO)是基因功能国际标准分类体系。

(二)组成、含义与写作方式

1. 组成

横坐标表示二级 GO 条目,纵坐标表示该 GO 条目注释上的差异基因的数量,其中红色为生物过程(biological process)、蓝色为分子功能(molecular function)、和绿色为细胞组成(cellular component)。

2. 含义

对基因进行 GO 注释之后,将注释成功的基因按照 GO 三个大类(biological process,cellular component,molecular function)的下一层级进行分类。

3. 写作方式

所有的差异基因注释到 GO 数据库中,并进一步分为三类,包括细胞成分、分子功能和生物过程。在细胞成分类中,差异基因在 A、B、C GO 条目上发生富集。在生物过程类中差异基因在 A、C、D GO 条目上发生富集,但在分子功能类中,差异基因在 E、F、G GO 条目上发生富集。

(三)解读

在 GO 分类柱状图(图 3-8)中知,在细胞组成(cellular component)的一级分类中,差异基因最多的位于细胞和细胞部件、膜和膜部件、细胞器和细胞器部件等,而在病毒、其他生物、其他有机体三个部位较少;在分子功能(molecular function)的分类中,催化活性功能、结合功能中聚集的差异基因最多,蛋白活动功能中相对较少;在生物过程(biological process)的分类中,细胞过程和代谢过程等聚集的差异基因最多,着色过程等聚集的差异基因较少。

五、KOG 分类

(一)定义

KOG 是 euKaryotic Orthologous Groups(真核生物直系同源序列聚类)的缩写。

(二)组成与含义

1. 组成

图中横坐标代表 KOG 各分类内容,纵坐标代表基因数目。

2. 含义

KOG(euKaryotic Orthologous Groups)数据库针对真核生物,基于基因直系同源关系,结合进化关系将来自不同物种的同源基因分为不同的 Orthologous 簇,来自同一 Orthologous 的基因具有相同的功能,这样就可以将功能注释直接继承给同一 KOG 簇的其他成员。

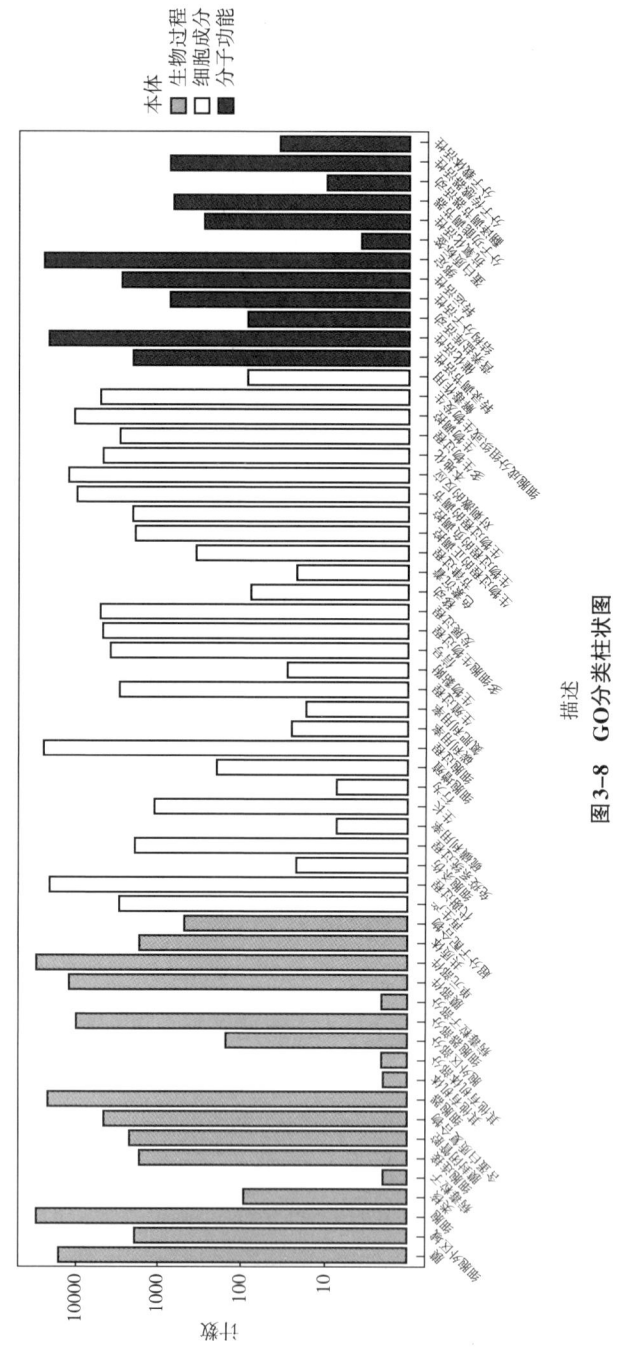

图3-8 GO分类柱状图

拓展阅读

英文示例 3.8

（三）解读

KOG 分类图（图 3-9）中分析发现差异表达基因可注释到 KOG 数据库的 25 个类别。其中，主要注释到信号转导机制（signal transduction mechanisms）、一般功能预测（general function prediction only）、次生代谢产物生物合成运输和分解代谢（secondary metabolites biosynthesis, transport and catabolism）、转译后的修改（posttranslational modification）、碳水化合物的运输和代谢（carbohydrate transport and metabolism）等。结果表明，一些次生代谢物的积累，可以增加玉叶金花的抗病能力。

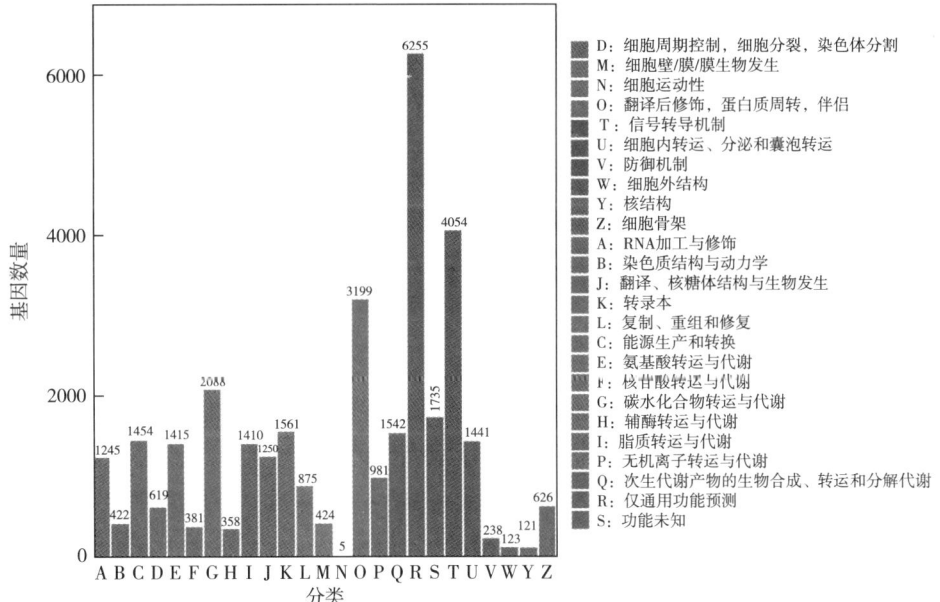

图 3-9　KOG 分类图

拓展阅读

英文示例 3.9

第四节 编码序列(CDS)预测

使用 TransDecoder 对组装得到的转录本进行 CDS 预测。

(1)使用 TransDecoder.LongOrfs 程序进行 ORF 预测,默认会保留氨基酸长度大于 100 的转录本;

(2)为了提高 CDS 预测的灵敏度,我们会将 TransDecoder.LongOrfs 预测得到的蛋白序列分别和 Uniprot 蛋白数据库、PFAM 蛋白质结构数据库进行比对注释;

(3)利用 TransDecoder.Predict 程序,结合蛋白数据库的比对结果,对预测得到的所有编码框进行取舍,保留和已知蛋白库有同源性的编码框以及可信度得分最高的蛋白编码框。

通过 TransDecoder 软件预测的 CDS 结果展示如下。

```
>Cluster-10014.0.p1 GENE.Cluster-10014.0~~Cluster-10014.0.p1 ORF type:complete len:100(-),score=
8.91,MST1_ORYSJ|80.0|9.4e-37,Sugar_tr|PF00083.23|4.3e-09 Cluster-10014.0:14-283(-)
     ATGAACGTGTCCATCATCTTGGCCCTCGCCTTCGTGCAGTCGCAGTCGTTCCTC
GCCATG
     CTCTGCCGCTTCAAGTACGCCACCTTCGCCTACTACGCCGCCTGGGTCGCCGTC
ATGACC
     GTCTTCGTCGCGGTCTTCCTGCCGGAGACCAAGGGGGTGCCGCTCGAGTCCAT
GGGCACC
     TTCTGGGTGAGACACTGGTACTGGAAGCGGTTCTTTCAGGATGAAGAAAAGA
ACGCTGCC
     GTGCCGAGACCGTCACCATTCTTTGTCTAG
```

①结果解读:>(序列的 ID,是这条基因的唯一识别符);后面是序列描述信息,包括序列长度(len)、序列类型(type)和序列在 Unigene 上的位置(loc)。预测的编码区序列类型有完整(complete,同时预测到起始密码子和终止密码子)内部区段(internal,起始密码子和终止密码子都没有预测到)、5'端部分(5prime_partial,仅预测到起始密码子)、3'端部分(3prime_partial,仅预测到终止密码子);score=8.91,MST1_ORYSJ|80.0|9.4e-37,Sugar_tr|PF00083.23|4.3e-09 中 MST1_ORYSJ 为 Uniprot 数据库编号,PF00083.23 为 PFAM 数据库编号,代表该转录本可以比对到 Uniprot 和 PFAM 蛋白数据库。

②蛋白数据库预测的编码框应和 CDS 结果保持一致。

通过 TransDecoder 软件预测的 pep 的结果展示如下。

```
>Cluster-10014.0.p1 GENE.Cluster-10014.0~~Cluster-10014.0.p1 ORF type:complete len:100(-),
score=8.91,MST1_ORYSJ|80.0|9.4e-37,Sugar_tr|PF00083.23|4.3e-09 Cluster-10014.0:14-283(-)
     MNVSIILALAFVQSQSFLAMLCRFKYATFAYYAAWVAVMTVFVAVFLPETKGVPLESMGT
FWVRHWYWKRFFQDEEKNAAVPRPSPFFV *
```

第五节　基因表达定量

转录本的片段数目与测序数据(或 mapped data)的数目、转录本长度和表达水平有关,要使片段数目准确反映转录本表达水平,需对样品中的 Mapped Reads 的数目和转录本长度进行统一。使用 FPKM(fragments per kilobase of transcript per million fragments mapped)衡量转录本或基因表达水平的指标,FPKM 计算公式如下:

$$FPKM = \frac{mapped\ fragments\ of\ transcript}{total\ count\ of\ mapped\ fragments(Millions) \times length\ of\ transcript(kb)}$$

注:mapped fragments of transcript 表示双端 Reads 数目,即比对到的转录组本片段数目,total count of mapped fragments(millions)表示比对到转录组本上的片段总数,以 10^6 为单位;length of transcript(kb):转录本长度,以 10^3 个碱基为单位。

一、比对统计表

(一)定义

比对统计表即将转录本上的序列与参考序列进行对比所作表。

(二)组成与含义

1. 组成

比对统计表包括横坐标(sample、clean reads、mapped reads、percentage),纵坐标样本。

2. 含义

该表将 Trinity 组装并去冗余之后的转录本作为参考序列,将每个样品的 clean reads 往参考序列上进行比对。

(三)解读

由比对统计表(表3-6)知,样本中原始数据过滤后的高质量的 reads 数、转录本的片段数目相差数据不大,样本间的高质量的 reads 数与转录本的片段数目之间的百分比在 82.62%~85.62%。

表3-6　　　　　　　　　　比对统计表

样品名称	有效读段	匹配读段	百分比
MpBud1	43621910	36041272	82.62%

续表

样品名称	有效读段	匹配读段	百分比
……			
MpTen3	43358518	36907536	85.12%

拓展阅读

英文示例3.10

二、基因的FPKM表达量表

(一)定义

基因的FPKM表达量表是通过表的形式对基因表达量FPKM在PE测序上校正的衡量指标。

(二)组成与含义

1. 组成

基因的FPKM表达量表横坐标是样本,纵坐标是基因编号。

2. 含义

FPKM是在PE测序上对RPKM的校正,用于每一段测序的核酸片段,且一个FPKM只测一条Reads,测序中会得到2条Reads,但由于后期质量或比对的过滤,有可能只有一条Reads进入最后的表达量分析。

(三)解读

FPKM的表达量表(表3-7)显示了两组样本之间可以比较的相同的fragments数目,表明在两组样本中可以对比的部分数目较多,则双端reads的数量较少。

表3-7　　　　　　　　基因的FPKM表达量表

ID	MpBud1	MpBud2	MpBud3	MpMat1	MpMat2
Cluster-0.0	0	0	0	0	0
……					
Cluster-1015.0	0	0	0	0	3.88

拓展阅读

英文示例 3.11

三、样品基因表达量总体分布

对样本基因测序后的表达量进行直观地分析,分析结果常以箱线图、密度图、小提琴图等形式体现。

(一)箱线图

1. 定义

箱线图是形状像箱子并展示一组或多组数据分布的统计图。

2. 组成与含义

(1)组成 图中纵坐标代表样品表达量 FPKM 的对数值,横坐标代表不同的样品。

(2)含义 从整体上看,MpBud1、MpBud2、MpBud3 的表达量均为 0.1 左右;应用转录组学进行基因表达的敏感性较高。可测序的蛋白质编码的 FPKM 在 $10^2 \sim 10^4$ 有 6 个量级的表达。通过箱线图谱可以观察到个体样本的基因表达水平的离散程度和直接对比各个样本的基因表达水平。

3. 解读

表达量箱线图(图 3-10)结果表明,针对各样本的 Sample 做箱线图,Sample 密度分布的结果是:MpBud、MpMat、MpTen 的整体离散度和总体分布度存在明显差别,这说明了玉叶金花的某些基因在耐药后表达发生变化。

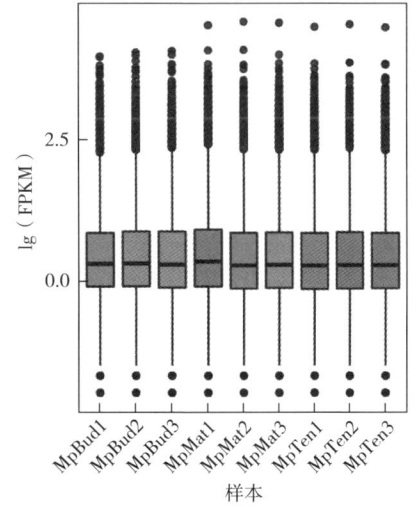

图 3-10 表达量箱线图

拓展阅读

英文示例 3.12

(二)密度图

1. 定义

密度图是展示样品中基因丰度随着表达量变化的趋势,可以清晰地反映出样本中基因表达量集中的区间。

2. 组成与含义

(1)组成　图中纵坐标代表概率密度,横坐标代表对应样品 FPKM 的对数值,不同颜色的曲线代表不同的样品。

(2)含义　密度图准确地反映样本中基因表达量集中的区间和基因丰度随表达量变化的趋势。

3. 解读

表达量密度分布图(图3-11)中得到表达的基因数主要集中在 0.1(lgFPKM),此值是对表达量的衡量,该数值越高,表示基因表达量越高。

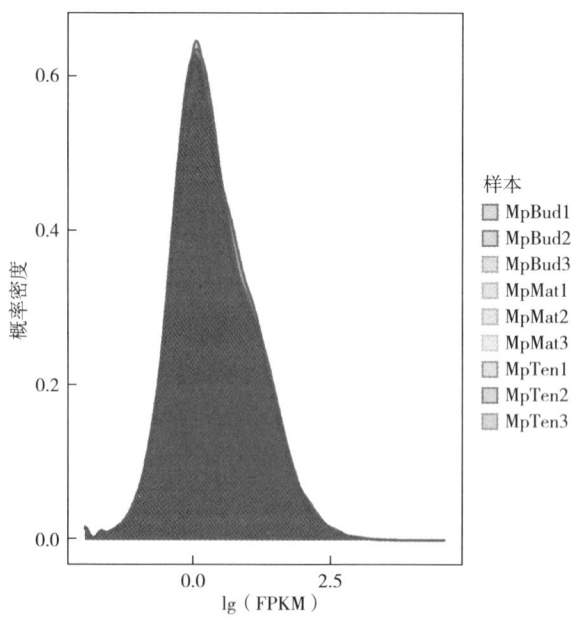

图 3-11　表达量密度分布图

(三)小提琴图

1. 定义

小提琴图是通过连续型数据的方法,利用核密度图和箱线图制作的图。

2. 组成与含义

(1)组成　表达量小提琴图的纵坐标代表样品表达量 FPKM 的对数值,横坐标代表不同的样品;小提琴图中的不同颜色代表不同的样品,越宽的代表数据分布越多。

(2)含义　此图用于表达概率密度和多组数据的分布形式。

3. 解读

小提琴图(图 3-12)展示了数据点的分布和概率密度,在对表达量取对数时,将 FPKM 加 1 后作为真数,以便保证对数值为正,从而更贴近表达量的含义。图中显示大部分基因集中在表达量较低的区域(数据点聚集得越多,图形越宽),样本间没有明显的差异。

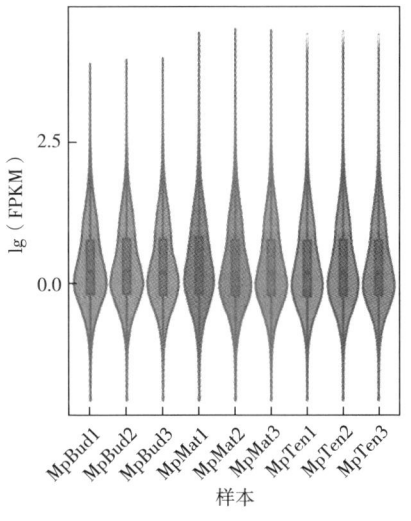

图 3-12　表达量小提琴图

拓展阅读

英文示例 3.13

四、样品相关性分析

(一)定义

相关性分析是通过相关性变量元素进行分析,从而衡量其相关性密切程度。

(二)组成与含义

1. 组成

相关性统计图纵向和对角线上分别代表不同样品的样品名称,两个样品之间的相关性系数大小标注在方格内。

2. 含义

皮尔逊相关系数 r(Pearson's Correlation Coefficient)是评价生物重复关系的一个重要指标,R^2 越接近 1,则表示两个重复样本之间的相关性越高,对生物重复样本之间 R^2 的要求至少大于 0.8。不同的基因表达具有生物多样性且表达水平有差异,而转录组测序、qPCR、生物芯片等技术无法完全消除这些变异。重复样品数目越多,得到的差异表达基因就越可信,但对重复条件要求越严格。生物学重复的相关性既能验证生物试验的重复性,又有助于筛选异常样本,并可以评价差异表达基因的可信度。

3. 解读

由图 3-13 可知,芽头的三个重复之间的相关性系数为 0.92~1、嫩叶的相关性系数全为 1、成熟叶的相关性系数为 0.96~1,说明生物学重复非常好。而三个样品间,各自三个重复的相关性系数为 0.63~0.78,说明样品间很多基因的行为也很接近。

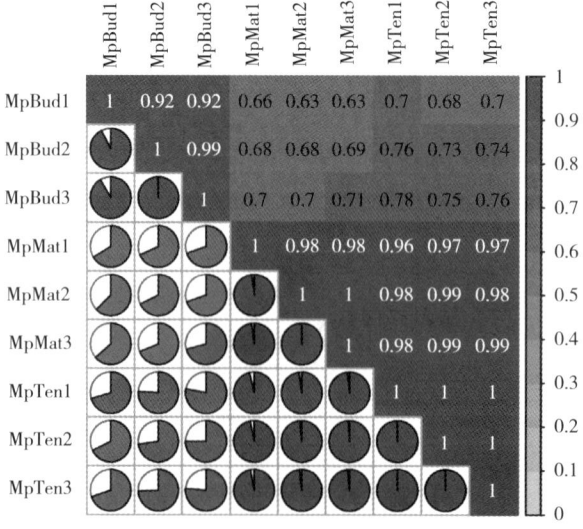

图 3-13 相关性热图

拓展阅读

英文示例 3.14

五、主成分分析

(一)定义

主成分分析(PCA)是一种基于无监督模式的多维数据的统计分析,它可以通过正交变化的方式将一系列具有相关性的变量转化为一系列不相关的线性变量,即主成分。

(二)组成与含义

1. 组成

PCA 图中 PC2 代表第二主成分,PC1 代表第一主成分,同组样品使用同种颜色表示,百分比代表主成分对数据集的解释率,图中的一个点代表一个样品。

2. 含义

PCA 显示了各样品间代谢组的分离趋向,解释了各样本组间的代谢的差异(Chen et al.,2009);在图中,样品间的距离表示分组之间的差异,距离越远,差异越大。

(三)解读

PC1 占比 27.26%,重复之间距离近,说明实验效果比较好。PCA 图(图 3-14)显示嫩叶和成熟叶之间的处理没有被 PC1(主成分 1)明显区分,且 PC1 对区分两组的贡献占比为 27.26%。PC2 占了 16.46%,没有显示处理组内部的差异,其中嫩叶的重复之间差异较大。

拓展阅读

英文示例 3.15

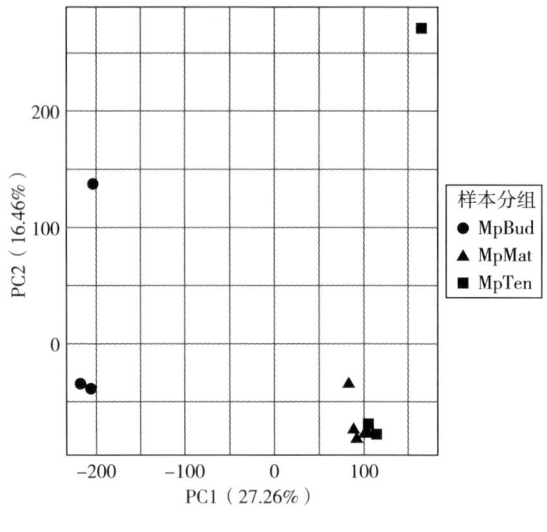

图 3-14 PCA 图

第六节 差异基因筛选

在具有生物学重复的样本中,利用 DESeq2 对样品组间的差异表达进行分析,得到两个差异表达基因集;在没有生物学重复的情况下,利用 edgeR 进行差异分析。

差异性分析需要将未标准化的读段计数数据输入基因,RPKM、FPKM 等已标准化的数据不需要输入基因。差异分析后,还需要用 Benjamini-Hochberg 方法对假设检验概率(P-value)进行多重假设检验校正,得到错误发现率(false discovery rate,FDR)。差异基因的筛选条件为 $|\log_2 \text{Fold Change}| \geqslant 1$,且 FDR<0.05。

一、基因上的 reads 原始计数

(一)定义

基因上的 reads 原始计数,在 RSEM 与 Bowtie 比对后,对结果数据进行统计,可以得到样品比对到每个基因上的读段数目,最后导出所有样品的基因计数结果保存。利用 reads 计数表显示基因的 reads 计数信息,常以计数表的形式展现。

(二)组成与含义

1. 组成

基因的 reads 计数表有 9 列,依次为基因编号(ID)、(第 2~7 列)各样本原始的读段数目值、KEGG 注释(KEGG)、NR 注释(NR)、SwissProt 注释(SwissProt)、TrEMBL 注释(TrEMBL)、KOG 注释(KOG)、GO 注释(GO)、Pfam 注释(Pfam)。

2. 含义

由于基因数量较多,研究人员可以运用 featureCounts 工具对每个样品的高质量比对结果进行基因上的 reads 计数,然后合并所有样品的基因计数结果。

(三)解读

由基因的 reads 计数表(表 3-8)可知,在芽头中 Cluster-1035.0 注释到的 reads 数量最多,NR 只注释到 Cluster-0.0、Cluster-100.0、Cluster-1012.0、Cluster-103.0、Cluster-103.1 中,Pfam 注释只注释到四个基因。

表 3-8　　　　　　　　　　基因的 reads 计数表

ID	MpBud1	MpBud2	MpBud3	MpMat1	MpMat2	MpMat3
Cluster-0.0	0	0	0	0	0	0
……						
Cluster-1014.0	0	0	3	0	1	0

拓展阅读

英文示例 3.16

二、差异基因数量统计

研究人员对基因进行筛选和统计后统计差异基因数量,统计结果常以差异基因统计表和差异基因条形图体现。

(一)差异基因统计表

1. 定义

差异基因统计表即对差异基因的数量进行统计并以表形式进行展示。

2. 组成与含义

（1）组成　差异基因统计表有 4 列，依次为差异基因总数（total）、分组（group）、下调基因数（down）、上调基因数（up）。

（2）含义　该表展示了每组的差异基因总数、上调基因数、下调基因数。

3. 解读

由差异基因统计表（表 3-9）知，在芽与嫩叶中上调基因有 4441 个，下调基因有 4084 个，其中差异基因总数最多，为 8525 个。

表 3-9　差异基因统计表

分组	差异基因总数	下调基因数	上调基因数
MpBud 与 MpMat	7802	3999	3803
MpBud 与 MpTen	8525	4084	4441
MpTen 与 MpMat	724	546	178

拓展阅读

英文示例 3.17

（二）差异基因条形图

1. 定义

差异基因条形图，即差异基因的数量以柱状图的形式进行可视化展示。

2. 组成与含义

（1）组成　纵坐标为差异基因的数量，横坐标为不同处理组，红色点代表基因的表达量上调，绿色的点代表表达量下调，蓝色点表示基因的表达没有显著差异。

（2）含义　通过对所测基因定量、定性分析，结合样品的具体分组情况，可以得到不同分组中基因信息数量的变化情况。

3. 解读

差异基因数量柱状图（图 3-15）和差异基因统计表（表 3-9）显示，芽头与成熟叶的差异基因数量和芽头与嫩叶的差异基因数量相差 723 个、上调基因相差 638 个、下调基因相差 85 个，嫩叶与成熟叶的差异基因数量、上调基因、下调基因都与前二者相差较大。

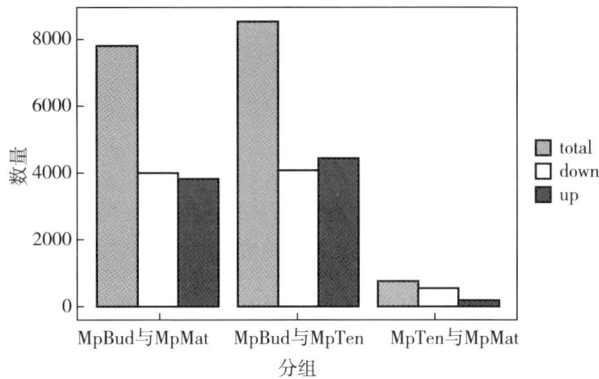

图 3-15 差异基因数量柱状图

拓展阅读

英文示例 3.18

三、差异基因列表

1. 定义

差异基因是指一个基因在 RNA 水平处在不同环境压力、时间、空间等方面下,表达有显著性差异的基因。

2. 组成与含义

(1)组成:差异基因列表有 21 列,依次为 ID(基因编号)、中间列(样本表达量信息)、FoldChange(两样品间基因表达量差异倍数,用于衡量表达量差异的大小)、$\log_2$Fold Change(两样品间基因表达量差异倍数的对数,用于衡量表达量差异的大小)、P-value(显著性检验的 P 值)、padj(多重假设检验校正得到的错误发现率)、regulated(差异基因表达上调或下调)、chr(染色体名称)、start(起始位置)、end(终止位置)、strand(正负链信息)、gene_name(基因名称)、gene_descirpt(基因描述)、KEGG(KEGG 注释)、KEGG pathway(所属 KEGG 通路)、NR(NR 注释)、SwissProt(SwissProt 注释)、TrEMBL(TrEMBL 注释)、KOG(KOG 注释)、GO(GO 注释)、Pfam(Pfam 注释)。

(2)含义:该表展示了基因的编号、表达量差异、表达上调或下调,不同样品的

FPKM,功能注释等。

3. 解读

设定差异基因的筛选条件为 $\log_2(\text{Fold Change}) \geq 1$,且 FDR<0.05,所得差异基因数量如表 3-10 所示,芽头与成熟叶相比,总的差异基因数量是 7802 条,其中下调的是 3999 条,上调的是 3803 条,下调和上调的数量比较接近。

表 3-10　　　　　　　　　差异基因列表

ID	MpBud1_fpkm	MpBud2_fpkm	MpBud3_fpkm	MpMat1_fpkm
Cluster-1117.10416	4.74	4.94	4.76	65.7
……				
Cluster-1117.46183	163.13	155.55	161.89	32.61

拓展阅读

英文示例 3.19

四、差异基因 MA 图

(一)定义

MA 图可直观地展示基因的表达水平和差异倍数的整体分布。

(二)组成与含义

1. 组成

纵坐标表示 $\log_2 FC$ 值;横坐标代表两组样品标准化之后的表达量值;蓝色的点、红色的点、绿色的点分别代表基因的表达无显著差异、基因表达量上调、基因表达量下调。

2. 含义

MA 图展示了基因差异倍数和表达量水平的分布情况。

(三)解读

如差异基因 MA 图(图 3-16)所示,MpBud 与 MpMat 组中红色(图中深灰色)的点表示 3803 个上调的基因,绿色(图中黑色)的点是下调的 3999 个基因,其余蓝色的点(图中浅灰色)表示剩余几万条没有差异的基因。图中显示深灰色和黑色的点比较密集地分布在表达量 10~100、差异倍数 $2^{-4} \sim 2^4$ 的区域,也就是大部分差异基因的情况。下调倍数最大的约为 2^{12} 倍,其表达量接近 1000;上调倍数最大的约为 2^{11} 倍,其表达量大于 100。而且,当差异倍数逐渐增加时,表达量也逐渐增加,呈现很好的线性关系(图的上下两端)。从图中也可看出表达量较大(大于 10^5)、差异倍数大的基因未必是差异基因。在嫩叶与成熟叶中红色的点表示 178 个上调的基因,绿色的点是下调的 546 个基因,其余蓝色的点表示剩余几万条没有差异的基因。

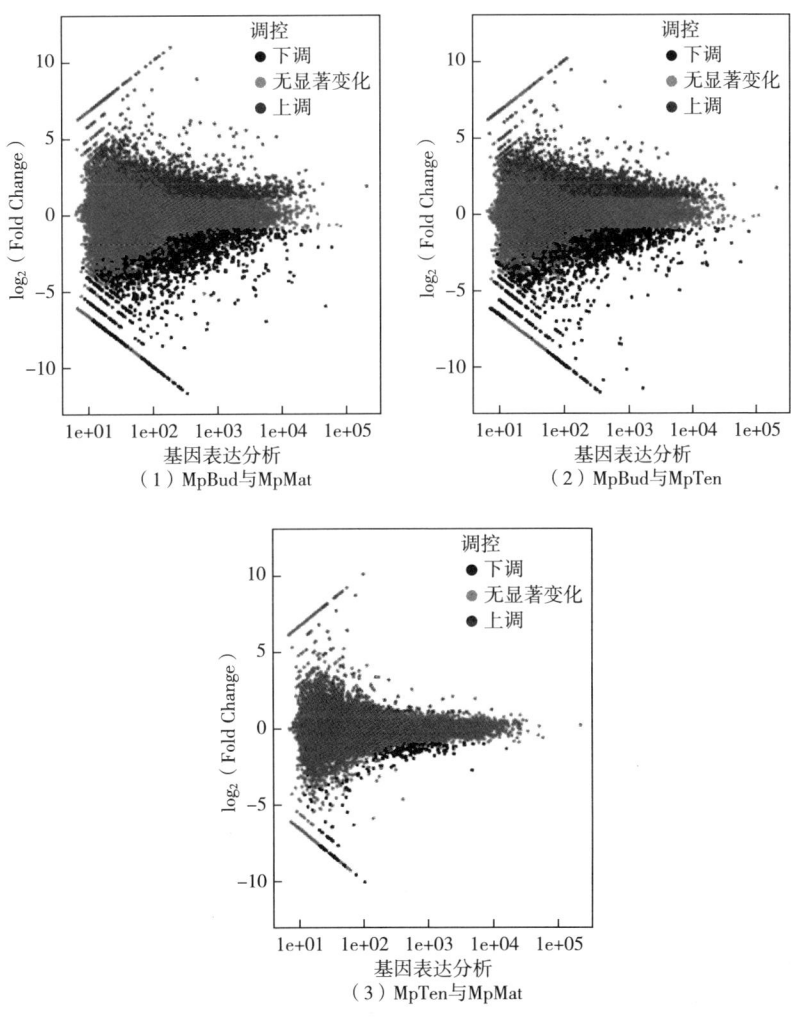

图 3-16 差异基因 MA 图

拓展阅读

英文示例 3.20

五、差异基因火山图

(一)定义

火山图是展示差异表达基因识别结果的最常用方式之一,图中常以 Fold Change 为横坐标,校正后的 P-value 为纵坐标。

(二)组成与含义

1. 组成

火山图横坐标表示基因表达倍数变化,纵坐标表示差异基因的显著性水平;红色的点、绿色的点、蓝色的点分别代表了上调的差异基因、下调的差异基因、非差异表达基因;横坐标上的点离坐标原点越远,则差异倍数越大;纵坐标上的点越往上走,代表 FDR 值越大。

2. 含义

火山图展示了两组样品间的差异显著性(校正后的 P 值)和差异倍数的分布情况。

(三)解读

由于差异基因的筛选标准是相差 2 倍以上且显著性小于 0.05,所以图中蓝色(图中浅灰色)的点在横坐标 $\log_2$(Fold Change)的(-1,1)之间、纵坐标-lg(padj)的 2 以下,即火山图(图 3-17)直观地表现了我们对数据的筛选标准。与 MA 图不同的是,它可以反映统计学上差异极显著的基因(即差异的可信度非常高),但无法显示具体的表达量大小(即有可能表达量极低)。

综上所述,通过设定差异倍数(Fold Change)2 倍以上、且错误发现率(FDR)低于 0.05 的标准筛选到了芽头、嫩叶、成熟叶的差异基因有七千多条,其中上调和下调的几乎各占一半,并且差异倍数的分布也比较均匀,上调和下调的最大倍数均在 1010 以上,且表达量为 100~1000。

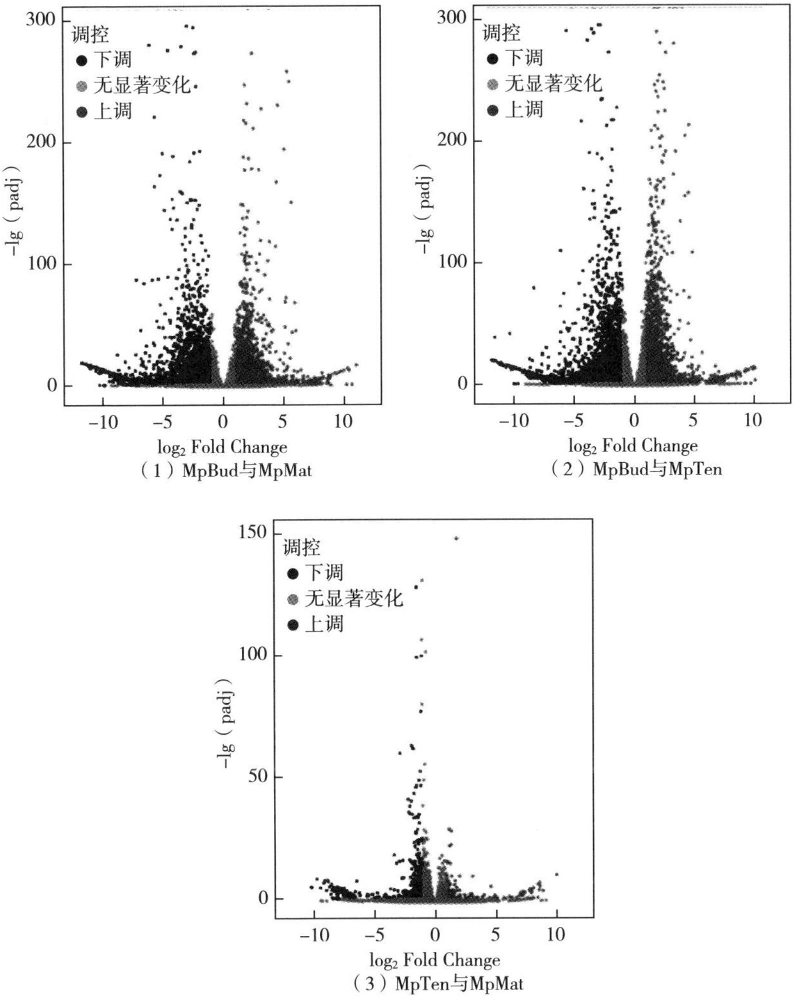

图 3-17　差异基因火山图

拓展阅读

英文示例 3.21

六、基因表达聚类分析

基因表达聚类分析通常对差异基因进行分析,分析结果常以 Kmeans 聚类图和差异基因聚类热图的形式体现。

(一)Kmeans 聚类图

1. 定义

Kmeans 聚类图是将抽象对象或物理分组后,对相似对象组的分组进行分析并制作成的图。

2. 组成与含义

(1)组成　横坐标表示样本,纵坐标表示中心化和标准化的表达量。

(2)含义　聚类分析是利用不同的试验条件,对不同的差异基因进行分类,以确定未知基因和已知基因的作用机理,或者作用于相同的细胞通路和代谢过程中。

3. 解读

为探讨不同处理条件下基因的表达方式,先对 FPKM 进行中心化、规范化处理,再进行 Kmeans 聚类分析,如图 3-18 所示。同一类的基因在不同的试验条件下,其变化趋势类似,作用也可能类似。

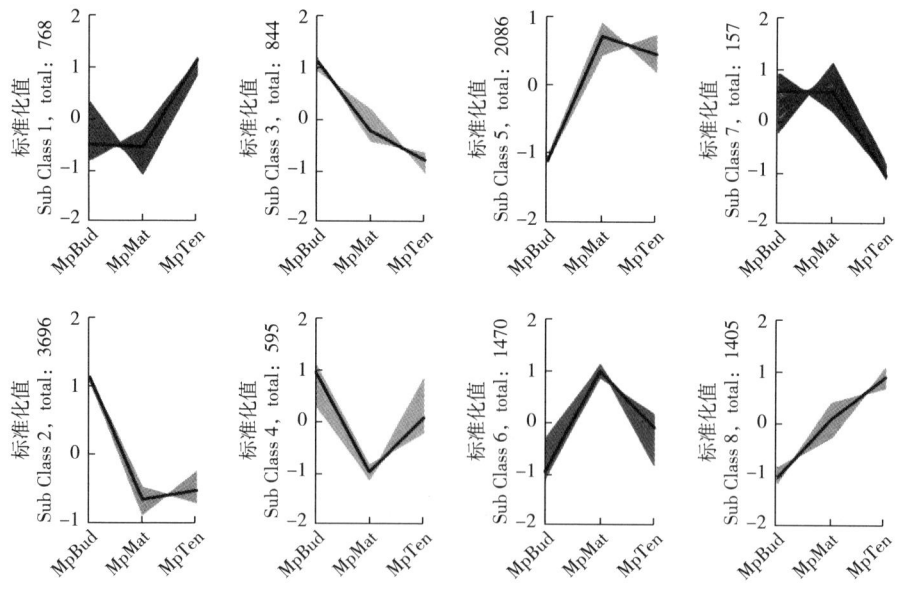

图 3-18　Kmeans 聚类图

拓展阅读

英文示例 3.22

(二)差异基因聚类热图

1. 定义

差异基因聚类热图是用于展示差异基因在样品间的聚类情况的图。

2. 组成与含义

(1)组成　纵坐标代表差异基因及层次聚类结果,横坐标代表样品名称及层次聚类结果。绿色是低表达,红色是高表达。

(2)含义　笔者团队对 FPKM 进行中心化、规范化处理,做层次聚类分析,可得到差异分组的聚类热图。

3. 解读

由差异基因聚类热图(图 3-19)可知,左半部分芽中差异基因先表现为低表达,再表现为高表达,右半部分成熟叶中差异基因先表现为高表达,再表现为低表达,二者之间的基因差异性表达量是相等的。

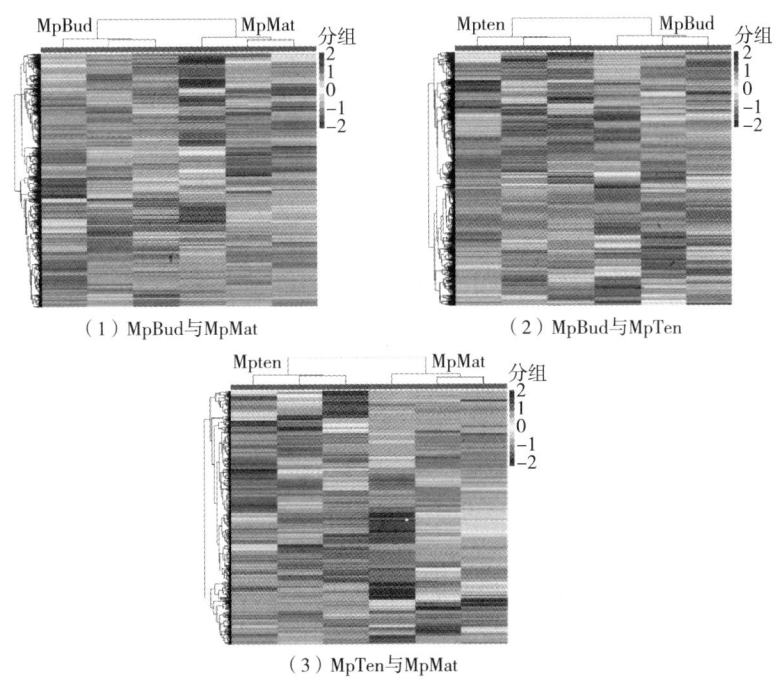

(1)MpBud与MpMat　　(2)MpBud与MpTen

(3)MpTen与MpMat

图 3-19　差异基因聚类热图

拓展阅读

英文示例3.23

七、差异基因维恩图

(一)定义

维恩图也称文氏图,是用于显示元素集合重叠区域的图示。

(二)组成与含义

1. 组成

维恩图中的每一圈表示一个比较组,圆圈与圆圈交叠部位表示比较组间共有差异代谢物数目,未交叠的部分表示比较组间特有差异代谢物数目。

2. 含义

维恩图展示不同比较组合间差异基因的数目情况,可筛选出比较组间共有或特有的差异基因数目。

(三)解读

维恩图(图3-20)非重叠区域代表差异组间特有的差异基因,重叠区域代表差异组间共有的差异基因。

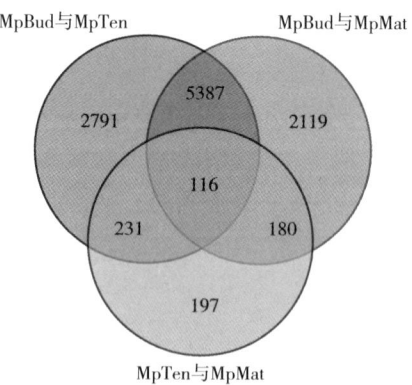

图3-20 不同分组差异基因维恩图

拓展阅读

英文示例 3.24

第七节 差异表达基因功能注释和富集分析

差异表达基因功能注释和富集分析包括差异表达基因 KEGG 注释和富集分析、差异表达基因 GO 注释和富集分析、差异表达基因 KOG 注释和富集分析。

一、差异表达基因 KEGG 注释和富集分析

生物体内的不同基因产物通过相互作用行使生物学功能,对差异表达基因的通路注释分析有助于进一步解读基因的功能。KEGG(Kyoto Encyclopedia of Genes and Genomes)是整合了基因组、生物学通路、疾病、药物、化学物质等信息的综合性数据库。KEGG 将基因组信息和高层次的功能信息有机地结合起来,为基因组测序和其他高通量实验技术产生的大数据提供系统化的分析。

(一)差异表达基因 KEGG 富集表

1. 定义

差异表达基因 KEGG 富集表即将基因注释到 KEGG 数据库后,统计每个 KEGG 通路包含的差异基因数量后得到 KEGG 富集表。

2. 组成与含义

(1)组成 KEGG 富集表有 6 列,依次为 Kegg_pathway(KEGG 通路名称)、ko_id(KEGG 通路 ID)、Cluster_frequency(注释到该通路的差异基因数与有注释的差异基因数的比例)、Genome_frequency(注释到通路的背景基因数与有注释的背景基因数的比例)、P-value(显著性检验 P 值)、Corrected_P-value(多重假设检验校正后的 P 值)。

(2)含义 应用超几何检验,找出与整个基因组背景相比,在差异表达基因中显著性富集的 Pathway。

3. 解读

由 KEGG 富集表(表 3-11)可知,在 Metabolic pathways 中差异基因数与有

注释的差异基因数的比例为 47.5859546452085%（1301 out of 2734），背景基因数与背景基因数的比例为 42.170045510964%（8154 out of 19336），校正后的 P 值为 $5.89575288589828\mathrm{e}{-8}$。

表 3-11　　　　　　　　　　KEGG 富集表

KEGG 通路名称	KEGG 通路 ID	差异基因数与有注释的差异基因数的比例
alpha-Linolenic acid metabolism	ko00592	33 out of 2734 1.20702267739576%
……		
Indole alkaloid biosynthesis	ko00901	26 out of 2734 0.950987564008778%

拓展阅读

英文示例 3.25

（二）差异表达基因 KEGG 分类柱形图

1. 定义

利用 KEGG 富集表所注释到的差异基因数量，可绘制柱形图。

2. 组成与含义

（1）组成　KEGG 分类柱形图纵坐标表示 KEGG 通路的名称，横坐标表示注释到该通路的基因与有注释的基因总数的比例，图形右侧的标签代表 KEGG 通路所属的分类，左边是物质名称。

（2）含义　富集最多的是代谢通路，自身代谢产物富集也比较多；该图对于注释到的通路进行整体分类展示，说明各样本注释到 KEGG 通路的差异基因数量。

3. 解读

KEGG 分类柱形图（图 3-21）中显示，除了综合性的代谢通路（Metabolic pathways）和次生代谢产物的生物合成（Biosynthesis of secondary metabolites）以外（这两个通路包含了其他的子通路），芽头、嫩叶、成熟叶的差异基因主要集中在"Plant-pathogen interaction"、"MAPK signaling pathway"、"Plant hormone signal transduction"、"Phenylpropanoid biosynthesis"等代谢通路。这些通路主要分布在环境信息处理（Environmental Information Processing）、机体系统（Organismal Systems）、代谢（Metabolism）、遗传信息处理（Genetic Information Processing）、细胞过程（Cellular Processes）等类别。

第三章 玉叶金花不同叶位叶片的转录组分析

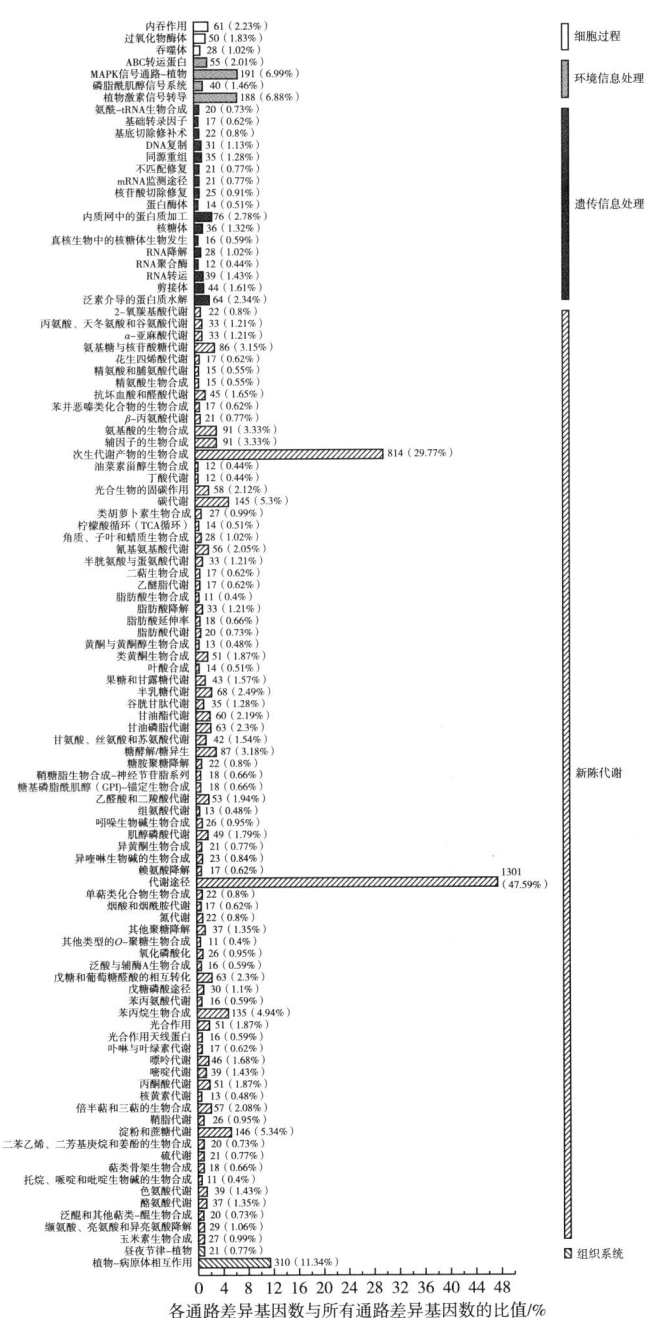

(1) MpBud与MpMat

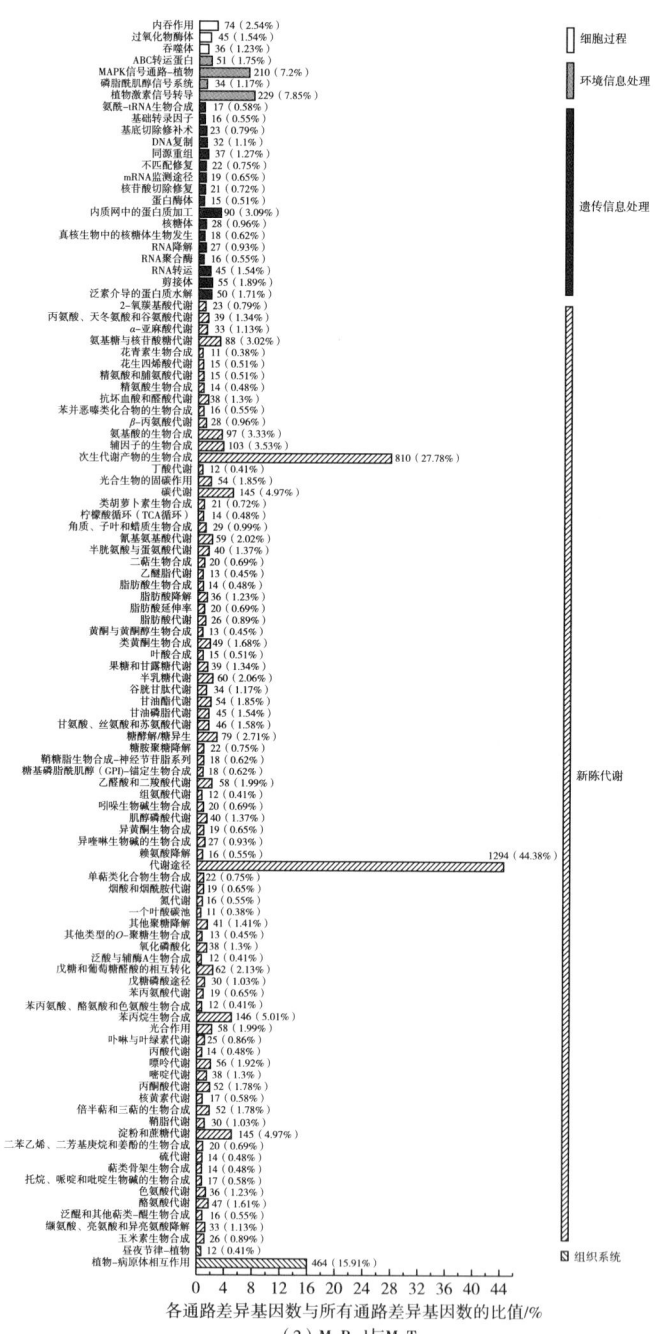

(2) MpBud与MpTen

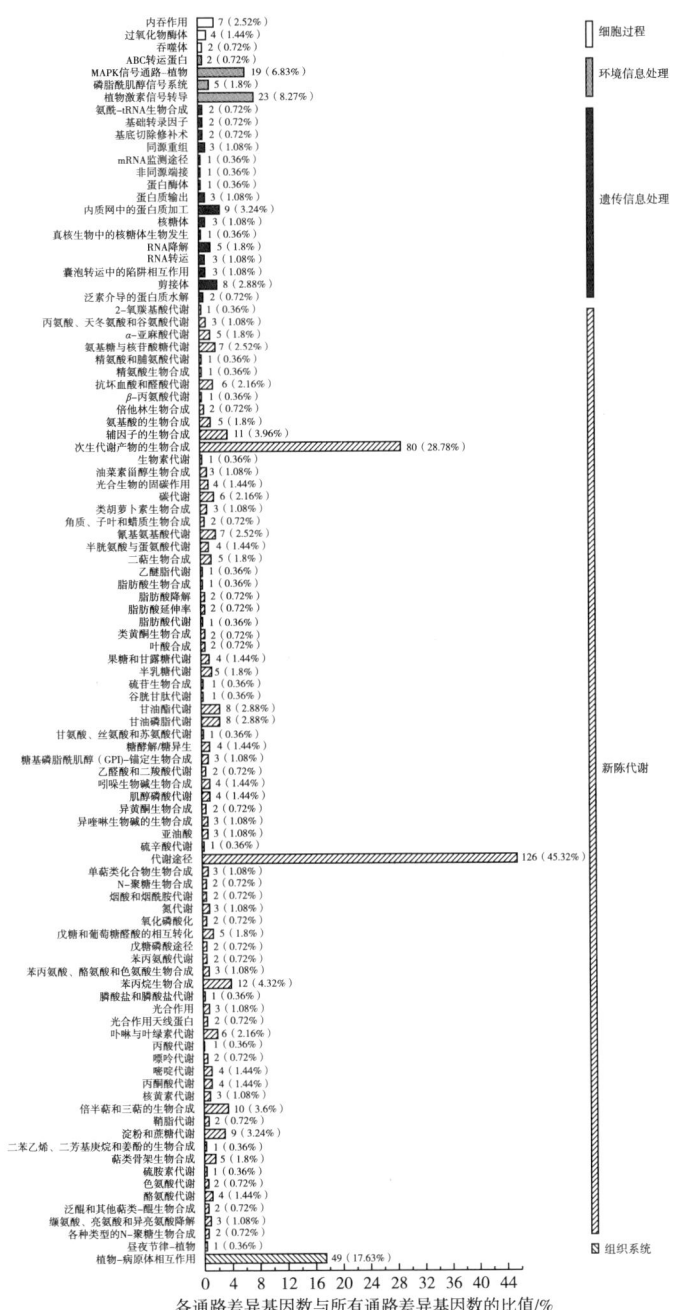

图 3-21 KEGG 分类柱形图

拓展阅读

英文示例3.26

（三）差异表达基因KEGG富集通路图

1. 定义

我们利用KEGG富集表中生物体内不同基因产物的相互协调关系，可以绘制出差异表达基因的富集通路图。

2. 组成、含义与写作方式

（1）组成　KEGG通路图由Kegg_pathway（KEGG通路名称）、ko_id（KEGG通路ID）、Cluster_frequency（注释到该通路的差异基因数与有注释的差异基因数的比例）、Genome_frequency（注释到通路的背景基因数与有注释的背景基因数的比例）、P-value（显著性检验P值）、Corrected_P-value（多重假设检验校正后的P值）组成。

（2）含义　该图展示了样本代谢通路相关基因的差异表达情况，说明样本中显著代谢通路的基因及其上调和下调的情况。

（3）写作方式　在KEGG注释结果中，所有样本中所有的差异基因注释到某KEGG通路中。在KEGG富集分析结果中显示，在A差异分组中，差异基因在a、b、c KEGG通路上发生富集。在B差异分组里，差异基因在b、d、e KEGG通路上发生富集。其中，相比较B差异分组，在A差异分组中，a和b通路发生显著富集。B差异分组中，b和d发生显著富集。两个共同富集的差异分组有，a、b、d。

3. 解读

图3-22为倍半萜和三萜合成（sesquiterpenoid and triterpenoid biosynthesis）的通路图，图中显示通往类固醇生物合成的代谢途径与上调和下调基因均有关，合成橙花叔醇等的基因下调。

拓展阅读

英文示例3.27

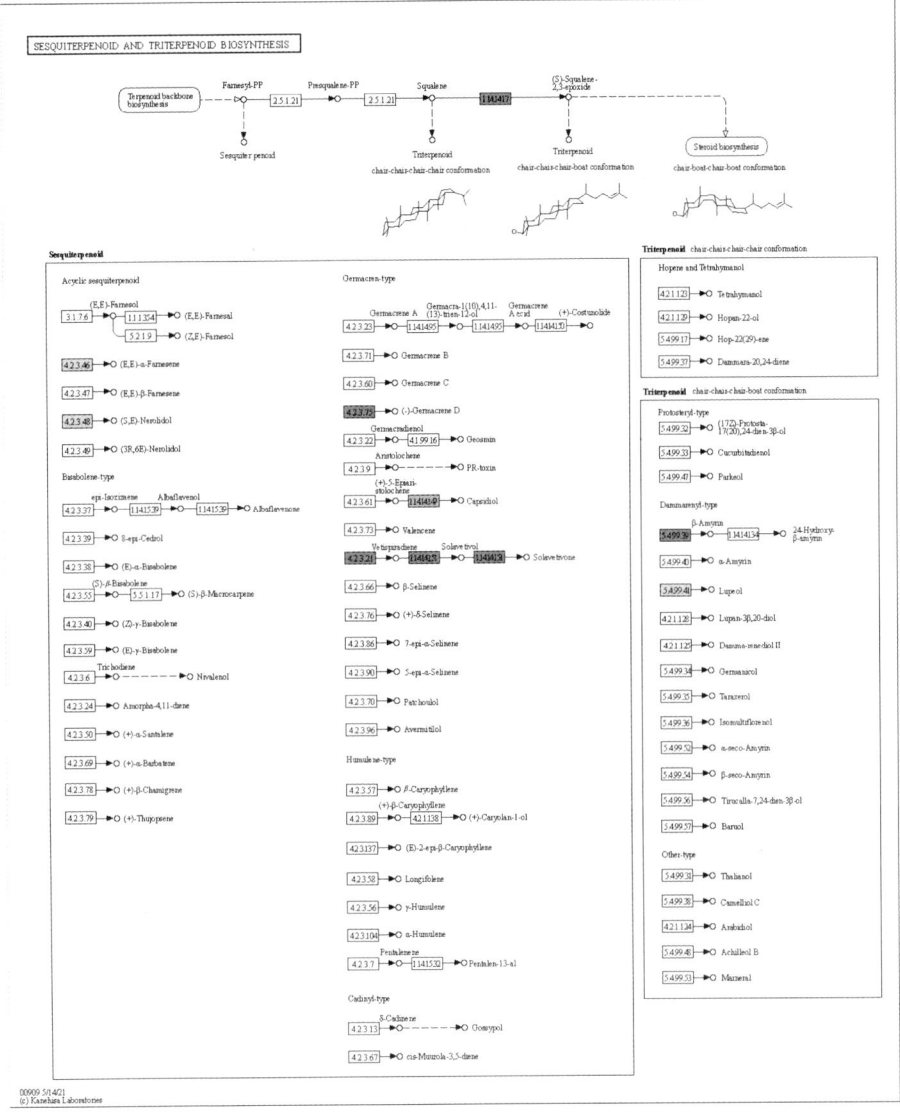

图 3-22 KEGG 富集网页通路图

(四)差异表达基因 KEGG 富集散点图

1. 定义

散点图是 KEGG 富集分析的 KEGG 通路及其数量和 Rich factor 的图形化展示方式。

2. 组成与含义

(1)组成　富集散点图纵坐标表示 KEGG 通路,横坐标表示 Rich factor;

点越大,代表通路富集的差异基因的数量越多;点的颜色越红,代表富集越显著。

(2)含义 挑选富集最显著的 20 条 pathway 条目在该图中进行展示,若富集的 pathway 条目不足 20 条,则全部展示。KEGG 富集程度通过 Rich factor、qvalue 和富集到此通路上的差异基因个数来衡量,其中 Rich factor 指该 pathway 中富集到的差异基因个数(sample number)与注释到该通路所有基因个数(background number)的比值;Rich factor 越大,富集的程度越大;qvalue 越小,表示富集越显著。

3. 解读

KEGG 富集散点图如图 3-23 所示,mRNA 中注释到 Metabolic pathways 通路的基因有 8154 条,其中有差异的基因 1301 条,则 Rich factor = 1301/8154 = 0.16。MpBud 与 MpMat 图中显示了显著性排最前面的 20 条通路。其中代谢途径(Metabolic pathways)、次生代谢产物的生物合成(Biosynthesis of secondary metabolites)、淀粉和蔗糖代谢(Starch and sucrose metabolism)、植物激素信号转导(Plant hormone signal transduction)、MAPK 信号通路(MAPK signaling pathway-plant)等最显著,而这些条通路中,代谢途径、次生代谢产物的生物合成的差异基因数量最多,花青素生物合成(Anthocyanin biosynthesis)、黄酮与黄酮醇生物合成(Flavone and flavonol biosynthesis)的富集度最大。

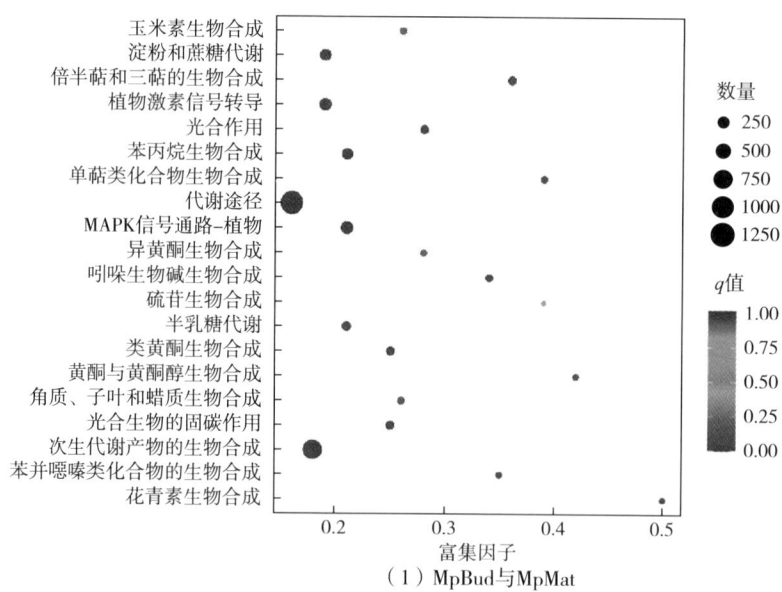

(1)MpBud 与 MpMat

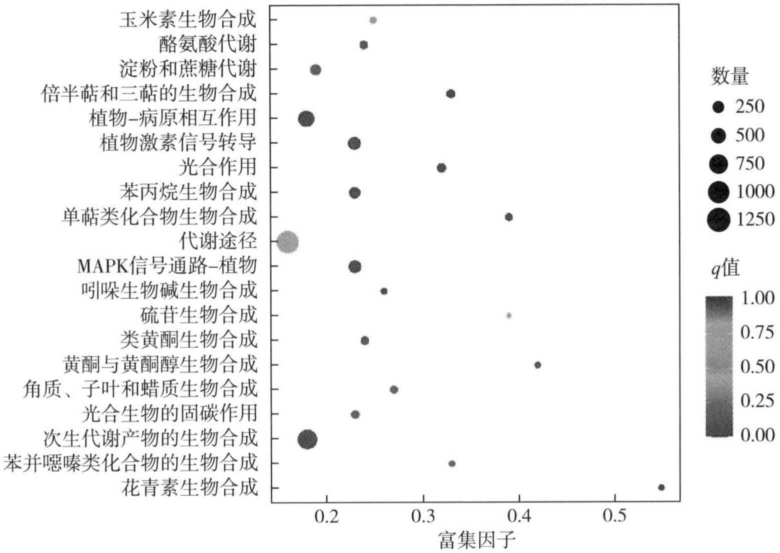

图 3-23　KEGG 富集散点图

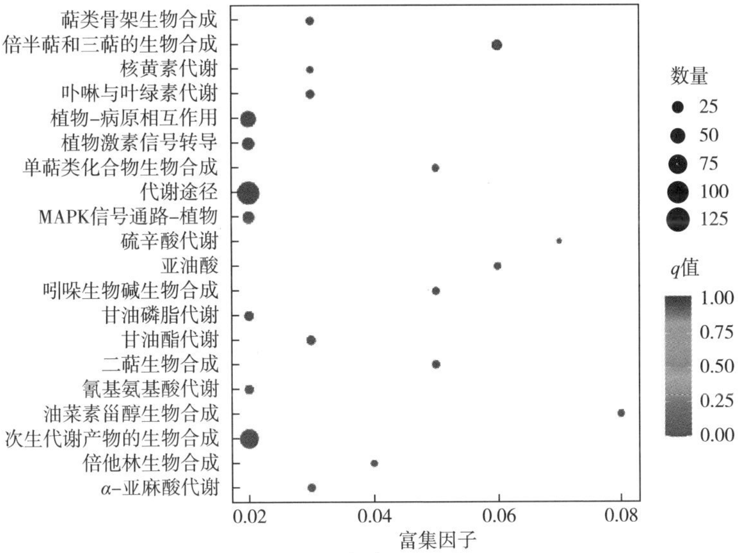

拓展阅读

英文示例 3.28

二、差异表达基因 GO 注释和富集分析

该部分包括差异表达基因 GO 富集分析、差异表达基因 GO 分类、差异表达基因 GO 富集柱形图、差异表达基因 GO 富集层次分析。

(一)差异表达基因 GO 富集分析

此处以差异基因富集表和差异基因 GO 富集柱形图体现。

1. 定义

差异基因富集表即差异基因 GO 注释到数据库后,统计每个 GO 通路包含的差异基因数量,得到 GO 富集表。

2. 组成与含义

(1)组成　差异基因富集表共有 10 列,依次为 Ontology(GO 本体类型)、ID(GO 条目 ID)、Description(GO 条目对应的功能描述)、P-value(显著性检验 P 值)、GeneRatio(注释到该 GO 条目上的差异基因数与差异基因总数的比值)、BgRatio(注释到该 GO 条目上的背景基因数与背景基因总数的比值)、geneID(注释到 GO 条目上的基因 ID)、P.adjust(多重假设检验校正后的 P 值)、qvalue(p.adjust 的错误发现率)、Count(注释到 GO 条目上的基因数量)。

(2)含义　差异基因富集表,展示了 GO 条目的本体类型、ID、对应的功能描述,注释到 GO 条目上的基因 ID、基因数量、P 值等。

3. 解读

由差异基因富集表(表 3-12)可知,在细胞组分中的功能是膜(anchored component of membrane),注释的差异基因数与差异基因总数的比值为 72/4889,背景基因数与背景基因总数的比值为 255/35872,P 值为 6.84807504059743e-10,注释到的基因数量为 114 个;其中细胞组分中注释到的基因数量最少为 7 个,细胞组分中注释到的基因数量最多为 115 个。

表 3-12　　　　　　　　　　差异基因富集表

GO 本体类型	GO 条目 ID	GO 条目对应的功能描述
细胞组分中	GO:0019897	extrinsic component of plasma membrane
	……	
细胞组分中	GO:0005845	mRNA cap binding complex

拓展阅读

英文示例 3.29

(二)差异基因 GO 富集柱形图

1. 定义

差异基因 GO 富集柱形图通过对基因进行 GO terms 富集,能够清晰表达出各条目所注释的基因数量。

2. 组成与含义

(1)组成　GO 柱形图横坐标表示注释到该条目的基因与有注释的基因总数的比例,纵坐标表示 GO 条目的名称,差异基因 GO 富集柱形图右侧的标签代表 GO 条目所属的分类。

(2)含义　该图展示了富集分析结果中 qvalue 最低的 50 个 GO Term。

3 解读

图 3-24 为差异基因 GO 富集柱形图。MpTen 与 MpMat 图显示差异基因较多地属于类异戊二烯生物合成的过程、萜类化合物代谢过程、萜类化合物生物合成过程、碳氧裂解酶的活动、酶抑制剂的活动等类别。这表示嫩叶和成熟叶在这些生物合成和活动方面的差异显著。

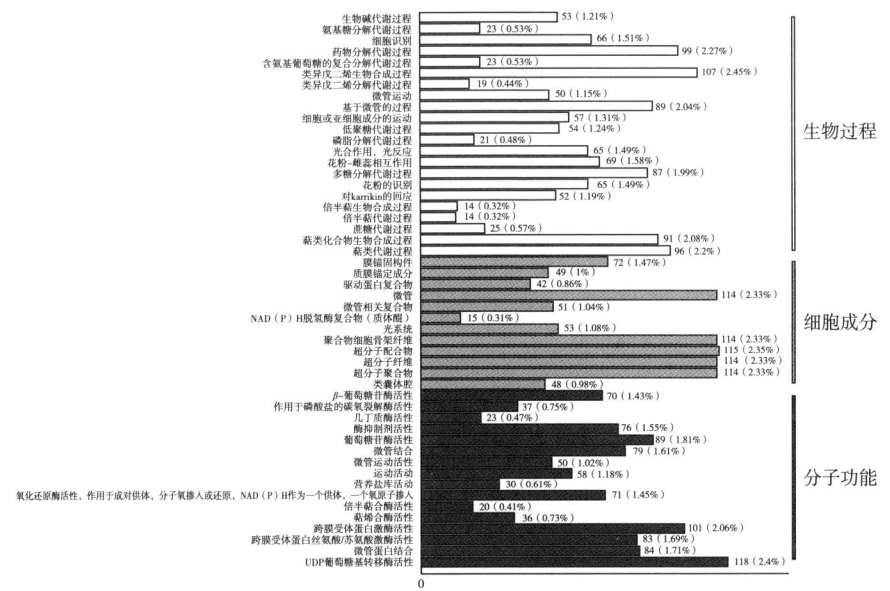

(1)MpBud 与 MpMat

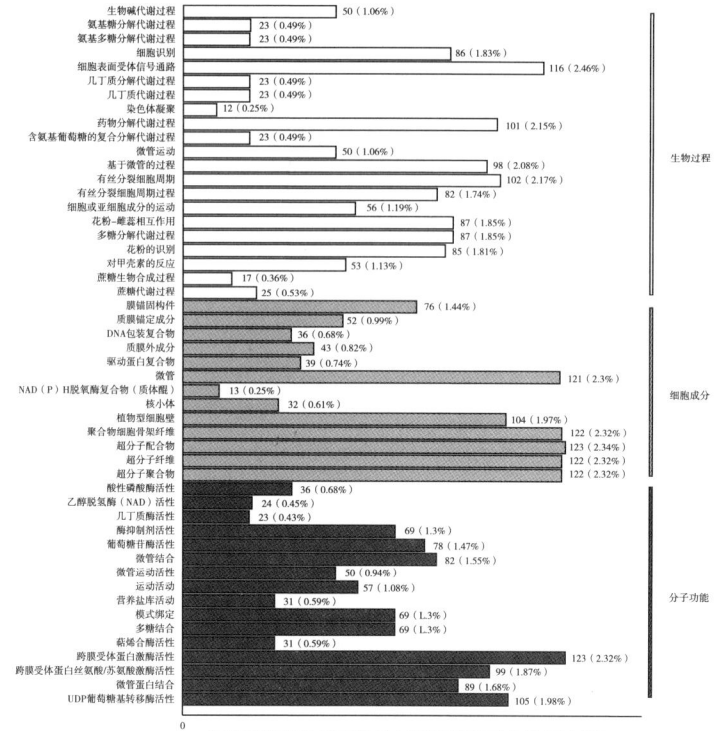

（2）MpBud与MpTen

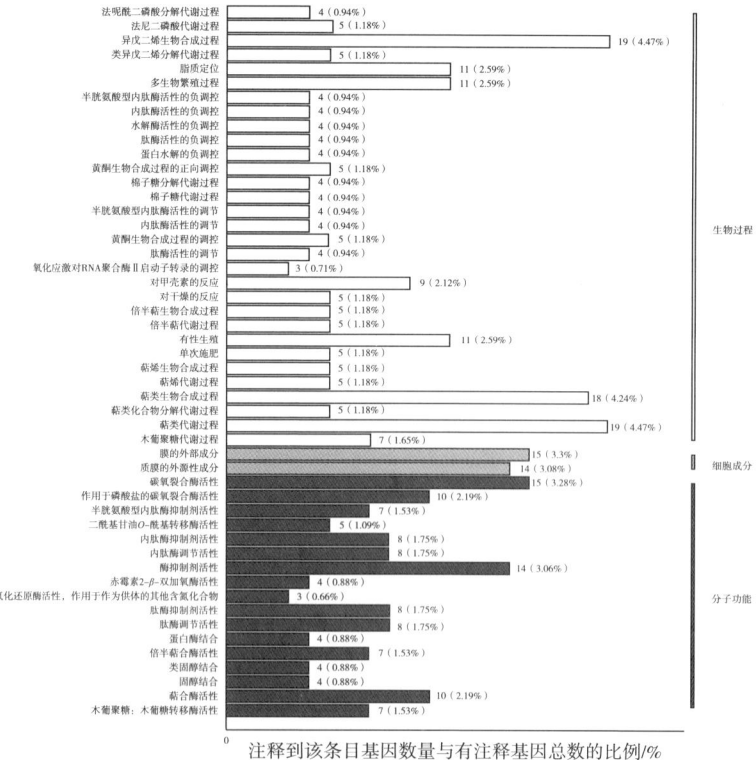

（3）MpTen与MpMat

图 3-24　差异基因 GO 富集柱形图

拓展阅读

英文示例 3.30

(三)差异表达基因 GO 分类

1. 定义

Gene Ontology(简称 GO)是多种生物体语言中的一种,提供了三层结构的系统定义方式,用于描述基因产物的功能。

2. 组成与含义

(1)组成　差异基因二级条目分类图纵坐标是该 GO 条目的差异基因的数量,横坐标表示二级 GO 条目。

(2)含义　差异基因二级条目分类图适用于各种物种,对基因和蛋白质功能进行限定和描述。

3. 解读

图 3-25 为差异基因二级条目分类图。在 MpBud 与 MpMat 图中细胞组成(cellular component)的一级分类中,差异基因最多的位于细胞和细胞部件、膜和膜部件、细胞器和细胞器部件等,而在类核等部位较少;在分子功能(molecular function)的分类中,催化活性功能、结合功能中聚集的差异基因最多,在结构分子活动和营养调节活动中相对较少;在生物过程(biological process)的分类中,细胞过程和代谢过程中的差异基因最多,细胞增生等中的较少。

拓展阅读

英文示例 3.31

(四)差异表达基因 GO 富集层次分析

1. 定义

topGO 有向无环图能直观展示差异表达基因富集的 GO 节点(Term)及其层级关系,实现差异表达基因 GO 富集分析结果的图形化展示。

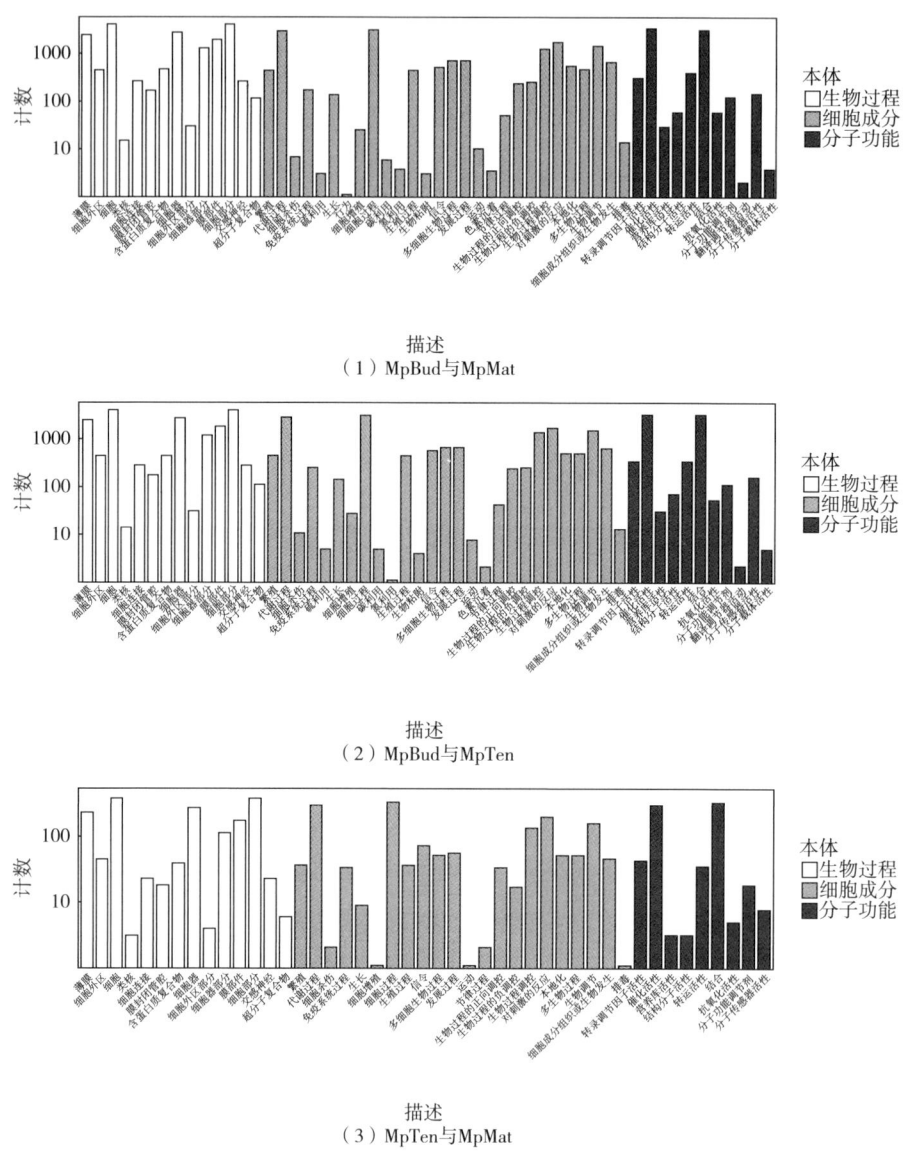

图 3-25 差异基因二级条目分类图

2. 组成与含义

(1) 组成 富集 GO 条目的有向无环图矩形代表选出来的富集程度前 5 的 GO 条目,每个节点代表一个 GO 条目,椭圆代表包含的节点。矩形和椭圆的颜色代表相对富集程度,从亮黄色(bright yellow)至深红色(dark red),P 值越来越低,显著性越来越高,白色代表不显著。每个节点展示了 4 行数据,分别代表 GO 条目的 ID、功能、校正后的 P 值、该 GO 条目的差异基因数与总基因数。

(2)含义　该图展示差异表达基因富集的 GO 节点（Term）及富集程度。

3. 解读

图 3-26 为富集 GO 条目的有向无环图。生物过程的层次分析结果显示 DNA 整合得非常显著，其次是类黄酮合成。细胞组成的层次中，胞外空间、细胞部件和膜部件中的锚定组件、胞吞载体等部位富集较显著。分子功能的层次中，催化活性功能中包含的天冬氨酸型的肽酶、RNA 引导的 DNA 聚合酶、单加氧酶等较为显著富集。总体来说，GO 层析分析图把前面的二级条目分类图和富集柱形图中的信息都串联了起来。

拓展阅读

英文示例 3.32

三、差异表达基因 KOG 注释和富集分析

该部分包括差异表达基因 KOG 注释的分类统计、KOG 分析、KOG 注释的分类统计柱形图。

（一）差异表达基因 KOG 分析

1. 定义

同源蛋白簇数据库（Clusters of Orthologous Groups of proteins, COG）是由 NCBI 创建并维护的蛋白数据库，根据细菌、藻类和真核生物完整基因组的编码蛋白的进化关系分类构建而成。

2. 组成与含义

（1）组成　差异基因 KOG 注释表由 query（差异基因的 ID）、subject（KOG 数据库的蛋白 ID）、evalue（Blast 比对结果可靠性的期望值，值越低比对越可靠）、KOG（KOG ID）、KOGFunction（KOG ID 的功能描述）、Classification（KOG 的一级分类）、Code（KOG ID 的功能分类）、Code Function（KOG 功能分类的描述信息）组成。

（2）含义　COG 数据库包含 COG 和 KOG 两个数据库，COG 是对原核生物的同源蛋白进行聚类，KOG 是对真核生物的同源蛋白进行聚类。

3. 解读

由差异基因 KOG 注释表（表 3-13）可知，在 Cluster-1117.40964 中注释到的同源蛋白为 At1g68010，其中 Cluster-1117.10416 的期望值最可靠为 3.1e-145。

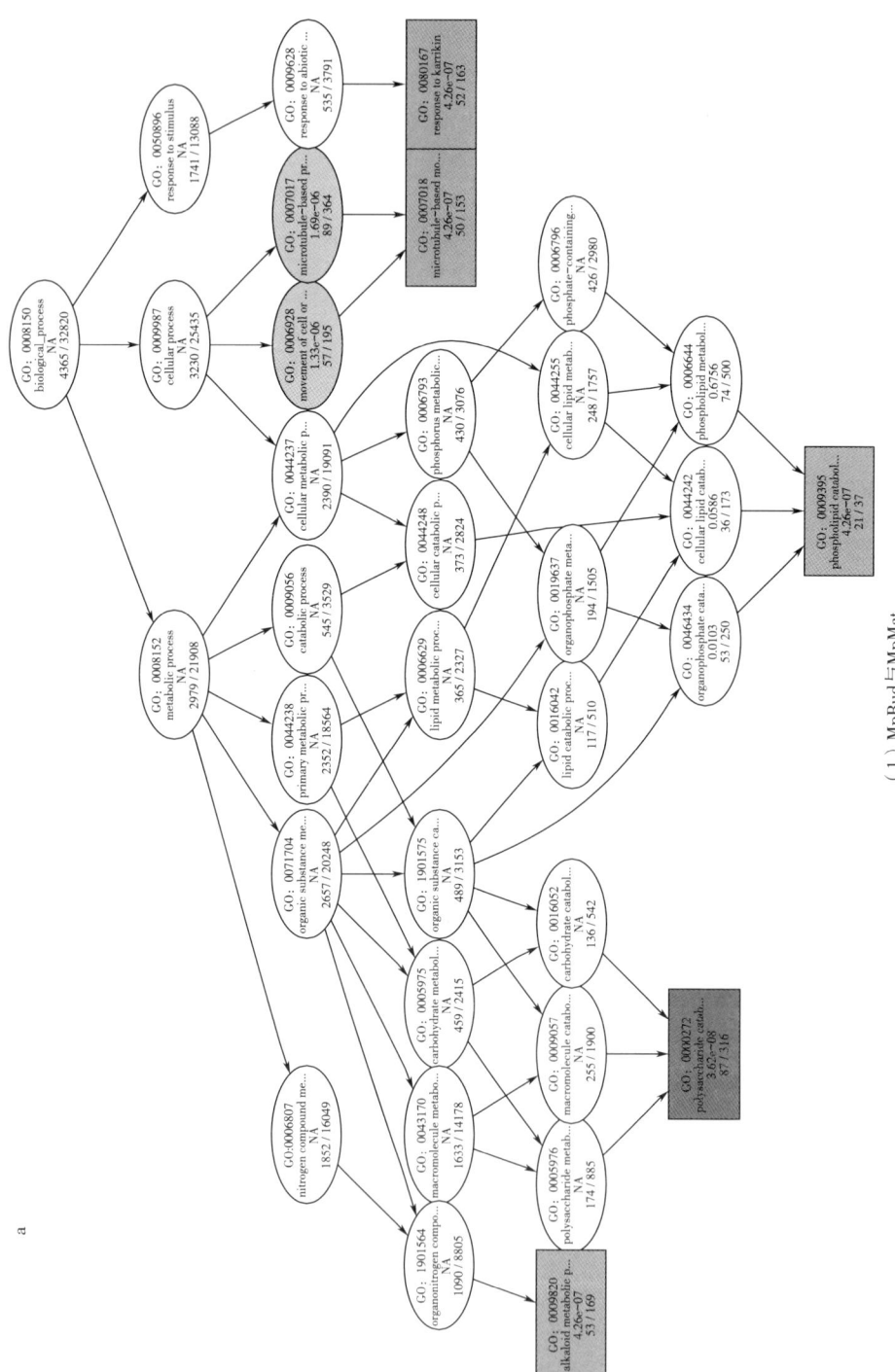

（1）MpBud与MpMat

第三章 玉叶金花不同叶位叶片的转录组分析

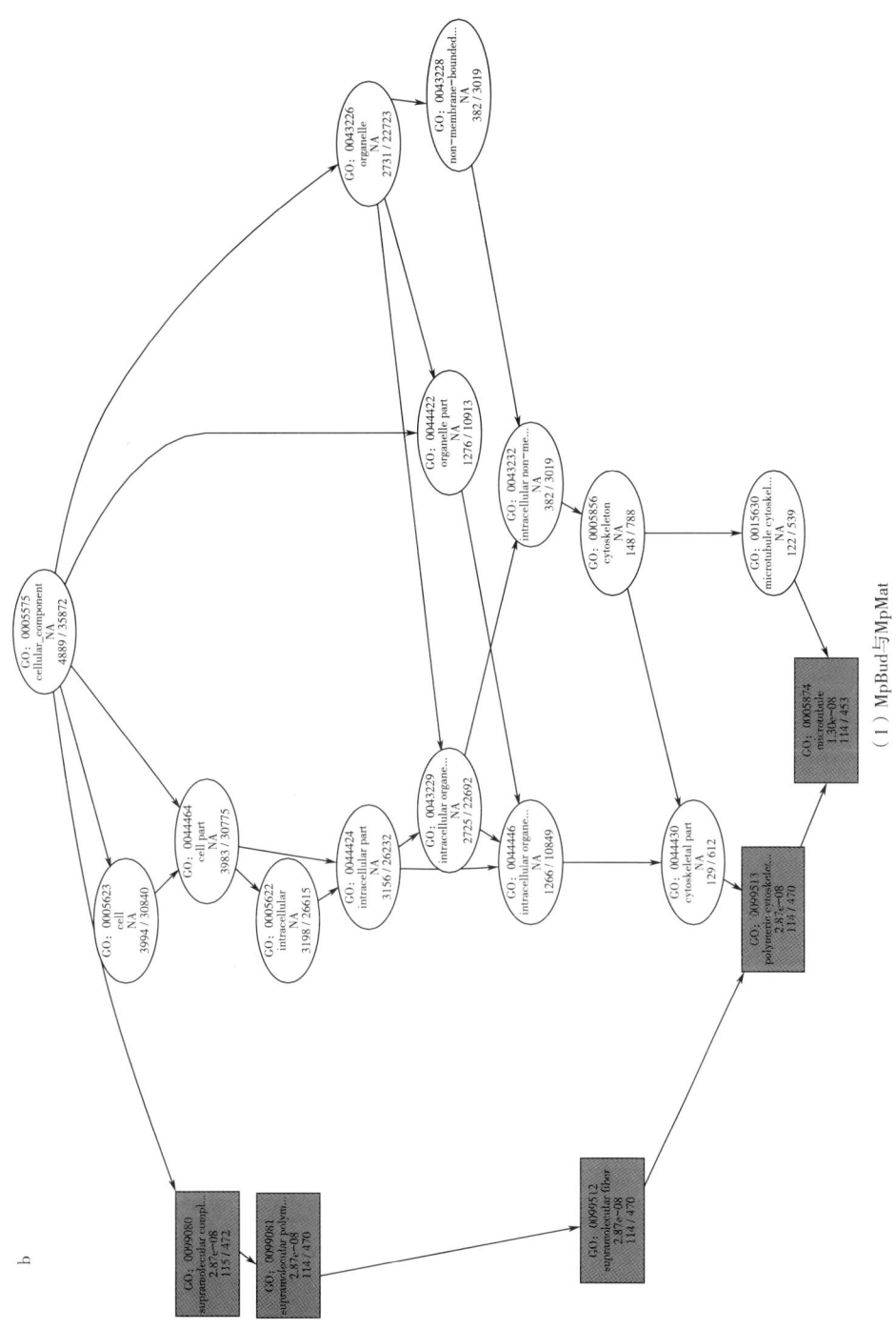

（1）MpBud与MpMat

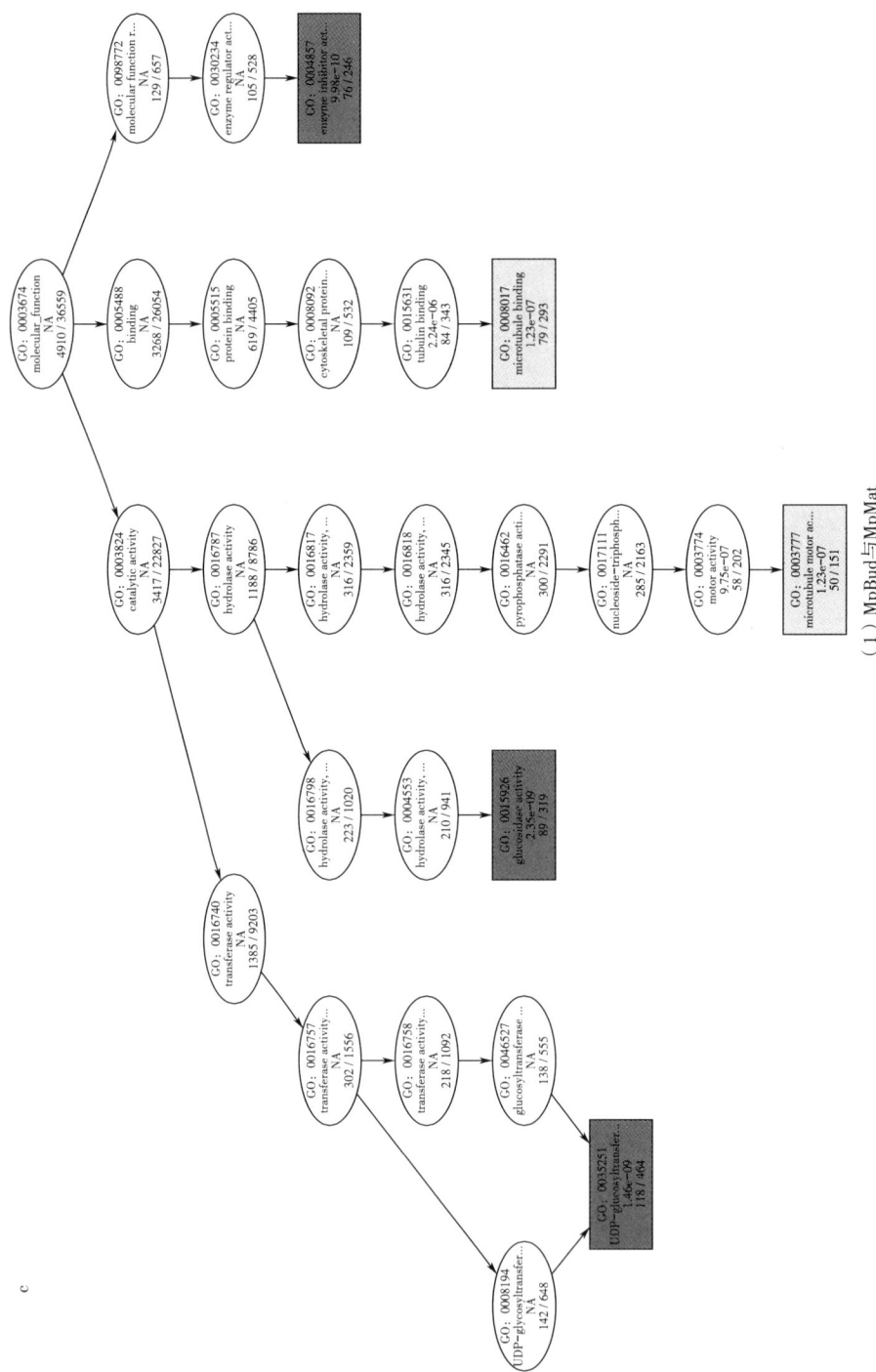

（1）MpBud与MpMat

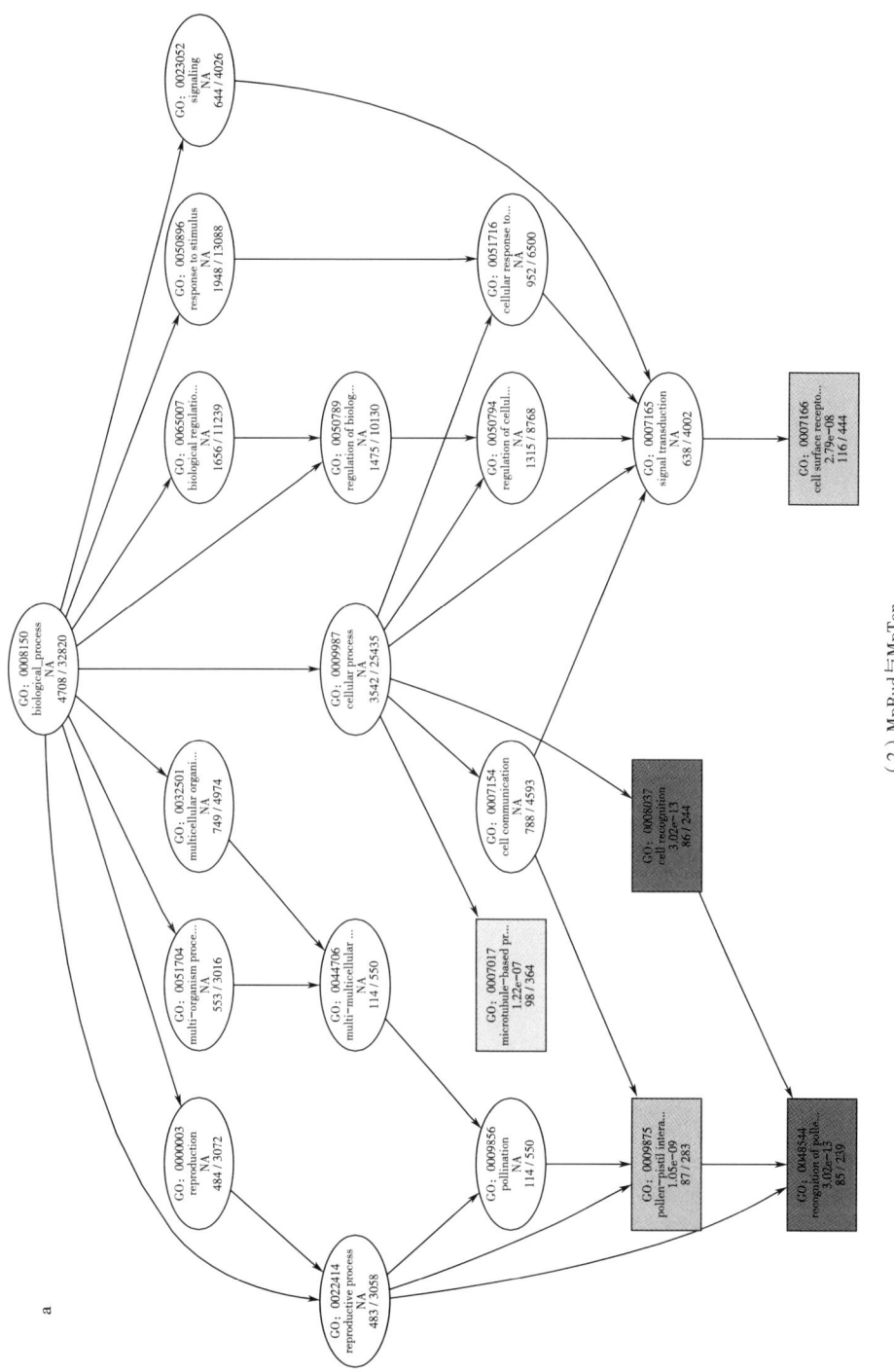

(2) MpBud与MpTen

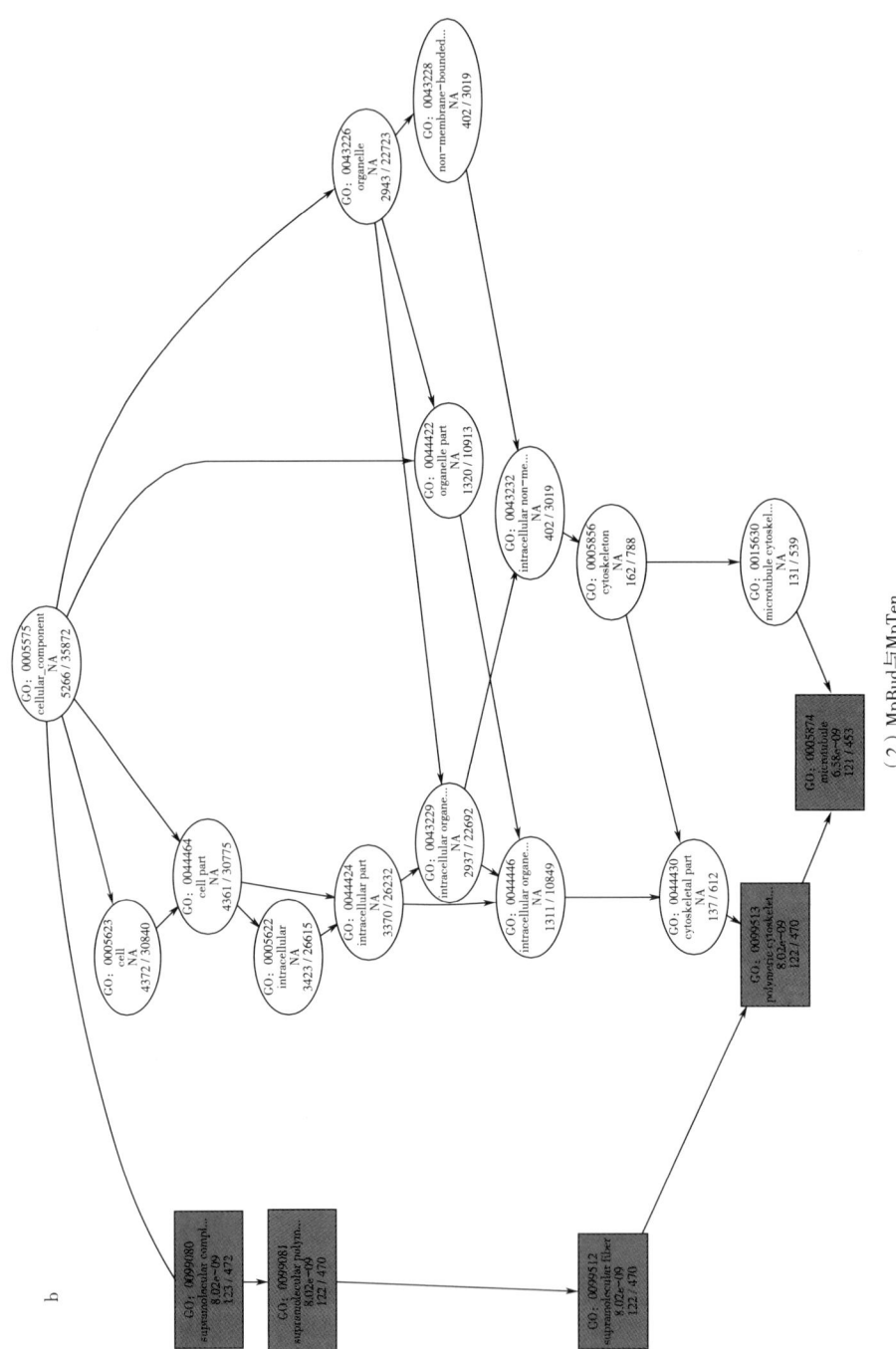

(2) MpBud与MpTen

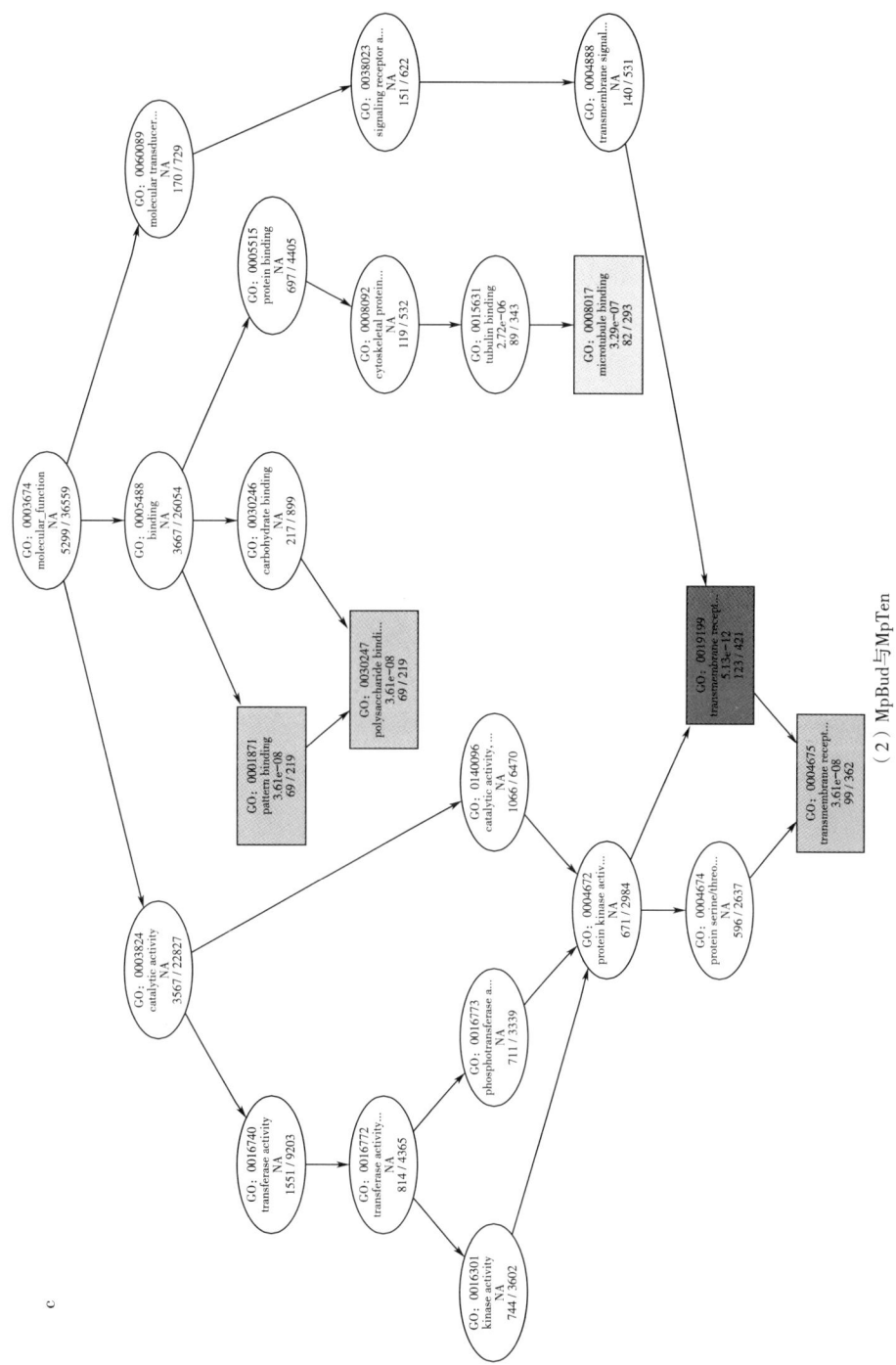

(2) MpBud与MpTen

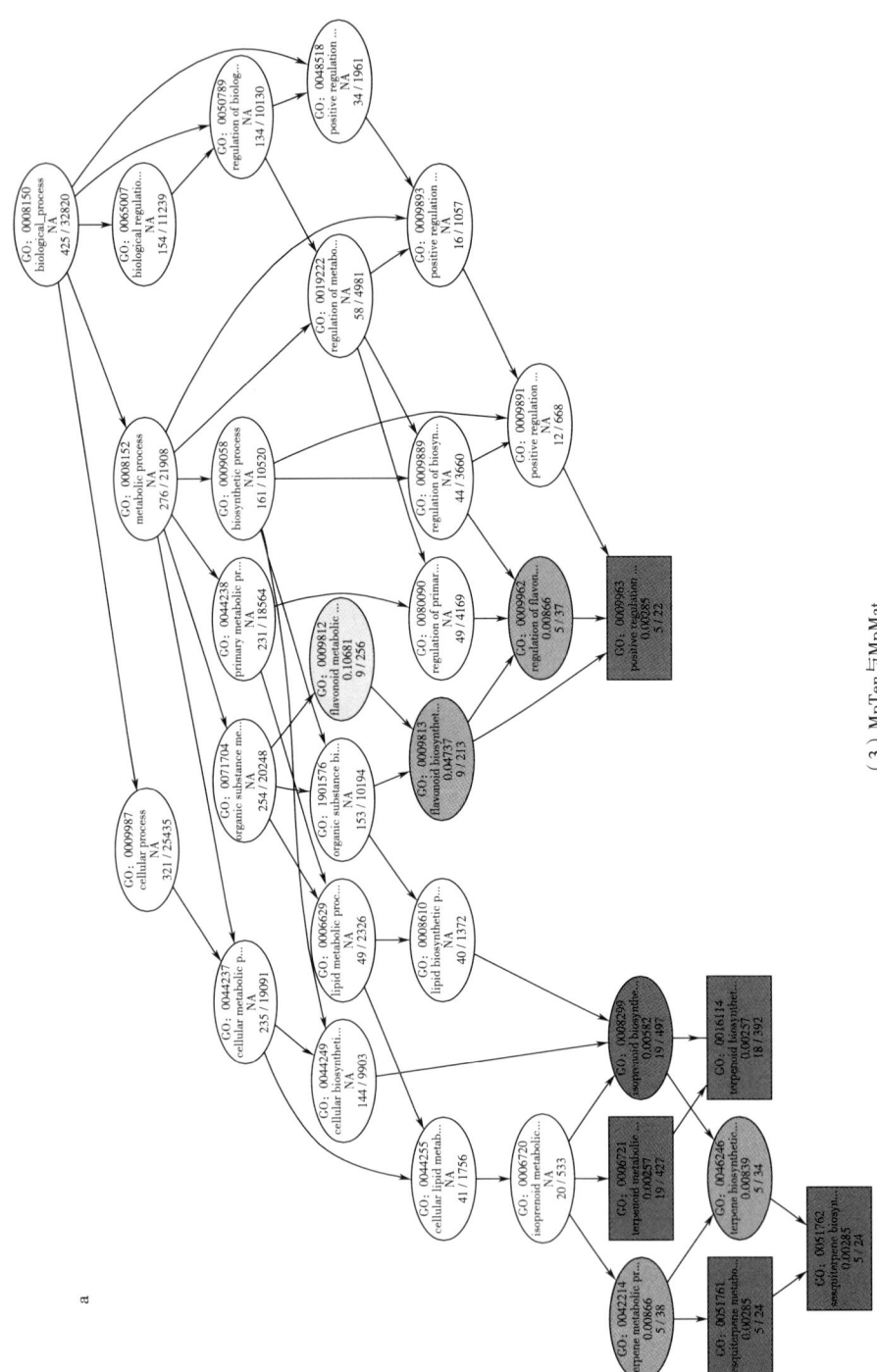

(3) MpTen与MpMat

a

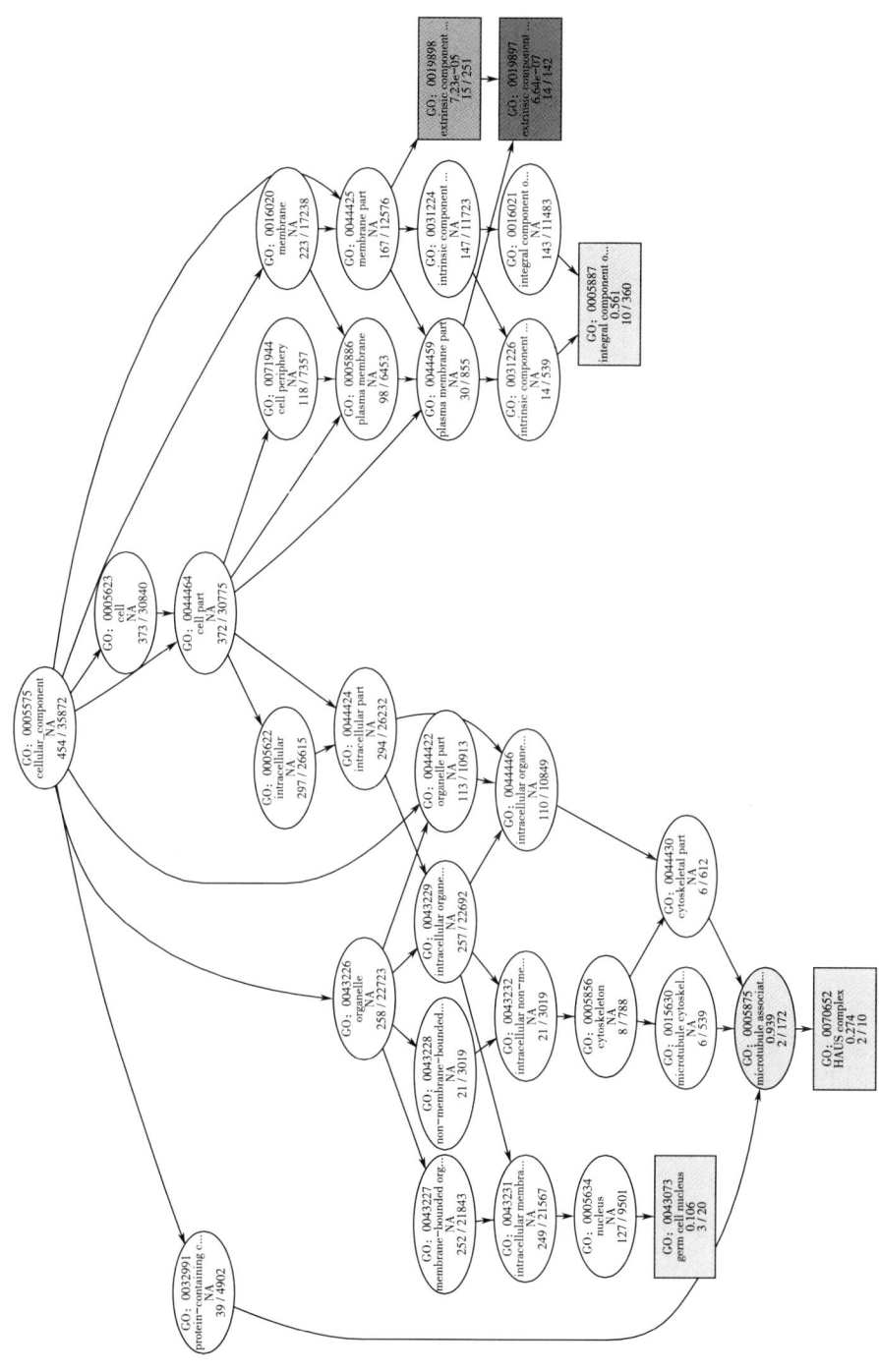

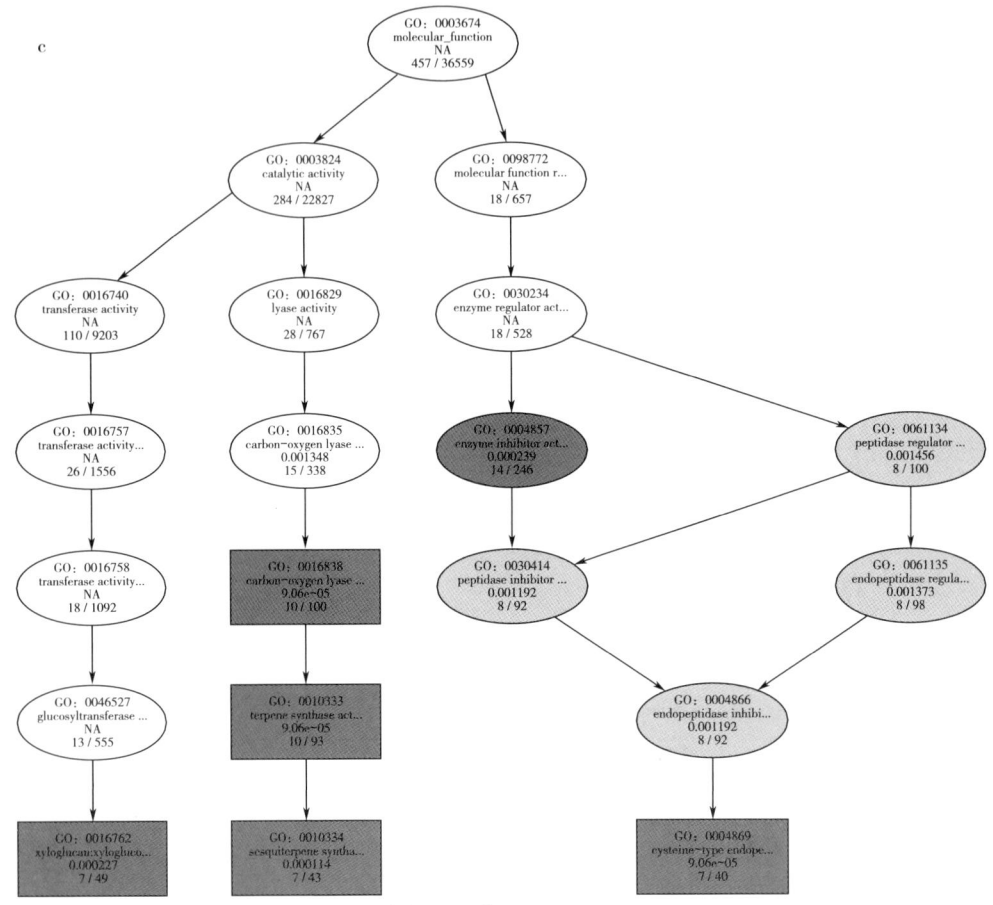

（3）MpTen与MpMat

membrane—薄膜;extracellular region—细胞外区;cell—细胞;nucleoid—类核;cell junction,细胞连接;membrane-enclosed lumen—膜封闭管腔;protein-containing complex—含蛋白质复合物;organelle—细胞器;extracellular region part—细胞外区部分; organelle part—细胞器部分; membrane part—膜部件; cell part—细胞部分; symplast—交感神经;supramolecular complex—超分子复合物;reproduction—繁殖;metabolic process—代谢过程;cell killing—细胞杀伤; immune system process—免疫系统过程;sulfur utilization—硫利用;growth—生长; behavior—行为;cell proliferation—细胞增殖;cellular process—细胞过程;carbon utilization—碳利用; nitrogen utilization—氮利用; reproductive process—生殖过程; biological adhesion—生物粘附; signaling—信令; multicellular organismal process—多细胞生物过程; developmental process—发展过程; locomotion—运动; pigmentation—色素沉着;rhythmic process—节律过程;positive regulation of biological process—生物过程的正向调控;negative regulation of biological process—生物过程的负调控;regulation of biological process—生物过程调控;response to stimulus—对刺激的反应;localization,本地化;multi-organism process—多生物过程;biological regulation—生物调节;cellular component organization or biogenesis—细胞成分组织或生物发生;detoxification—排毒;transcription regulator activity—转录调节因子活性;catalytic activity—催化活性;nutrient reservoir activity—营养库活性; structural molecule activity—结构分子活性; transporter activity—转运活性; binding—结合; antioxidant activity—抗氧化活性;molecular function regulator—分子功能调节剂;translation regulator activity—翻译调节器活动;molecular transducer activity—分子传感器活性;molecular carrier activity—分子载体活性。

图3-26 富集GO条目的有向无环图

表 3-13　　　　　　　　　差异基因 KOG 注释表

差异基因 ID	KOG 数据库的蛋白 ID	期望值	KOG ID
Cluster-1117.10416	At2g44450	3.1e-145	KOG0626
……			
Cluster-1117.39662	At5g67360	2.1e-162	

(二)KOG 注释的分类统计

1. 定义

KOG 注释的分类统计,即根据 KOG 注释结果,统计每个 KOG 功能分类所包含的差异基因数量,最后导出差异基因数量数据保存,用差异基因 KOG 分类统计表显示差异基因 KOG 分类信息。

2. 组成与含义

(1)组成　差异基因 KOG 分类统计表有 4 列,依次为 Classification(KOG 的一级分类)、Code(KOG ID 的功能分类,用单字母编码)、Code Function(KOG 功能分类的描述信息)、geneCount(基因数目)。

(2)含义　根据 KOG 注释结果,统计每个 KOG 功能分类所包含的差异基因数量。

3. 解读

由差异基因 KOG 分类统计表(表3-14)可知,每个 KOG 一级分类中的差异基因共有 24 个,其中 KOG 的一级分类(classification)有 4 大基础分类,分别为胞内过程以及信号转导相关的细胞过程和信号(cellular processes and signaling)、遗传信息存储以及遗传信息处理相关的信息存储和处理(information storage and processing)、代谢相关的新陈代谢(metabolism)、难以分类的特征不佳(poorly characterized)。细胞过程和信号的差异基因有 1226 个,信息存储和处理的差异基因有 461 个,新陈代谢差异基因有 2274 个,特征不佳的差异基因有 855 个。

表 3-14　　　　　　　　　差异基因 KOG 分类统计

KOG 一级分类	ID 功能与分类	功能分类的描述信息	基因数目
细胞过程和信号	D	Cell cycle control	78
……			
新陈代谢	E	Amino acid transport	193

(三)KOG 注释的分类统计柱形图

1. 定义

KOG 注释的分类统计柱形图是通过 KOG 注释所注释到的信息,用柱形图的形式表达。

2. 组成与含义

(1) 组成　KOG 分类柱形图纵坐标表示包含的差异基因数量,横坐标表示 KOG ID 的功能分类(code),不同的分类用不同的颜色表示。

(2) 含义　图中运用 KOG 注释的分类统计信息绘制柱形图,再加上 Code 及其功能描述信息。

3. 解读

图 3-27 为 KOG 分类柱形图。结果显示,差异基因的蛋白质分类较多地富集在信号转导机制、翻译后修饰、糖转运等方面的功能。

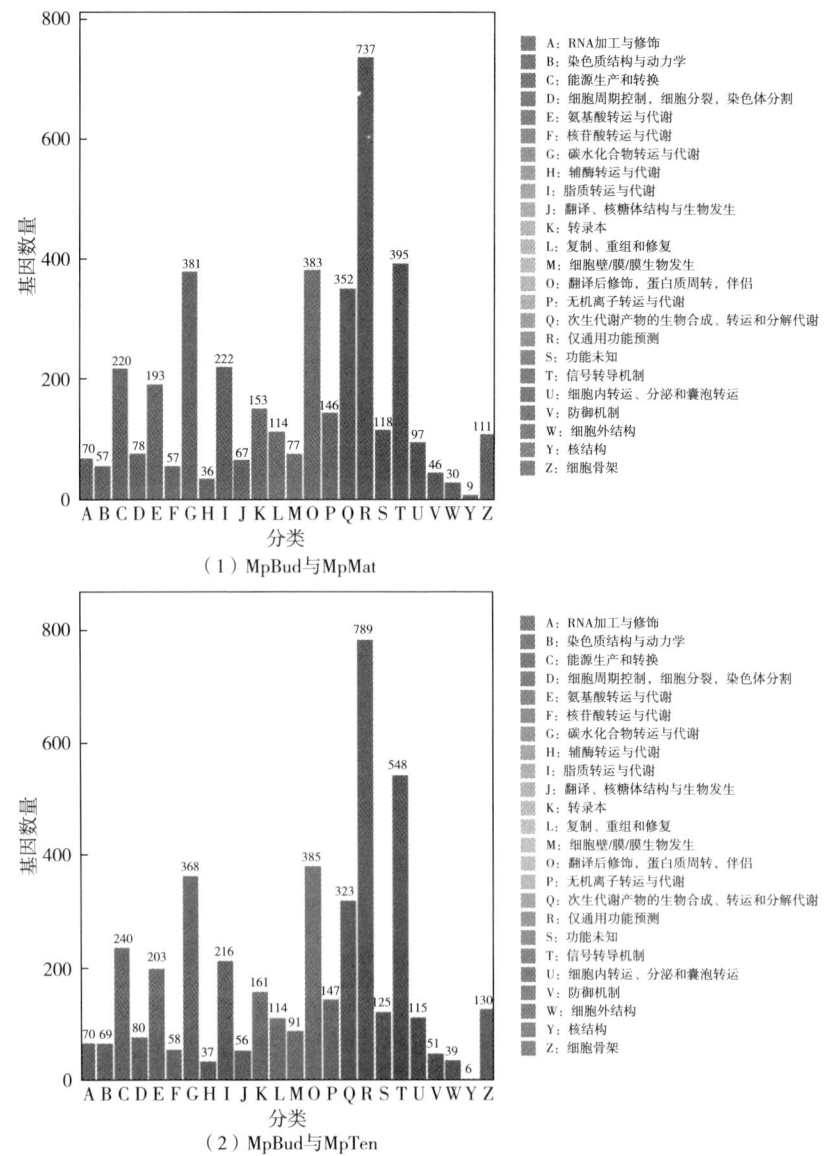

(1) MpBud 与 MpMat

(2) MpBud 与 MpTen

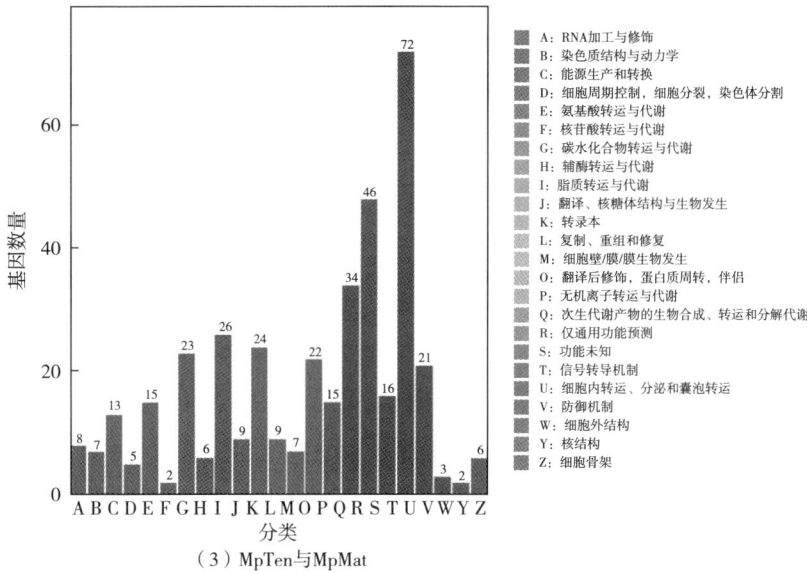

（3）MpTen与MpMat

图 3-27　KOG 分类柱形图

拓展阅读

英文示例 3.33

第八节　转录因子注释

此部分包括差异基因转录因子注释表、转录因子注释分类统计饼图。

一、差异基因转录因子注释表

(一)定义

差异基因转录因子注释表是差异基因中一种具有特殊结构、行使调控基因表达功能的蛋白质分子的注释结果表。

(二)组成与含义

1. 组成

差异基因转录因子注释表由 ID(基因编号)、Family(转录因子家族)、Category(类别,包括转录因子和转录调节因子两种)、Classification(基因家族分类)、中间列(样本表达量信息)、$\log_2$FoldChange(两样品间基因表达量差异倍数的对数,用于衡量表达量差异的大小)、regulation(差异基因表达上调或下调)、gene_name(基因名称)、gene_description(基因描述)、KEGG(KEGG 注释)、NR(NR 注释)、SwissProt(SwissProt 注释)、TrEMBL(TrEMBL 注释)、KOG(KOG 注释)、GO(GO 注释)、Pfam(Pfam 注释)组成。

2. 含义

植物转录因子预测使用 iTAK 软件,该软件整合了 PlnTFDB 和 PlantTFDB 两个数据库,通过 hmmscan 比对的方式鉴定转录因子(transcription factor, TF),利用数据库中定义好的转录因子家族及规则。

(三)解读

由差异基因转录因子注释表(表 3-15)可知,在 Cluster-1117.10462 基因簇中注释为 'others' 类的转录因子包含 MOMet1,其调控的下调基因数量为 2342。

表 3-15　　　　　　　　差异基因转录因子注释表

基因编号	转录因子家族	类别	基因家族分类
Cluster-1117.10219	WRKY	TF	WRKY
......			
Cluster-1117.14680	AUX/IAA	TR	AUX/IAA

拓展阅读

英文示例 3.34

二、转录因子注释分类统计饼图

(一)定义

转录因子注释分类统计饼图是通过差异基因转录因子注释表所注释到的信

息,用统计饼图的形式表达。

(二)组成与含义

1. 组成

转录因子注释分类统计饼图由 Bhlh、WRKY、Others、AP2/ERF-ERF、C2H2、MYB、MYB-related、bZIP、GARP-G2-link、NAC11、others 组成。

2. 含义

转录因子注释分类统计饼图展示了不同差异基因转录因子注释情况。

(三)解读

由转录因子注释分类统计饼图(图 3-28)可知,在 MpBud 与 MpMat 中,'others'类占总转录因子所注释到基因的 58.28%,共有 257 个;其余如 Bhlh、WRKY、AP2/ERF-ERF、C2H2、MYB、MYB-related、bZIP、GARP-G2-link、NAC11 注释到的转录因子占比在 2.49%~7.71%之间。

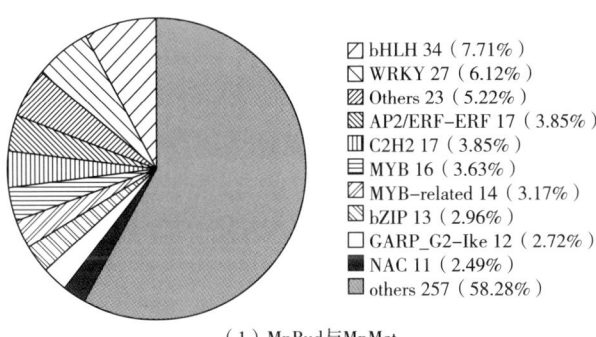

(1)MpBud与MpMat

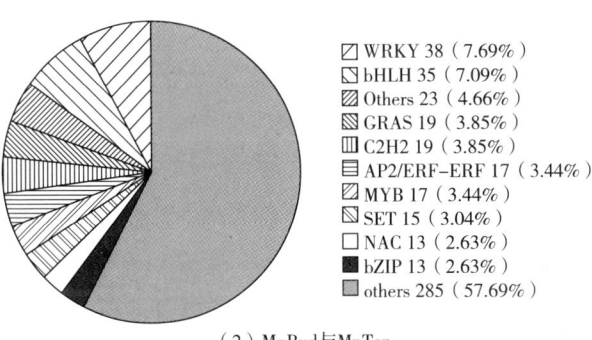

(2)MpBud与MpTen

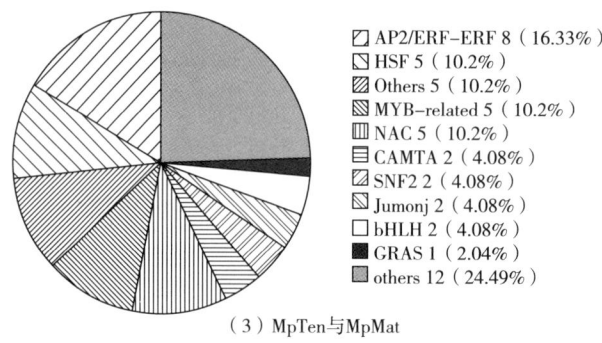

（3）MpTen与MpMat

图 3-28 转录因子注释分类统计饼图

拓展阅读

英文示例 3.35

第九节 简单重复序列(SSR)检测及引物设计

一、SSR 检测

(一)定义

SSR 预测结果列表是对均匀分布于真核生物基因组中的微卫星分子标记(简单重复序列)进行预测并对所得序列进行统计的结果。

(二)组成与含义

1. 组成

SSR 预测结果列表的横坐标由 ID(Unigene 名称)、SSR type(SSR 类型:c 复杂重复;p1,单碱基重复;p2,两个碱基重复;p3 三个碱基重复)、SSR(重复序列的核苷酸构成以及重复数)、size(重复序列的大小)、start(重复序列的开始碱基位置)和 end(重复序列的结尾碱基位置)组成;纵坐标表示基因编号。

2. 含义

SSR 由核心序列和两侧的保守序列构成,保守的侧翼序列使 SSR 特异地定位于染色体某一区域,核心序列重复数量的差异则形成 SSR 的高度多态性。SSR 是基因组内广泛分布的高多态性标记,拥有共显性和可重复性等优点。分析中采用 MISA 对 Unigene 进行 SSR 检测,可鉴定出 6 种类型的 SSR:单碱基(Mono-nucleotide)重复 SSR、双碱基(Di-nucleotide)重复 SSR、三碱基(Tri-nucleotide)重复 SSR、四碱基(Tetra-nucleotide)重复 SSR、五碱基(Penta-nucleotide)重复 SSR 和六碱基(Hexa-nucleotide)重复 SSR。

(三)解读

表 3-16　　　　　　　　　SSR 预测结果列表

名称	SSR 类型	SSR	重复序列大小	开始碱基位置	结尾碱基位置
Cluster-1023.0	p3	(TAC)5	15	180	194
......					
Cluster-1117.10093	c*	(TT)10(TTT)6*(TTTT)5*(T)20*	20	577	596

由 SSR 预测结果列表(表 3-16)可知,在 Cluster-1117.10019 中重复序列的开始碱基位置为 1,重复序列的大小与结尾碱基位置均为 12。

拓展阅读

英文示例 3.36

二、SSR 引物设计

(一)定义

SSR 是一种叫微卫星的分子标记,由一段序列重复组成。

(二)组成与含义

1. 组成

SSR 引物设计表由 ID、左端引物序列、右端引物序列、产物大小、左端引物退火温度、右端引物退火温度、左端引物 GC 含量、右端引物 GC 含量组成。

2. 含义

SSR 在基因组上的位置不尽相同,其两端序列多是保守的单拷贝序列,通过

PCR反应扩增其单片段,得到的产物进行凝胶电泳,即可显示SSR位点的多态性。

(三)解读

由SSR引物设计表(表3–17)可知,在Unigene中,左端引物序列与右端引物序列产物大小在107~293,左端退火温度在57.389~60.179,右端退火温度在58.401~60.944,左端引物GC含量在42.857~55,右端引物GC含量在40.909~60。

表3–17　　　　　　　　　　　SSR引物设计表

Unigene	左侧引物序列	右侧引物序列	配对产物大小	左侧退火温度	右侧退火温度	左侧GC含量百分比	右侧GC含量百分比
			108	59.831	59.126	55	50
			......				
			142	60.041	59.892	55	50

拓展阅读

英文示例3.37

第十节　蛋白质互作网络

一、定义

蛋白质互作网络由蛋白之间的相互作用构成,参与生物信号传递、基因表达调节、能量和物质代谢及细胞周期调控等生命过程的各个环节,常以蛋白互作关系表形式表达。

二、组成与含义

(一)组成

蛋白质互作关系表由combined_score(数据库互作得分)、gene1(差异基因编号)和gene2(差异基因编号)三个部分组成。

(二)含义

应用 STRING 蛋白质互作数据库中的互作关系进行差异基因蛋白互作网络的分析。

三、解读

由蛋白质互作关系表(表 3-18)可知,在 Cluster-1117.29474 与 Cluster-1117.57565 的互作得分较高,为 985;Cluster-1117.29474 与 Cluster-1117.14964 的互作得分较低,为 700。

表 3-18　　　　　　　　　　蛋白质互作关系表

差异基因编号 1	差异基因编号 2	数据库互作得分
Cluster-1117.29474	Cluster-1117.17090	991
	……	
Cluster-1117.29474	Cluster-1117.66282	899

第十一节　加权基因共表达网络分析(WGCNA)

加权基因共表达网络分析(weighted gene co-expression network analysis,WGCNA)是一种构建基因共表达网络的典型系统生物学算法,该算法基于高通量的基因信使 RNA(mRNA)表达数据,被广泛应用于国际生物医学领域。

WGCNA 算法首先假定基因网络服从无尺度分布,并定义基因共表达相关矩阵、基因网络形成的邻接函数,然后计算不同节点的相异系数,并据此构建分层聚类树(hierarchical clustering tree)。

一、数据过滤

(一)定义

数据过滤是采用一定的方式将满足过滤条件的记录选出来,再对选出的记录进行统计并绘制成表,即过滤后的 FPKM 文件表。

(二)组成与含义

1. 组成

过滤后的 FPKM 文件横坐标是样品,纵坐标是基因编号。

2. 含义

在 WGCNA 分析开始之前需要对输入的 FPKM 表达量文件进行过滤,使用 R 语言 genefilter 包的 varFilter 函数去除在所有样品中低表达量的基因以及在所有样品中表达量稳定不变的基因,提高网络构建的精度。

(三) 解读

由过滤后的 FPKM 文件表 3-19 可知,在 Cluster-101.0 中 MpTen1、MpTen2 和 MpTen3 过滤后的数据分别为 1.12、1.93 和 1.98,其余样品都为 0。

表 3-19　　　　　　　　过滤后的 FPKM 文件

基因 ID	MpBud1	MpBud2	MpBud3	MpMat1	MpMat2	MpMat3	MpTen1	MpTen2	MpTen3
Cluster-1001.0	0	0	3.08	2.25	0	0	0.8	1.92	1.72
……									
Cluster-1117.10103	1.1	1.44	0.39	1.28	0.75	1.91	0	0.6	1.5

二、软阈值选择

(一) 定义

软阈值是定义检测数据变化范围的阈值,可以根据软阈值选择制作相应的示意图。

(二) 组成与含义

1. 组成

软阈值选择示意图的纵轴代表对应的网络中相关系数的平方,横轴均代表权重参数 β。

2. 含义

WGCNA 计算任意两个基因之间的相关系数(皮尔逊系数:Pearson Coefficient)。衡量这两个基因是否具有相似的表达模式需要一个阈值,而阈值以上的基因被认为具有相似的表达模式,但如果阈值设定为 0.8,则很难判断 0.8 与 0.79 是否有显著差异。

(三) 解读

由图 3-29 可知,相关系数的平方越高,说明该网络越逼近无标度网络分布。

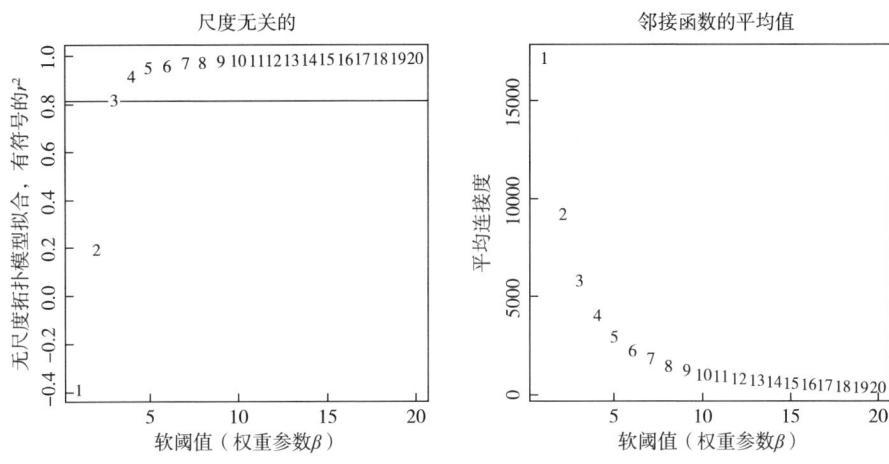

图 3-29 软阈值选择示意图

拓展阅读

英文示例 3.38

三、模块层次聚类

(一)定义

模块层次聚类是对数据集按照模块进行层次分解。

(二)组成与含义

1. 组成

模块层次聚类树图横向距离无意义,纵向距离代表两个节点间(基因间)的距离;每一种颜色表示一种对应聚类树上的每个基因属于同一个模块,WGCNA 分析会根据基因间表达量的相关性构建聚类树,并划分模块。

2. 含义

研究人员可基于基因间表达量相关性构建模块层次聚类树图。

(三)解读

某些基因在一个生理过程或不同组织中总是具有相类似的表达变化,那么这些基因在功能上可能相关,可视为一个模块,这对应于上半部分的树图(图 3-30)。

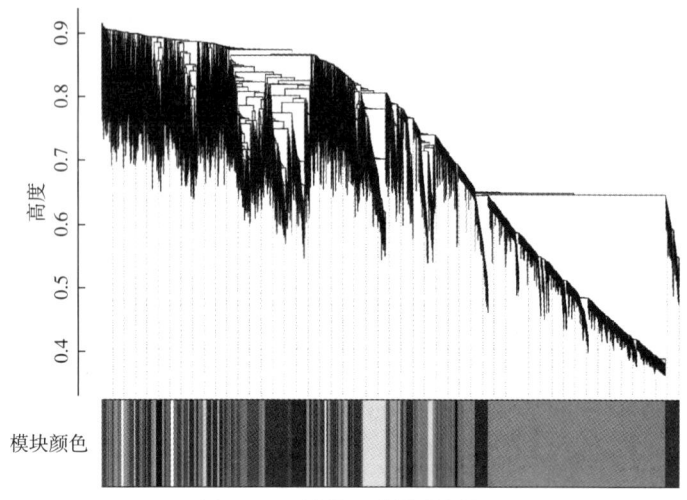

图 3-30 模块层次聚类树图

拓展阅读

英文示例 3.39

四、模块间相关性热图

(一)定义

模块间相关性热图可以直观地显示多个基因的整体表达变化或多基因表达量的聚类关系。

(二)组成与含义

1. 组成

模块间相关性热图可分为两部分,上部分根据模块特征值(eigengene)对模块进行聚类,下半部分图形中每一列和行代表一个模块。方块颜色越深(越红),相关性越强;方块颜色越浅,相关性越弱。

2. 含义

模块间相关性热图展示了多个基因的全局表达量变化和表达量的聚类关系。

(三)解读

由模块间相关性热图(图 3-31)可知,在 MEfloralwhitez 中 plum1 模块节点的相异程度为1,相关性强;在 MEdarkgreen 中 plum1 模块节点的相异程度为-0.01,相关性弱。

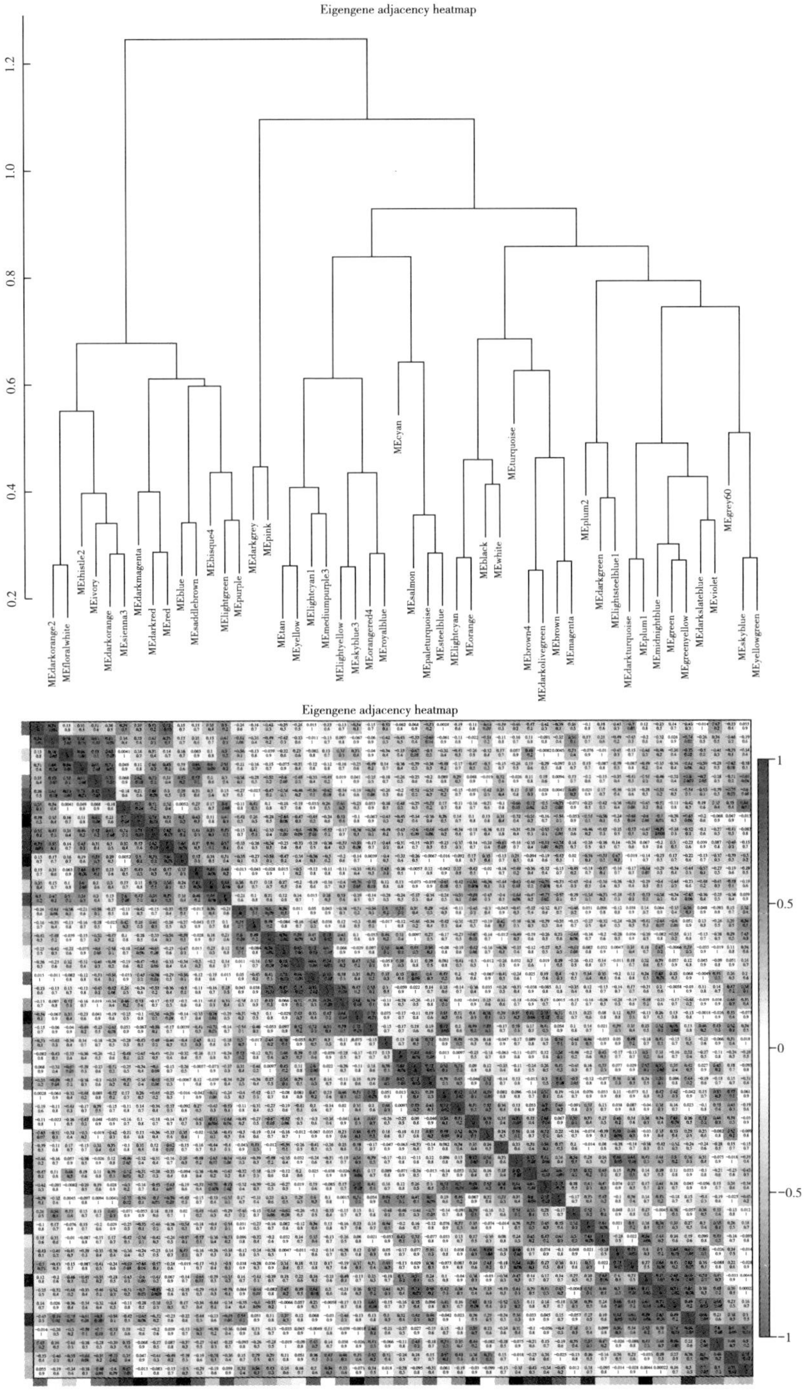

图 3-31　模块间相关性热图

拓展阅读

英文示例 3.40

五、样品和模块相关性热图

(一)定义

此部分旨在对样品和模块间相关性的变量元素进行分析,以衡量这两个变量因素之间的相关密切程度。

(二)组成与含义

1. 组成

样品和模块间相关性热图中的每列代表一个样本,每行代表一个观察值,蓝色代表负相关,红色代表正相关,每一格的数字代表相关系数。

2. 含义

该模块与样本之间的相关性显著高于其他模块,表明该模块可能与样本的关联关系最强。

(三)解读

图 3-32 展示了基因模块(用颜色命名)和表型(样本分组)之间的相关系数及其显著性。

六、模块基因聚类热图

(一)定义

模块基因聚类热图直观呈现多样本多个基因的全局表达量变化和聚类关系。

(二)组成与含义

1. 组成

模块基因聚类热图每一个分支代表一个基因,每个树状结构代表一个模块,每个点的颜色越深(白→黄→红)代表行和列对应的两个基因间的连通性越强,热图中方块的颜色越深(红),表示共表达相关性越高,颜色越浅(黄),表示相关性越弱。

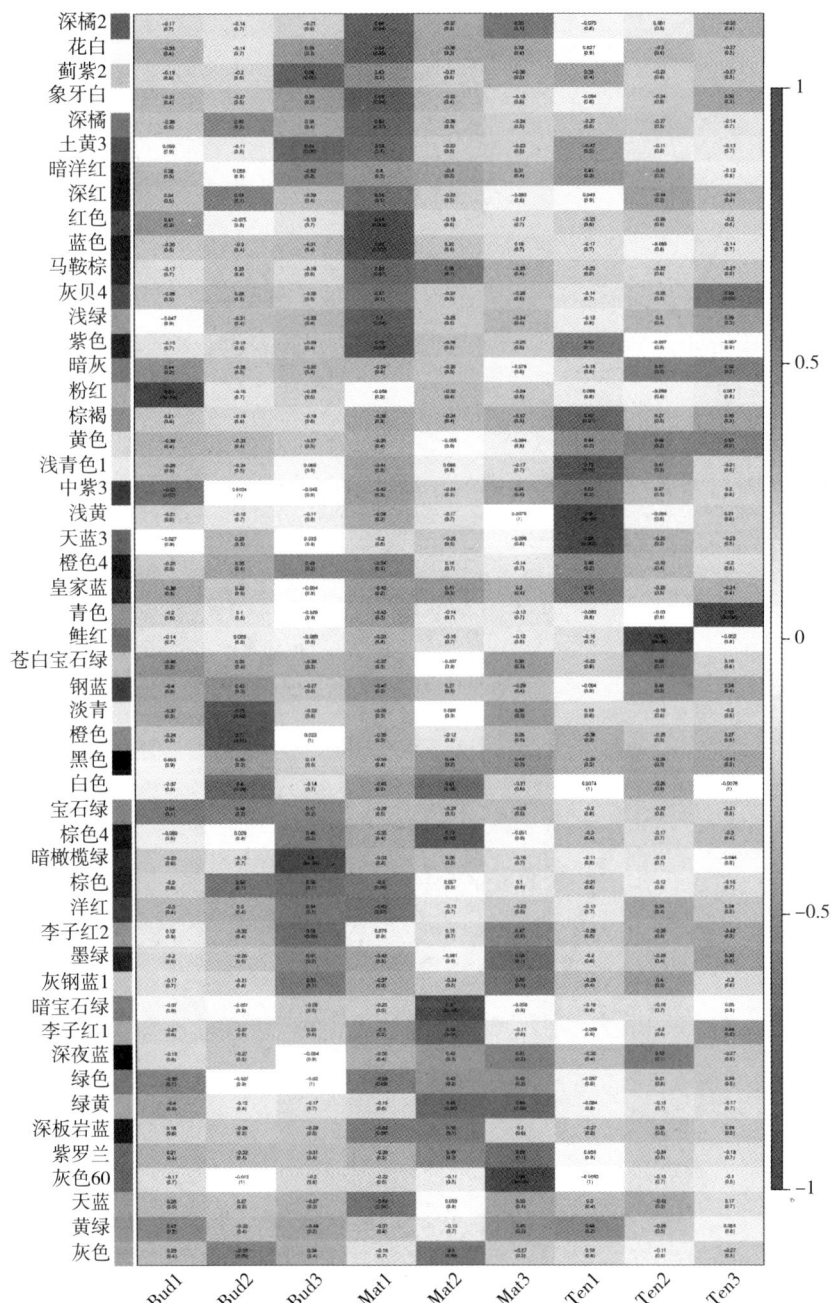

图 3-32 样品和模块相关性热图

拓展阅读

英文示例 3.41

2. 含义

模块基因聚类热图展示了多个基因的全局表达量及数据差异变化情况,表现出多基因表达量的聚类关系。

(三)解读

由模块基因聚类热图(图 3-33)可知,cyan 模块基因呈现出高共表达互连性;blue 模块基因与 cyan 模块基因之间的连通性与相关性呈现为高表达、高连通性。

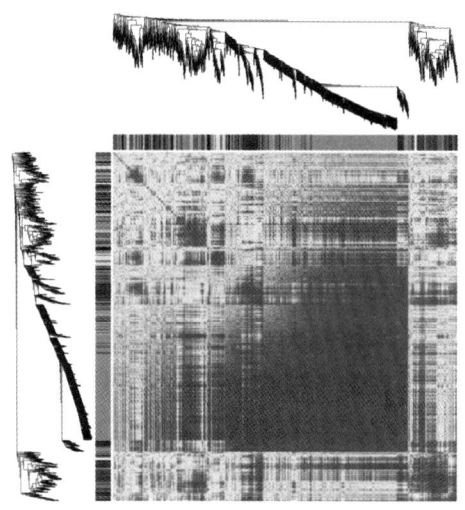

图 3-33 模块基因聚类热图

拓展阅读

英文示例 3.42

七、模块基因表达模式

(一)定义

基因表达模式用于对目标基因或者因子的作用机制进行研究分析。

(二)组成与含义

1. 组成

WGCNA可以得到模块基因表达模式图,上半部分为模块中基因的聚类热图,红的是高表达,绿的是低表达,下半部分为不同样本中模块特征值的表达模式。通过该图可以看出不同样本中模块基因表达的趋势。

2. 含义

模块基因聚类热图展示了多个基因的全局表达量及数据差异变化情况,呈现多样本或多基因表达量的聚类关系。

(三)解读

由模块间聚类热图(图3-34)可知,在blue模块基因聚类热图中MpMat1基因表达量上调,其余样品基因表达量均下调。

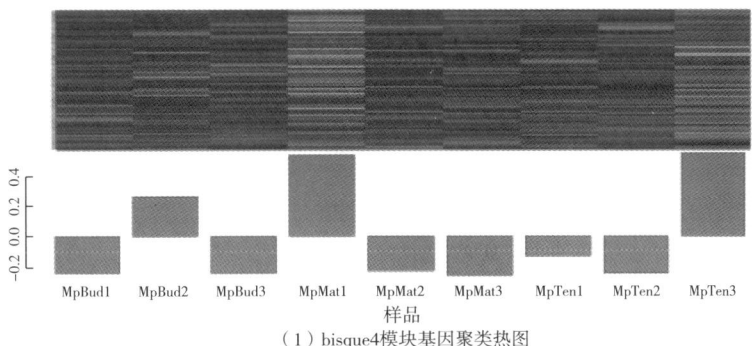

(1)bisque4模块基因聚类热图

(2)black模块基因聚类热图

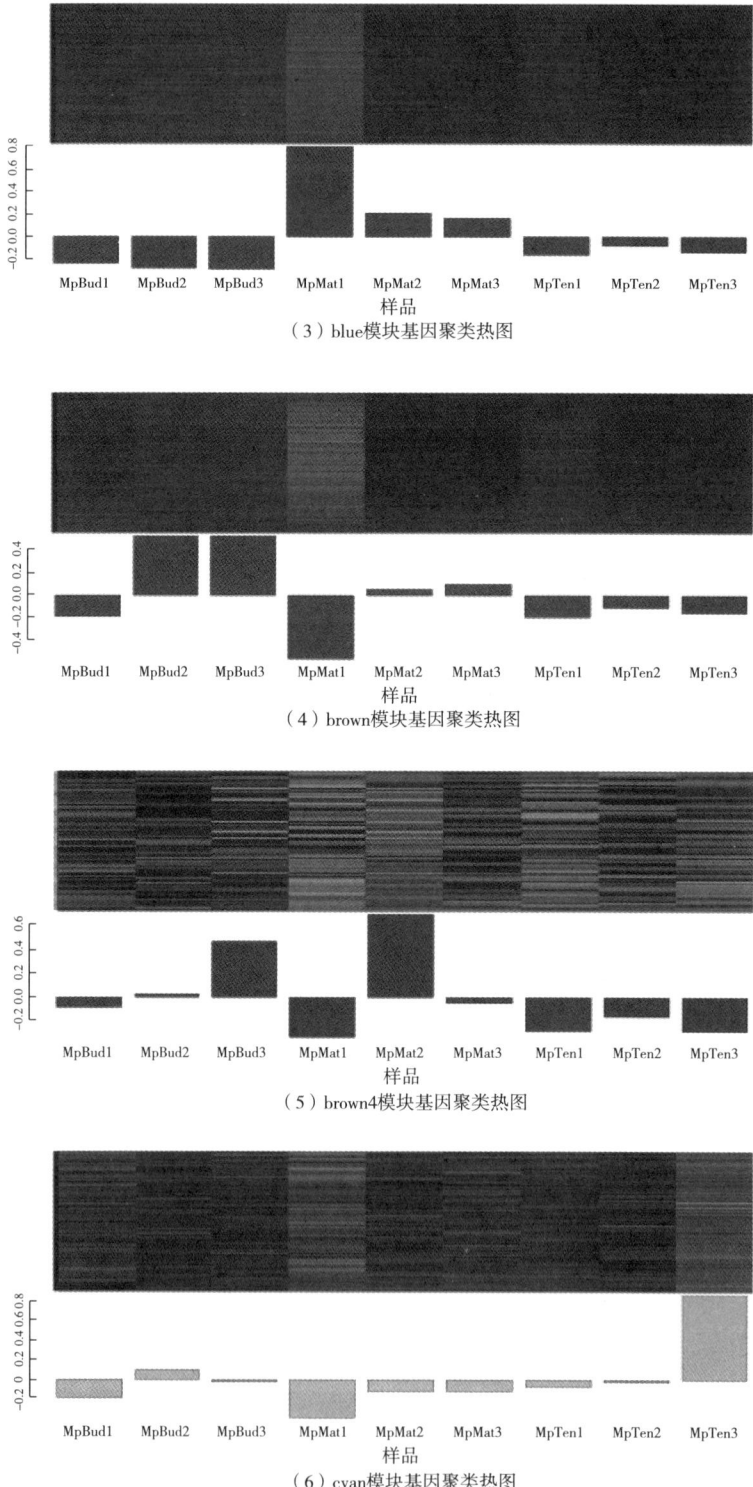

图 3-34 模块基因聚类热图

八、各模块基因列表

(一)定义

各模块网络节点基因列表即。

(二)组成与含义

1. 组成

geneID(基因编号),moduleColors(所属模块),kTotal(基因总连通性),kWithin(基因在模块内的连通性),kOut(基因在模块外的连通性,kTotal 减去 kWithin),kDiff(kWithin 与 kOut 的差值),{sample}(样本表达量信息)。

2. 含义

研究人员对 WGCNA 分析得到的每个模块基因列表添加连通性值、表达量信息和 7 大数据库注释。一般而言,在一个模块中,连通性(k 值)排名靠前的基因可认为核心基因(hub gene)。

(三)解读

由各模块网络节点基因列表(表 3-20)可知,在基因 Cluster-1117.21381 所属模块是 bisque4,与其他基因的总连通性最大,为 3608.95360386511;与模块内的连通性较低,为 28.5622880660882;基因内外连通性的差值为 5.71。

表 3-20　　　　　　　　各模块网络节点基因列表

基因 ID	所属模块	基因总连通性	基因在模块内连通性
Cluster-1117.11239	bisque4	2616.838864	44.82838325
……			
Cluster-1117.28114	bisque4	2348.373659	25.03825888

九、各模块网络节点关系

(一)定义

各模块网络节点关系指的是设备与各模块间具有传送或接收数据功能的网络之间的连接关系。

(二)组成与含义

1. 组成

fromNode(网络节点基因 1,代表关系的起始节点),toNode(网络节点基因 2,

代表关系的终止节点),weight[邻接矩阵的边权重,代表两个节点(基因)之间的连接强度]。

2. 含义

将 WGCNA 分析中各模块内基因相互作用关系导出,后续可以导入到 Cytoscape 软件绘制网络图。

(三)解读

由各模块网络节点关系列表(表 3-21)可知,Cluster-1117.11239 基因与 Cluster-1117.15263 基因的连接强度为 0.157538285905829;各基因之间的连接强度基本一致。

表 3-21　　　　　　　　　各模块网络节点关系列表

网络节点基因 1	网络节点基因 2	邻接矩阵的边权重
Cluster-1117.11239	Cluster-1117.12834	0.133505438
……		
Cluster-1117.11239	Cluster-1117.28326	0.142594778

参考文献

[1] 郭永春,王鹏杰,金珊,等. 基于 WGCNA 鉴定茶树响应草甘膦相关的基因共表达模块[J]. 中国农业科学,2022,55(1):152-166.

[2] 黄卫衡. 水稻不育系培矮 64S 分蘖角度基因的初步定位[D]. 长沙:湖南大学,2019.

[3] 姜敏杰,毕桂萁,王津果,等. 龙须菜四分孢子体发育过程的 WGCNA 分析[J]. 中国海洋大学学报(自然科学版),2020,50(5):61-75.

[4] 李慧,代新仁,周再知,等. 日本落叶松木质部发育相关基因筛选及其共表达网络构建[J]. 林业科学,2021,57(01):40-52.

[5] 罗丽娜,向增旭. 基于转录组测序分析的黄精种子休眠解除相关差异基因研究[J]. 中国农学通报,2021,37(11):1-8.

[6] 彭国颖,胡亮,黄超,等. 紫鸭跖草根组织应答铜胁迫的转录组分析[J]. 生物技术通报,2022,38(02):83-94.

[7] 赵永丽,夏明哲,吴蓉蓉,等. 基于高通量测序的花斑裸鲤转录组及功能分析[J]. 青海大学学报,2018,36(1):1-8.

[8] APOSTOLIDIS S A, STIFANO G, TABIB T, et al. Single cell RNA sequencing identifies HSPG2 and APLNR as markers of endothelial cell injury in systemic sclerosis skin [J]. Frontiers in immunology, 2018,9:2191.

[9] APOSTOLIDIS S A, STIFANO G, TABIB T, et al. Single cell RNA sequencing identifies HSPG2 and APLNR as markers of endothelial cell injury in systemic sclerosis skin. [J]. Frontiers in

immunology,2018,Vol. 9:2191.

[10] BENJAMIN B, CHAO X, DANIEL H H. Fast and sensitive protein alignment using DIAMOND [J/OL]. Nature Methods, 2014, 12: 59-60 [2022-12-12]. https://doi.org/10.1038/nmeth.3176.

[11] CHEN G, YUE Y, HUA Y, et al. SSR marker development in *Clerodendrum trichotomum* using transcriptome sequencing[J]. PLoS ONE, 2019, 14(11): e225451. http://doi.org/10.1371/journal.pone.0225451.

[12] CHEN L M, WU Q C, HE T J, et al. Transcriptomic and metabolomic changes triggered by *Fusarium solani* in common bean (*Phaseolus vulgaris* L.) [J]. Genes, 2020, 11(2): 177.

[13] CUI G, CHAI H, YIN H, et al. Full-length transcriptome sequencing reveals the low-temperature-tolerance mechanism of *Medicago falcata* roots[J]. BMC plant biology, 2019, 19(1): 575.

[14] DAVIDSON N M, OSHLACK A. Corset: enabling differential gene expression analysis for *de novo* assembled transcriptomes[J]. Genome Biology, 2014, 15(7): 410.

[15] DENG S, MA J, ZHANG L, et al. De novo transcriptome sequencing and gene expression profiling of *Magnolia wufengensis* in response to cold stress. [J]. BMC Plant Biology, 2019, 19(1): 321.

[16] GRABHERR M G, HAAS B J, MORAN Y, et al. Full-length transcriptome assembly from RNA-Seq data without a reference genome[J]. Nature Biotechnology, 2011, 29: 644-652.

[17] GUO K, YAO Y, YANG M, et al. Transcriptome sequencing and analysis reveals the molecular response to selenium stimuli in *Pueraria lobata* (willd.) Ohwi [J/OL]. PeerJ, 2020, 8(3): e8768[2022-12-13]. DOI: 10.7717/peerj.8768.

[18] GUO Y, ZHANG H, YUAN Y, et al. Identification and characterization of NAC genes in response to abiotic stress conditions in *Picea wilsonii* using transcriptome sequencing [J]. Biotechnology & Biotechnological Equipment, 2020, 34(1): 93-103.

[19] HAN C, ZHANG Z, LI Q, et al. Comparative transcriptomic analysis of Macrobrachium nipponense in response to Aeromonas veronii or Staphylococcus aureus infection[J]. Journal of Oceanology and Limnology, 2022, 40(1): 347-359.

[20] HUANG L Y, YE T, WANG J J, et al. Identification of survival-associated hub genes in pancreatic adenocarcinoma based on WGCNA[J/OL]. Frontiers in genetics, 2022, 12: 814798 [2022-12-13]. https://doi.org/10.3389/fgene.2021.814798.

[21] LOVE M I, HUBER W, ANDER S. Moderated estimation of fold change and dispersion for RNA-seq data with DESeq2[J]. Genome Biology, 2014, 15(12): 550.

[22] JIE M, BO W, GUO H, et al. Metabolomics integrated with transcriptomics reveals redirection of the phenylpropanoids metabolic flux in *Ginkgo biloba* [J]. Journal of Agricultural and Food Chemistry, 2019, 67(11): 3284-3291.

[23] LI F, WU C, GAO M, et al. Transcriptome sequencing, molecular markers, and transcription factor discovery of Platanus acerifolia in the presence of Corythucha ciliata[J]. Scientific Data, 2019, 6[2022-12-12]. https://doi.org/1038/s41597-019-0111-9.

[24] MUHAMMAD K, LU Z M, SANG Y M. Whole-genome and transcriptome sequencing-based characterization of *Bacillus cereus* NR1 from subtropical marine mangrove and its potential role in

sulfur metabolism[J/OL]. Frontiers in microbiology, 2022,13:856092[2022-12-12]. https://doi.org/10.3389/fmicb.2022.856092.

[25] NI L, WANG Z, LIU X, et al. Transcriptome analysis of salt stress in *Hibiscus hamabo* Sieb. et Zucc based on Pacbio full-length transcriptome sequencing[J/OL]. International Journal of Molecular Sciences, 2022,23(1):138[2022-12-13]. DOI:10.3390/ijms23010138.

[26] YANG P H, Y C, L W, et al. Regulatory mechanisms of the resistance to common bacterial blight revealed by transcriptomic analysis in common bean (*Phaseolus vulgaris* L.)[J/OL]. Frontiers in plant science, 2022,12:800535[2022-12-13]. https://pubmed.ncbi.nlm.nih.gov/35069659/. DOI:10.3389/fpls.2021.800535.

[27] PIPATCHARTLEARNWONG K, JUNTAWONG P, WONNAPINIJ P, et al. Towards sex identification of Asian Palmyra palm (*Borassus flabellifer* L.) by DNA fingerprinting, suppression subtractive hybridization and *de novo* transcriptome sequencing[J/OL]. Peerj, 2019,7(7):e7268[2022-12-13]. https://doi.org/10.7717/peerj.7268.

[28] VARET H, BRILLET-GUGUEN L, COPPE J, et al. SARTools:A DESeq2- and EdgeR-Based R Pipeline for Comprehensive Differential Analysis of RNA-Seq Data.[J]. PLoS ONE, 2016,11(6):1-8.

[29] VATANPARAST M, SHETTY P, CHOPRA R, et al. Transcriptome sequencing and marker development in winged bean (*Psophocarpus tetragonolobus*; Leguminosae)[J/OL]. Scientific Reports, 2016,6:29070[2022-12-12]. https://doi.org/10.1038/srep29070.

[30] WANG C, GROHME M A, MALI B, et al. Towards decrypting cryptobiosis—analyzing anhydrobiosis in the tardigrade *Milnesium tardigradum* using transcriptome sequencing[J/OL]. PLoS ONE, 2014,9(3):e92663[2022-12-13]. DOI:10.1371/journal.pone.0092663.

[31] WANG J, CONG S S, WU H, et al. Identification and analysis of potential autophagy-related biomarkers in endometriosis by WGCNA[J]. Frontiers in molecular biosciences, 2021,8:743012.

[32] WU Q, CAO Y, CHEN C, et al. Transcriptome analysis of metabolic pathways associated with oil accumulation in developing seed kernels of *Styrax tonkinensis*, a woody biodiesel species[J]. BMC plant biology, 2020,20(1):121.

[33] WU Q, CAO Y, CHEN C, et al. Transcriptome analysis of metabolic pathways associated with oil accumulation in developing seed kernels of *Styrax tonkinensis*, a woody biodiesel species[J]. BMC plant biology, 2020,20(1):121.

[34] PAN X Y, J C, A Y. Comparative transcriptome profiling reveals defense-related genes against *Ralstonia solanacearum* infection in tobacco[J/OL]. Frontiers in plant science, 2021,12:767882[2022-12-13]. https://doi.org/10.3389/fpls.2021.767882.

[35] YAN C, ZHANG N, WANG Q, et al. Full-length transcriptome sequencing reveals the molecular mechanism of potato seedlings responding to low-temperature[J/OL]. BMC Plant Biology, 2022,22(1):1-20[2022-12-12]. https://doi.org/10.1186/s12870-022-03461-8.

[36] YAN C, ZHANG N, WANG Q, et al. Full-length transcriptome sequencing reveals the molecular mechanism of potato seedlings responding to low-temperature[J]. BMC Plant Biology, 2022,22(1):1-20.

[37] YANG B, HE S, LIU Y, et al. Transcriptomics integrated with metabolomics reveals the effect of regulated deficit irrigation on anthocyanin biosynthesis in *cabernet sauvignon* grape berries[J/OL]. Food Chemistry, 2020, 314: 126170[2022-12-13]. https://doi.org/10.1016/j.foodchem.2020.126170.

[38] YANG PH, CHANG YJ, WANG LF, et al. Regulatory mechanisms of the resistance to common bacterial blight revealed by transcriptomic analysis in common bean (*Phaseolus vulgaris* L.)[J/OL]. Frontiers in Plant Science, 2022, 12: 800535[2022-12-12]. https://doi.org/10.3389/fpls.2021.800535.

第四章 玉叶金花不同叶位叶片的代谢组分析

第一节 数据结果评估

一、代谢物定性定量分析

(一)总离子流图和 MRM 代谢物检测多峰图

1. 定义

总离子流图(total ions current,TIC),即每个时间点质谱图中所有离子的强度加和后连续描绘得到的图谱;通过三重四极杆筛选出特征离子,可得到 MRM 代谢物检测多峰图(多物质提取的离子流谱图,XIC)。

2. 组成与含义

(1)组成　TIC 和 XIC 有负离子模式(N)和正离子模式(P),横坐标为代谢物检测的保留时间(retention time,RT),纵坐标为离子检测的离子流强度(强度单位为 cps,count per second);XIC 显示样本中能够检测到的物质,每个不同颜色的质谱峰代表检测到的一个代谢物,每个色谱峰的峰面积(area)代表对应物质的相对含量。

(2)含义　研究人员通过 TIC 和 XIC 可知,两种离子模式下所检测到的代谢物及其相对含量。

拓展阅读

英文示例4.1

3. 解读

由 TIC 和 XIC 可知,两种离子模式下都检测到了较多的代谢物(图 4-1),而且峰形都比较对称漂亮,尤其是 MRM(或 XIC)图中的特征离子峰显示出了很好的分离度(图 4-2)。

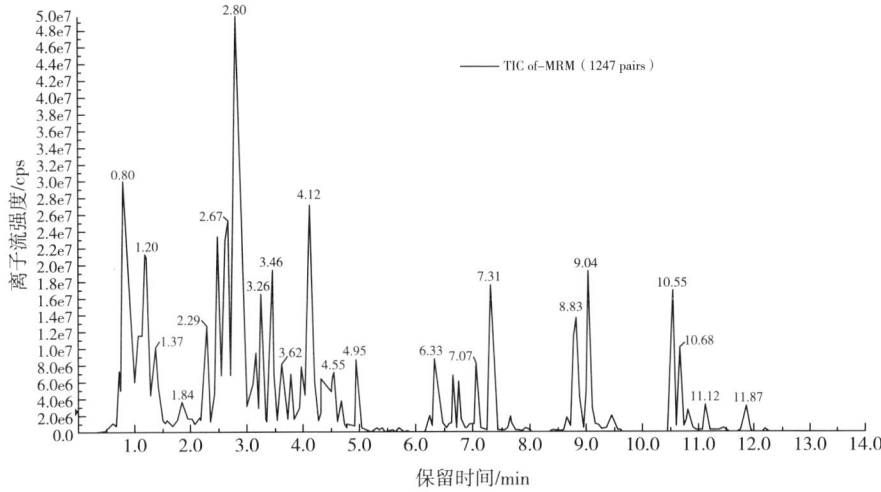

(1)负离子模式(N)

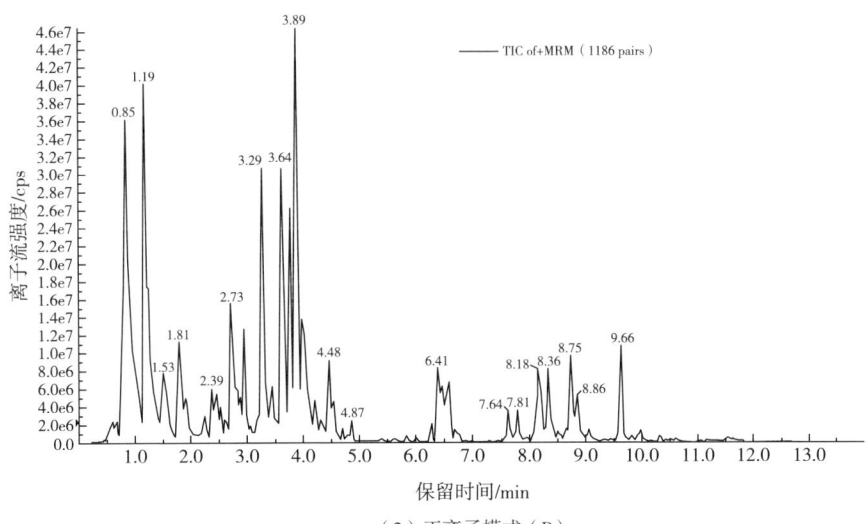

(2)正离子模式(P)

图 4-1 混样样品质谱分析总离子流图

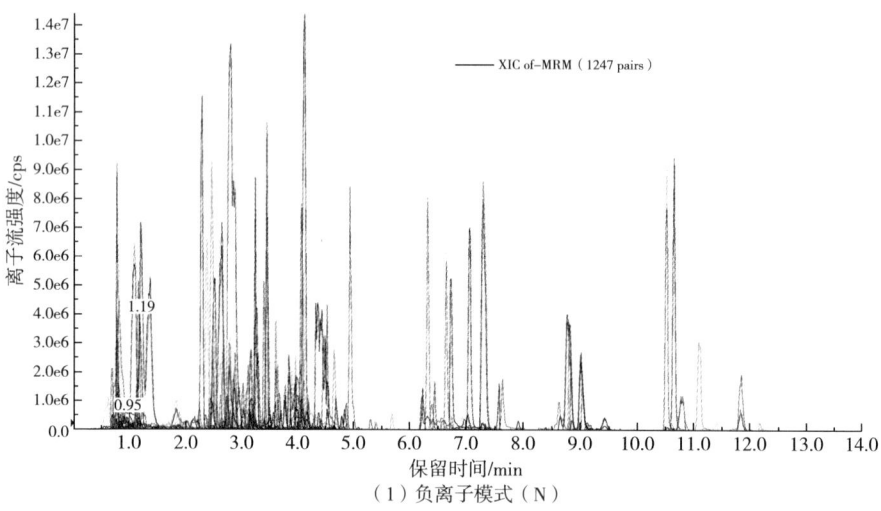

(1)负离子模式(N)

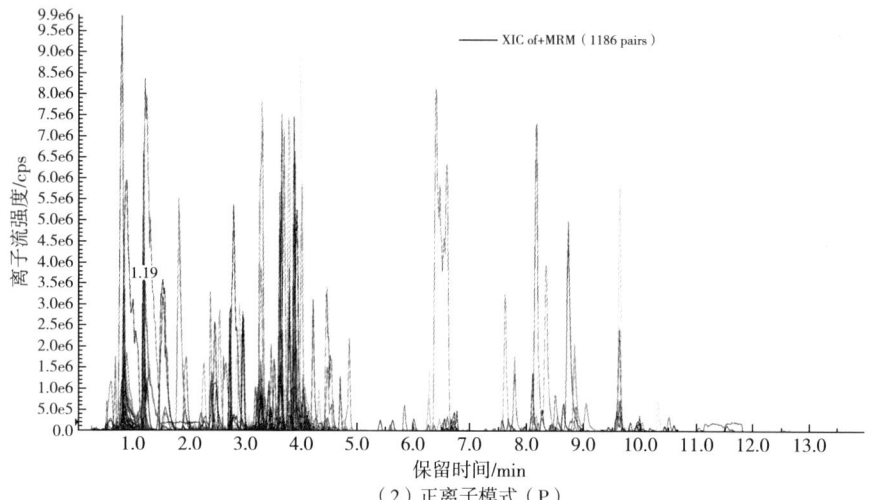

(2)正离子模式(P)

图4-2 MRM代谢物检测多峰图

(二)代谢物数量统计表

1. 定义

代谢物数量统计表,即根据物质的特征离子信号强度(单位:cps),使用MultiaQuant软件,对其进行色谱峰的积分和校正工作,用所有色谱峰面积积分数据制作代谢物数量统计表。

2. 组成、含义与写作方式

(1)组成　常见代谢物数量统计表有22列,依次为Index(迈维ID)、Q1(u)(物质经电喷雾离子源加上离子之后的母离子分子质量)、Q3(u)(特征碎片离子分子质量)、Molecular Weight(Da)(相对分子质量)、Formula(物质分子式)、Ionization model(电离模式)(M+H 为带正电,M-H 为带负电)、Compounds(物质英文名称)、物质(物质中文名称)、Class Ⅰ(物质英文一级类别)、物质一级分类(物质中文一级类别)、Class Ⅱ(物质英文二级类别)、物质二级分类(物质中文二级类别)、CAS(物质 CAS 号)、Level(物质鉴定级别)、cpd_ID(代谢物在 KEGG 数据库中的 ID 信息)、kegg_map(KEGG 数据库信号通路编号)、mix(混样相对含量)、其他各列(样本相对含量)。其中,Index(迈维 ID)、Compounds(物质英文名称)、物质(物质中文名称)、Class Ⅰ(物质英文一级类别)常用于制作代谢物分类的饼图或条形图或表格。

注:Level(物质鉴定级别)中:1 为样本物质二级质谱、RT 与数据库物质匹配得分为 0.7 分以上;2 为样本物质二级质谱、RT 与数据库物质匹配得分为 0.5~0.7 分;3 为样本物质 Q1、Q3、RT、DP、CE 与数据库物质核对一致。

(2)含义 该表可展示不同代谢物的数量以及相关信息。

(3)写作方式 描述一级分类:一共检测到 a 种代谢物,其中包括 b 种核苷酸及其衍生物、c 种有机酸、d 种脂质、e 种黄酮、f 种生物碱、g 种萜类、h 种其他、i 种……。在 A、B、C、D 组中各检测到 j 种、k 种、l 种、m 种代谢物,总的来说,这一结果也表明在不同样品中具有不同的代谢谱(本物种中检出的物质种类可以在 all-sample-data 中查询到,同时可以用饼图进行绘制展示或者表格、条形图进行展示)。

描述二级分类:进行了某一类物质的检测,如黄酮,则可以描述该一级分类下面的二级分类:一共检测到 a 种类黄酮化合物,其中包括 b 种黄酮、c 种黄酮醇、d 种黄烷醇、e 种……(不同的物种中含有的类黄酮种类有差异,如异黄酮在豆科植物中含量多且种类多)。

3. 解读

由代谢物数量统计表(表 4-1)和其中一、二级分类饼图(图 4-3)可知,共检测到 957 种代谢物,其中包括 78 种氨基酸及其衍生物(amino acids and derivatives)、185 种酚酸(phenolic acids)、66 种核苷酸及其衍生物(nucleotides and derivatives)、81 种类黄酮(flavonoids)、33 种木脂素和香豆素(lignans and coumarins)、6 种单宁(tannins)、31 种生物碱(alkaloids)、109 种萜类(terpenoids)、85 种有机酸(organic acids)、155 种脂质(lipids)、128 种其他(others)。

表 4-1 代谢物数量统计表

迈维 ID	Q1/u	Q3/u	分子质量/u	物质分子式	……	电离模式	物质	物质一级分类	物质二级分类	物质鉴定级别
—	74	57	73	$C_2H_7N_3$		[M+H]+	—	—	—	3
……										
—	101	55	102	$C_4H_6O_3$		[M-H]-	—	—	—	3

注:此表省略了列 Compounds、Class Ⅰ、Class Ⅱ、CAS、MpBud1、MpBud2、MpBud3、MpTen1、MpTen2、MpTen3、MpMat1、MpMat2、MpMat3、mix01、mix02、mix03、mix04、cpd_ID、kegg_map。

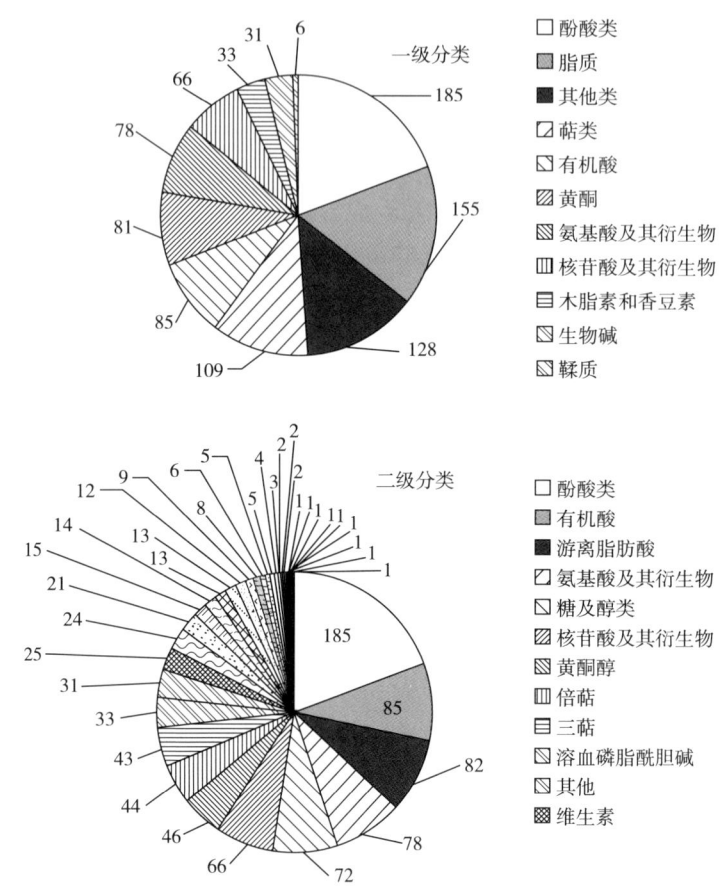

图 4-3 代谢物数量统计表中一级分类、二级分类饼图
注:饼图中只显示了部分图例,表明了主要物质的占比。

拓展阅读

英文示例 4.2

(三)代谢物定量分析积分校正图

1. 定义

代谢物定量分析积分校正图(integral correction diagram,ICD),即根据代谢物保留时间和校正后的峰型的信息,绘制代谢物定量分析积分校正图。

2. 组成与含义

(1)组成　代谢物定量分析积分校正图中为随机抽取的代谢物在不同样本中的定量分析积分校正结果,有负离子模式(N)和正离子模式(P);横坐标为代谢物检测的保留时间(min),纵坐标为某代谢物离子检测的离子流强度(cps),峰面积代表物质在样本中相对含量。

(2)含义　该图可比较所有检测到的代谢物中每个代谢物在不同样本中的物质含量差异。

3. 解读

由代谢物定量分析积分校正图(图4-4)可知,代谢物保留时间非常稳定,定性定量可靠。

二、样本质控分析

(一)TIC重叠图

1. 定义

TIC重叠图,即QC样本流经色谱柱和检测器,所得到的信号时间曲线,称为QC样本质谱检测TIC重叠图(QC_MS tic overlap,TICO)。

2. 组成与含义

(1)组成　QC样本质谱检测TIC重叠图(TICO)有负离子模式(N)和正离子模式(P),横坐标为时间,纵坐标为检测器的响应信号,流出曲线的突起部分称为色谱峰。

(2)含义　该图可判断代谢物提取及其检测的重复性。

3. 解读

由QC样本质谱检测TIC重叠图(图4-5)可知,TIC代谢物检测曲线有很高的重叠度,峰强度波动差别不大。这说明仪器稳定性高,技术重复好,代谢物提取和检测是可靠的。

(二)所有样本的CV值分布图

1. 定义

CV值即变异系数(coefficient of variation),即原始数据标准差与原始数据平均数的比,可反映数据离散程度;利用各组样本CV值分布图(all CV ECDF,ACE)可直观地展示样本中生物学重复性情况。

2. 组成与含义

(1)组成　各组样本CV值分布图(ACE)横坐标代表CV值,纵坐标代表小于对应CV值的物质数目占总物质数的比例;不同颜色代表不同的分组样本,mix为

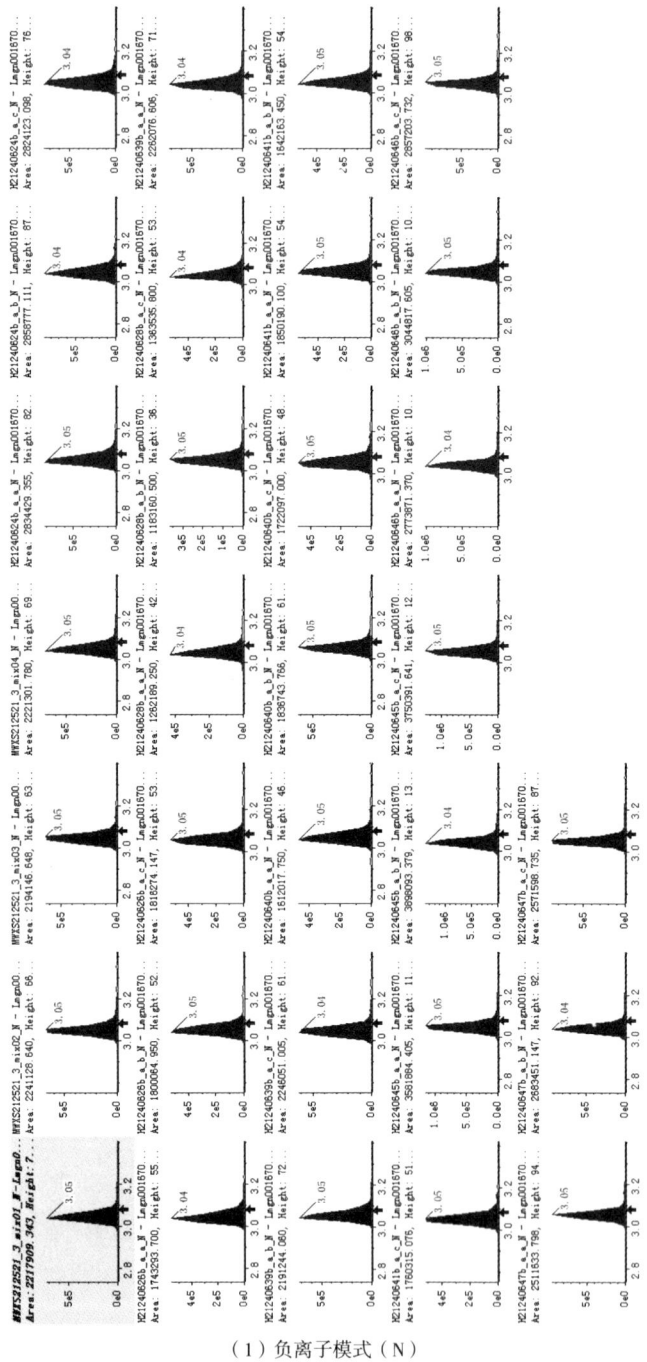

（1）负离子模式（N）

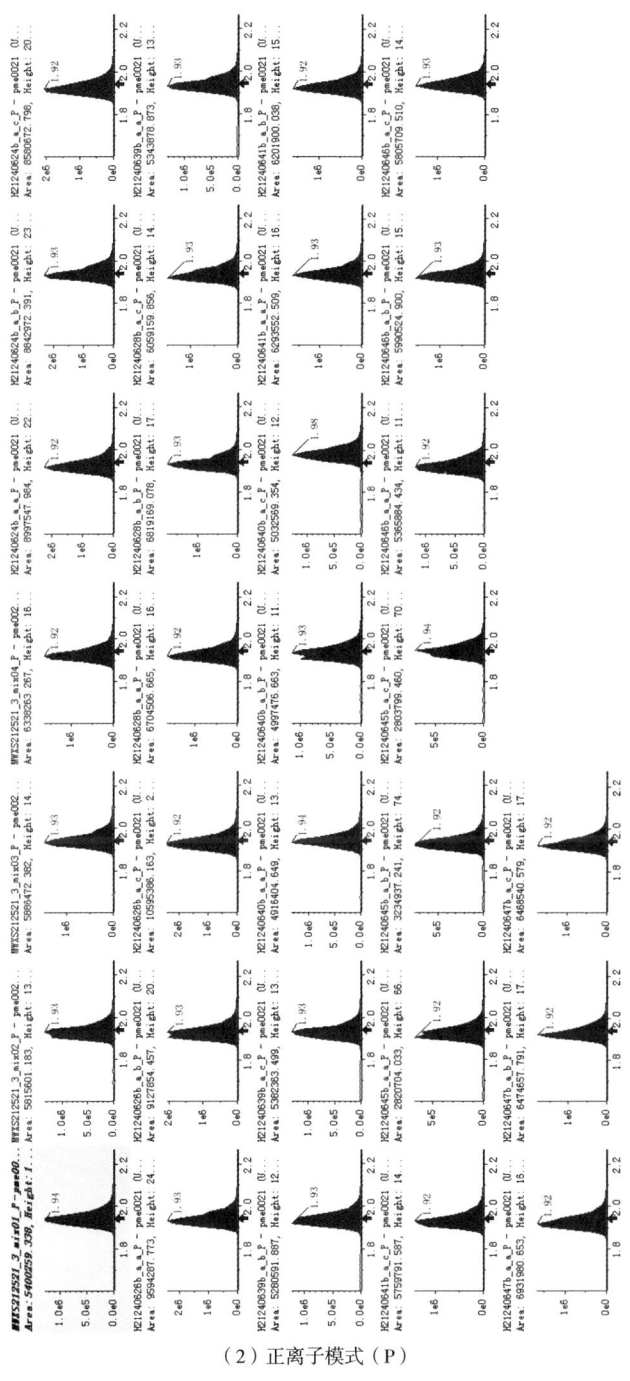

（2）正离子模式（P）

图 4-4 代谢物定量分析积分校正图

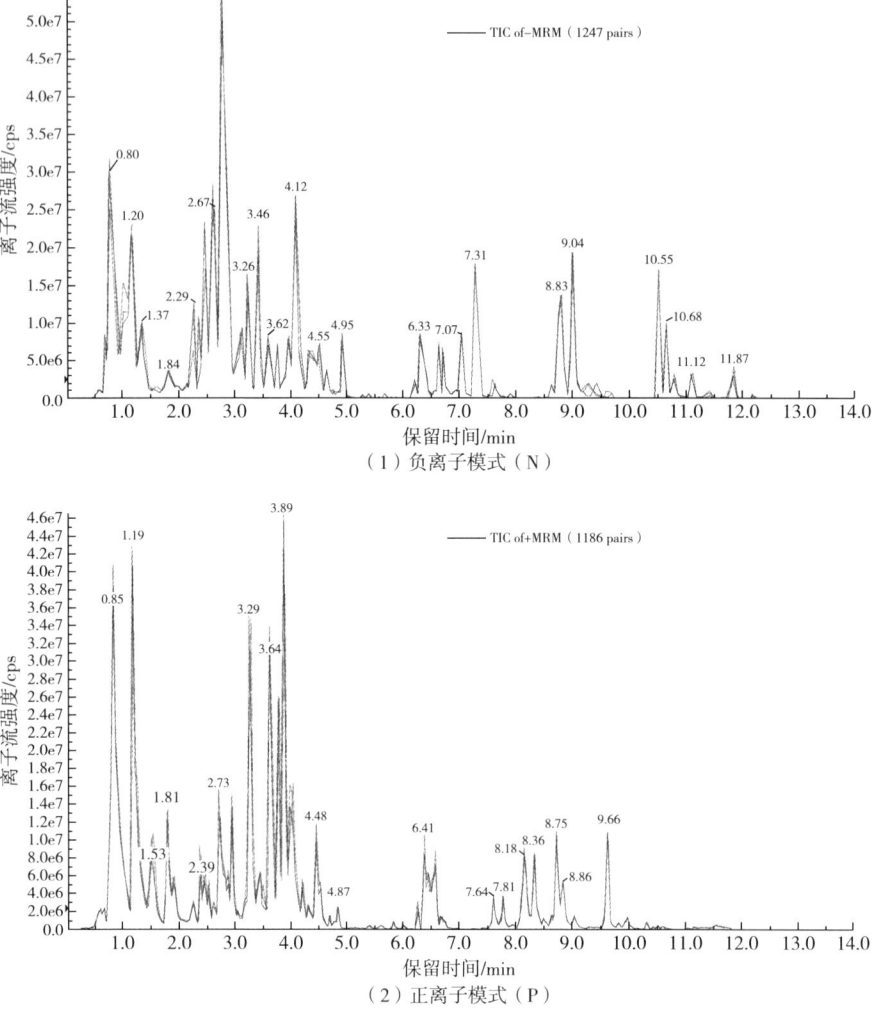

图 4-5　QC 样本质谱检测 TIC 重叠图

QC 样本,其中与 X 轴垂直的两条参考线对应的 CV 值为 0.3 和 0.5,与 X 轴平行的两条参考线对应物质数目占总物质数的 75% 和 85%。

(2) 含义　使用经验累积分布函数(empirical cumulative distribution function, ECDF)可以分析小于参考值的物质 CV 值出现的频率,QC 样本的 CV 值较低的物质占比越高,代表实验数据越稳定;QC 样本 CV 值小于 0.5 的物质占比高于 85%,表明实验数据较稳定;QC 样本 CV 值小于 0.3 的物质占比高于 75%,表明实验数据非常稳定。

注:样本数为 1 的分组不满足计算 CV 值的条件,在图中不作展示。本例中的

样本都有三次重复,因此都已在图中展示,且其趋势与 QC 样本非常接近。

3. 解读

TIC 重叠图是通过肉眼目测仪器的稳定性,而具体的波动大小要通过数学计算展现。CV 值分布图(图 4-6)是所有峰面积 CV 值的"累积"分布,当累积的百分率很高(峰很多),而对应的 CV 值很低,就说明大多数峰的 CV 值都很低,也就是重复性很好。由于 QC 样本(即图中的 mix)是单个样品的技术重复,所以排除了样本取样重复的差异,最能体现仪器本身的稳定性。由各组样本 CV 值分布图(ACE)可知,CV 值小于 0.5 的物质占比高于 85%,且近乎 100%,表明技术重复的 CV 值几乎都在 0.5 以下,仪器稳定性非常好。此外,样本的 CV 值也达到了同样的标准,而且在 CV 值为 0.75 时接近 100%,表明生物学重复也非常好。

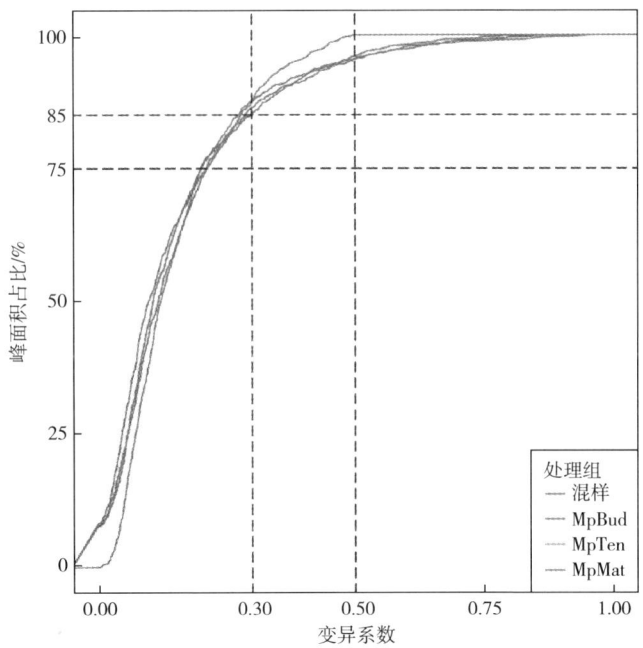

图 4-6　各组样本 CV 分布图

三、聚类分析

聚类分析,即将代谢物含量数据采用归一化处理(unit variance scaling, UV Scaling),通过 R 软件 Complex Heatmap 包绘制热图,对代谢物在不同样本间的积累模式进行层次聚类分析(hierarchical cluster analysis, HCA)。

(一)定义

聚类热图(heatmap),即红绿(红蓝)相间色彩丰富的小格子组合成的一张图片,并且会对行数据和列数据进行聚类。

注:聚类热图:①基本原则:将数据矩阵的数值,按照一定的规律转换为颜色,通过颜色的不同变化来展示数据的差异;②常用来表示不同样品间基因表达,蛋白质表达,代谢物表达的含量差异或者不同组学间两两相关性;③作用:进行数据质量控制、直观展示重点研究对象的差异变化情况。

(二)组成、含义与写作方式

1. 组成

样品总体聚类图(all heatmap,AH)横向为样品名称的分组(group),每一列代表一个样本,纵向为代谢物信息的物质分类(class);图中上方的聚类线为样品聚类线,左侧的聚类线为代谢物聚类线;每个单元格的颜色展示对应列样本的行代谢物的表达量情况,红色代表高含量,绿色代表低含量。

2. 含义

不同颜色为相对含量标准化处理后得到的数值,展示了各处理组内各类物质的变化趋势。热图中,对列数据进行聚类,聚到一起的数据代表样本所有代谢物的表达趋势是比较一致的,即样本的相关性较好,如果是一组样本的不同生物学重复,说明这组样本生物学重复比较一致。

3. 写作方式

由聚类热图可知,在不同组别中物质有明显的差异,一共分为 a 簇(cluster),簇 1 中的代谢物在 A 组中最高,在 B 组中含量中等,在 C 组中含量最低;簇 2 中的代谢物在 D 组中最高,在 A 组中含量中等,在 E 组中含量最低。

不同的生物学重复之间也同样聚成一簇,表明生物学重复之间良好同质性和数据的高可靠性。

(三)解读

由样品总体聚类图(图4-7)可知,组内各重复都聚在一起,且热图样式相似,而不同叶龄间的差异明显,其中嫩叶与成熟叶较为接近,而芽的物质差异非常明显。在不同组别中物质有明显的差异,一共分为 3 簇(cluster),簇 1 中的代谢物在芽头(Bud)中含量最高,在成熟叶(Mat)中含量中等,在嫩叶(Ten)中含量最低;簇 2 中的代谢物在成熟叶中最高,在嫩叶中含量中等,在芽头中含量最低;簇 3 中的代谢物在嫩叶中最高,在成熟叶中含量中等,在芽中含量最低。不同的生物学重复之间也同样聚成一簇,表明生物学重复之间良好的同质性和数据的高可靠性。其中,芽头酯类含量高,氨基酸及其衍生物含量低;嫩叶酯类含量高,萜类含量低;成熟叶氨基酸及其衍生物含量高,萜类含量低。

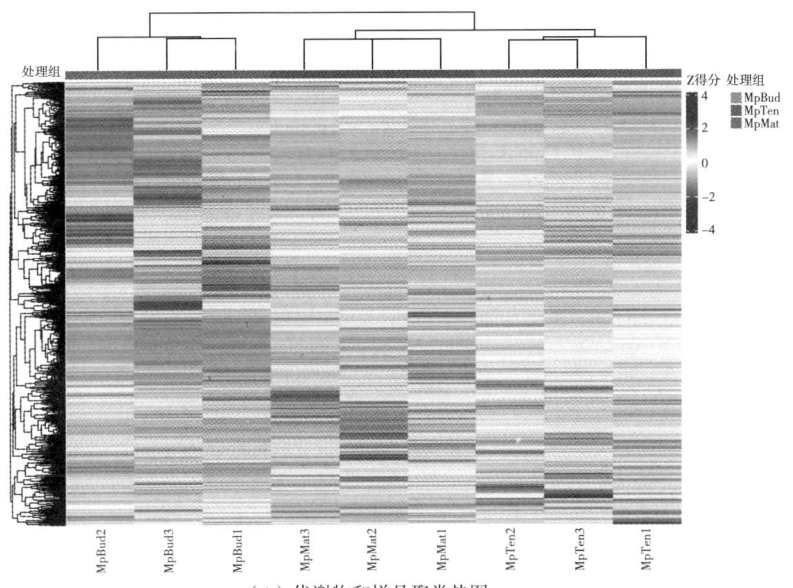

（1）代谢物和样品聚类热图

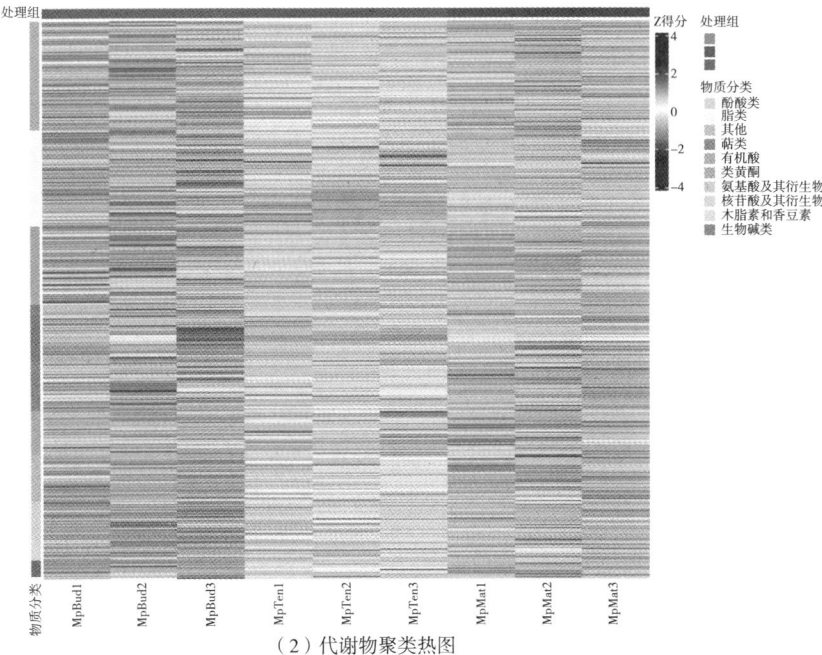

（2）代谢物聚类热图

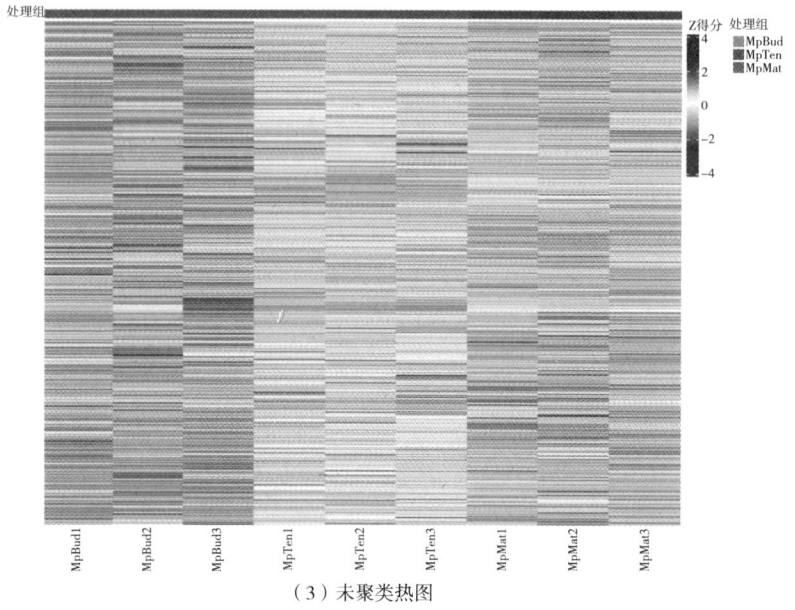

（3）未聚类热图

图 4-7　样品总体聚类图

拓展阅读

英文示例 4.3

四、重复相关性评估

重复相关性评估，即通过样品之间的相关性分析，观察组内样品之间的生物学重复。

注：(1)皮尔逊相关系数(Pearson's correlation coefficient，Pearson's r)作为生物学重复相关性的评估指标，可利用 R 软件的内置 cor 函数计算 r。

(2)组内样品相对组间样品的相关系数越高，即获得的差异代谢物越可靠。

（一）定义

组成样品间相关性图(all correlation)，即根据两个样品之间的相关性系数大小，绘制组成样品间相关性图，进一步展示两个样品的相关性。

(二)组成与含义

1. 组成

样品间相关性图(all correlation)分 correlation_expt 和 correlation_mix 两种,correlation_expt 是对试验样品进行重复相关性评估,correlation_mix 是对 QC 样品进行重复相关性评估;纵向和对角线上分别代表不同样品的样品名称,两个样品之间的相关性系数大小标注在方格内;不同的颜色代表不同的皮尔逊相关系数大小,颜色越红代表正相关性越强,颜色越绿代表相关性越差,颜色越蓝代表负相关性越强。

2. 含义

$|r|$越接近1说明两个重复样品之间的相关性越强。

(三)解读

由组成样品间相关性图(图4-8)可知,三个组内的相关性为0.98~1,芽头与嫩叶间的相关性为0.92~0.94,嫩叶与成熟叶之间的相关性为0.96~0.99,芽头和成熟叶之间的相关性最弱,为0.88~0.91。样品组内相关性大于组间相关性,说明重复样品的相关性强,且质控样本的相关性为0.99~1,说明重复性非常好。

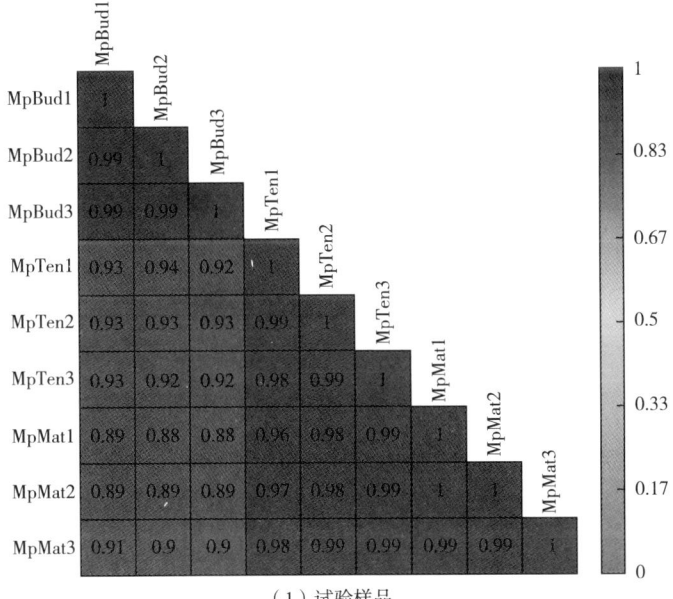

(1)试验样品

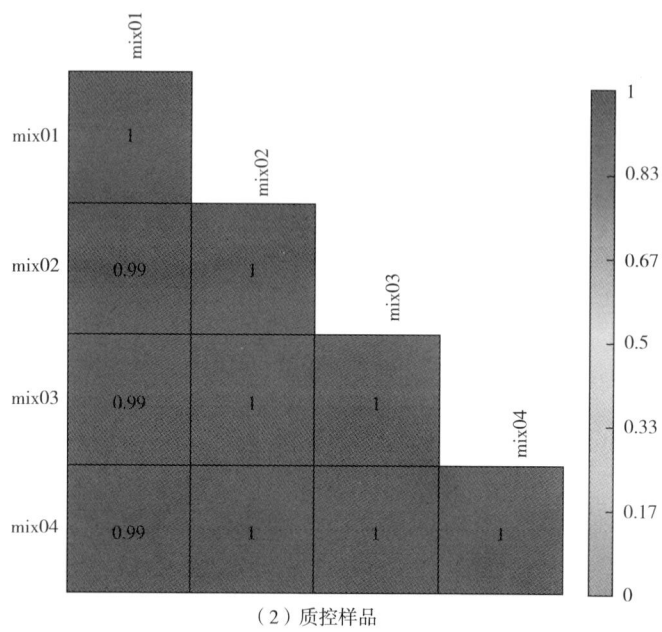

（2）质控样品

图 4-8　样品间相关性图

第二节　主成分分析（PCA）

主成分分析（principal component analysis,PCA），即通过正交法，将可能存在相关性的变量转换为主成分，以还原样本内最真实的代谢状态。

注:(1)主成分即线性不相关的变量,PC1 表示能描述多维数据矩阵中最明显的特征,PC2 表示除 PC1 之外的所能描述数据矩阵中最显著的特征,PC3……PCn 以此类推;

(2)其具体的作用主要有以下三种:①进行质量控制;②筛选离群样本;③直观反映组间差异。

一、总体样本 PCA 得分图

(一)定义

总体样本 PCA 得分图，即根据样本之间的总体代谢差异与组间样本之间的变异度大小,绘制总体样本 PCA 得分图显示样本组间差异。总体主成分分析（ALL PCA）是对质控样品和全部样本进行主成分分析,而 NO-MIX_PCA 只对样本进行主成分分析。

(二)组成、含义与写作方式

1. 组成

PCA 的结果展示有二维(2D)图、三维(3D)图、variance 图;PCA 的 2D 图中,PC1 表示第一主成分,PC2 表示第二主成分,PC3 表示第三主成分,百分比表示该主成分对数据集的解释率,图中每个点表示一个样品,同一个组的样品用同一种颜色表示;PCA 的 3D 图中,X 轴表示 PC1,Y 轴表示 PC3,Z 轴表示 PC2;PCA 的 variance 图描述了前 5 个主成分的解释率,横坐标表示各个主成分,纵坐标表示可解释变异。左图为累计可解释变异,右图为各个主成分的可解释变异。

注:分组样本 PCA 得分图类似。

2. 含义

PCA 图可展示多个变量间的内部结构和样本之间的分离趋势,图中样本之间的距离代表分组之间的差异,距离越近,说明样品的相似性越高;距离越远,说明样品之间的差异越大。

3. 写作方式

①主成分分析结果表明,第一主成分能解释总方差的 50.03%,并能根据 A、B 区分样本。第二个主成分解释了总方差的 25%,并通过 C、D。

PCA 结果中不同处理中分离明显,这表明在处理后,样品中代谢物发生了明显的变化,与表型(生理指标)出现具有一致性。第一主成分(PC1)可以解释原始数据集的 x% 特征,从第一主成分上可以发现不同的处理(干旱处理等)发生了分离,而不同的处理(时间、处理等)在第二主成分上发生了分离,该主成分解释原始数据集的 y% 的特征。(从第一主成分上能明显看出 A 组和 B 组分开,同时该主成分代表了 z% 的差异,第二主成分上能看出 C 组和 D 组的差别。)

②发生分离、主导地位:第一主成分(PC1)可以解释原始数据集的 m% 特征,从第一主成分上可以发现 A 组与其他组发生了明显分离,第二主成分(PC2)可以解释原始数据集 n% 的特征,在该主成分上 B 组与其他组发生分离,这一结果表明 A 组与其他组差别最大,B 组其次,其他组的代谢物谱较为类似。

(三)解读

由 PCA 得分图(图 4-9)可知,组内(重复间)的差异都比较小,测试结果重复性好,与 QC 样本(mix)的技术重复接近。三个处理组之间的分离趋势均明显。MpBud 和 MpMat 处理之间距离最远,说明代谢物差异最大[图 4-9(1)]、MpBud 和 MpTen 处理之间距离也较远,说明代谢物差异也较大[图 4-9(2)]、MpTen 和 MpMat 处理之间距离较近,说明代谢物差异较小。三个生长阶段在 PC1 和 PC2 上都有明显的分离[图 4-9(3)],其中,PC1 占 51.96%,PC2 占 14.84%,从 variance

图也可直观地看出前两个主成分可以解释样本间的主要差异。此外,MpBud 与其他两个阶段的差异最大(在 PC1 上相距最远),这与其差异代谢物数量最大的结果也是符合的。主成分分析结果表明,通过广泛靶向代谢组检测到的 957 个代谢物的差异可以区分三个不同叶龄的样本,或者说,本研究样本的分段是合理的,采集时的重复性也是很好的,可以解决本研究提出的科学问题。

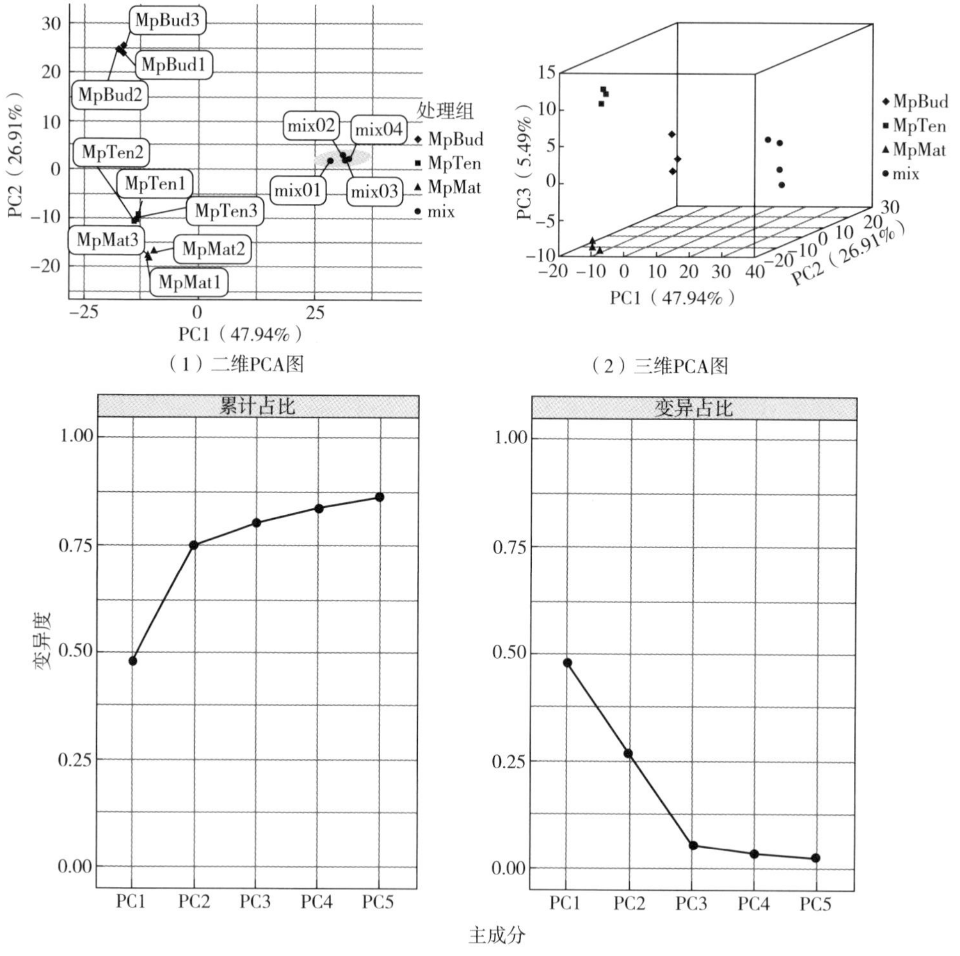

(1)二维PCA图

(2)三维PCA图

(3)分组主成分分析可解释变异图

图 4-9　各组样品与质控样品质谱数据的 PCA 得分图

拓展阅读

英文示例 4.4

二、总体样本 PC1 控制图

(一)定义

控制图(control chart,CC),即根据检测到的样本离子峰,建立 QC 样本的 PCA 模型,从而监控仪器是否处于稳定状态的一种用统计方法设计的图。

(二)组成与含义

1. 组成

总体样本 PC1 控制图(all PC1 QCC,APQ)横坐标为样本检测顺序,纵坐标反映 PC1 值,黄色和红色的线分别定义正负 2 个、3 个标准差范围;点代表样本,绿色的点代表质控 QC 样本,黑色的点代表试验样本。

2. 含义

基于每个样本检测到的离子峰,通过上述建立的 PCA 模型对 QC 样本进行监控,可判断仪器状态是否稳定。

注:由于仪器状态变化,图中的点会呈现上下波动的情况,一般质控样本的 PC1 在正负 3 个标准差(standard deviation,SD)范围内为正常范围。

(三)解读

由总体样本 PC1 控制图(图 4-10)可知,试验样本的 PC1 值在正负 2 个标准差范围内,质控 QC 样本的 PC1 值接近 0,为正常范围,说明仪器状态处于稳定状态。

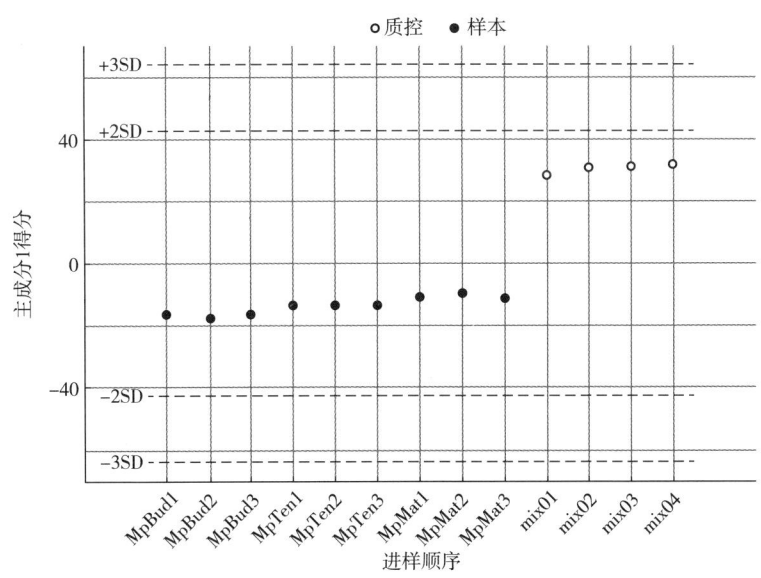

图 4-10 总体样本 PC1 控制图

三、分组样本 PCA 得分图

(一) 定义

分组主成分分析是对进行差异比较的分组样品进行主成分分析。

(二) 组成、含义与写作方式

1. 组成

同总样本 PCA 得分图;

2. 含义

同总样本 PCA 得分图。

3. 写作方式

①发生分离、处理趋势:PC1 有规律,PC2 无规律:结果表明第一主成分和第二主成分共解释了样品之间 $x\%$ 的差异,同时在不同处理上有明显的规律,而在不同的时间上没有明显的规律。

②发生分离、分组趋势:结果表明样品被区分为 n 个不同的区域(群),表明每个不同的区域中的样品具有特定的代谢谱。Group1 包括哪些组的样品;Group2 包括哪些组的样品;Group3 包括哪些组的样品;每一个组内样品的代谢物较为类似。

(三) 解读

在 9 个群体中共检测到 957 个代谢物,其中黄酮类 140 个,酚酸类 88 个,核苷酸及其衍生物 45 个,氨基酸及衍生物 72 个,酯质类 65 个,有机酸类 56 个,鞣质类 36 个,生物碱类 27 个,木质素类 12 个,其他类 68 个。对差异比较的分组样品进行 PCA,以初步确定分组之间和组内样本之间的变异度。由下图可知,芽头(MpBud)和嫩叶(MpTen)之间的第一主成分(PC1)的贡献率达到 58.25%,第二主成分(PC2)的贡献率达到 12.03%[图 4-11(1)];嫩叶(MpTen)和成熟叶(MpMat)之间的 PC1 的贡献率达到 43.49%,PC2 的贡献率达到 15.75%[图 4-11(2)];芽头(MpBud)和成熟叶(MpMat)之间的差异最大,PC1 达到 63.52%,PC2 达到 10.62%[图 4-11(3)]。液相色谱-质谱联用(LC-MS)分析的原始数据在前两个主成分中有较好的展示,PC1 和 PC2 基本能够反映资源的主要特征信息。同一种资源的 3 个样本重复聚在一起,初步确定了差异分组之间和组内样本之间的变异度。

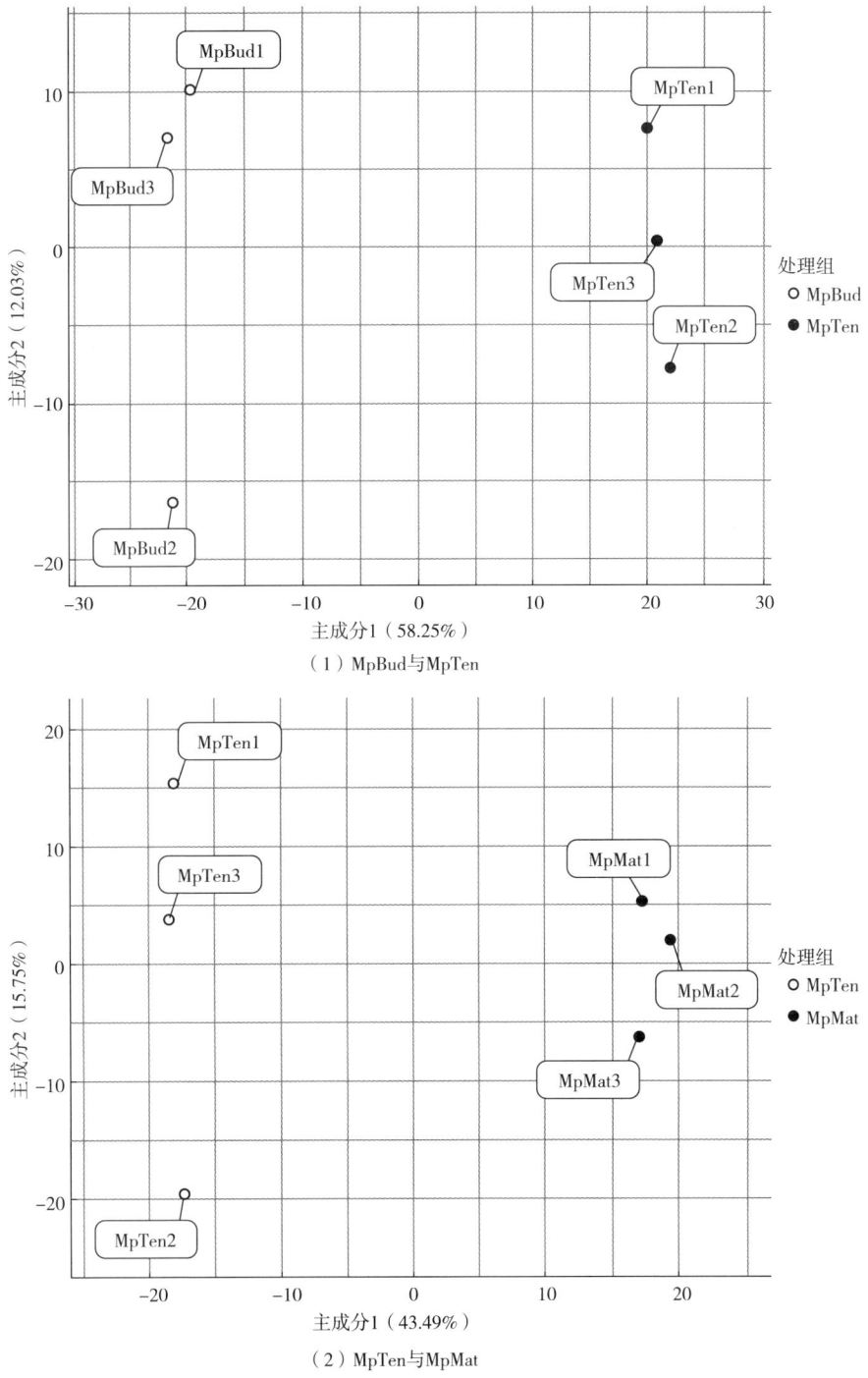

（1）MpBud与MpTen

（2）MpTen与MpMat

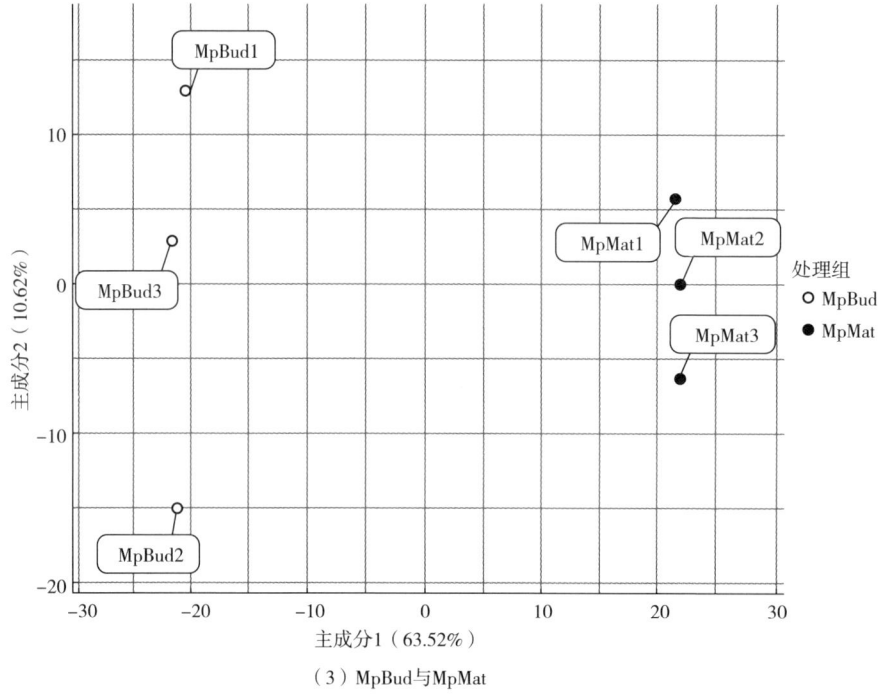

(3) MpBud 与 MpMat

图 4-11　分组主成分分析图

第三节　正交偏最小二乘法判别分析（OPLS-DA）

正交偏最小二乘法判别分析（orthogonal partial least-squares discrimination analysis, OPLS-DA），即通过正交信号矫正（OSC）和 PLS-DA 方法，将 X 矩阵信息分解成与 Y 相关和不相关的两类信息，从而去除不相关的差异，有效分离样本，可预测样品类别以及筛选差异变量。

一、OPLS-DA 部分计算结果表

（一）定义

OPLS-DA 部分计算结果表，即对数据进行正交偏最小二乘法判别分析，将部分计算结果保存，制作 OPLS-DA 部分计算结果表。

(二)组成与含义

1. 组成

常见正交偏最小二乘法判别分析表有17列,依次为Index(迈维ID)、Formula(物质分子式)、Compounds(物质英文名称)、物质(物质中文名称)、Class Ⅰ(物质英文一级类别)、物质一级分类(物质中文一级类别)、Class Ⅱ(物质英文二级类别)、物质二级分类(物质中文二级类别)、CAS(物质CAS号)、Level(物质鉴定级别)、VIP(变量重要性投影)。其中Index(迈维ID)、Compounds(物质英文名称)、物质(物质中文名称)、VIP(变量重要性投影)常用于绘制OPLS-DA得分图和OPLS-DA验证图。

注:Level(物质鉴定级别)中1为样本物质二级质谱、RT与数据库物质匹配得分为0.7分以上;2为样本物质二级质谱、RT与数据库物质匹配得分为0.5~0.7分;3为样本物质Q1、Q3、RT、DP、CE与数据库物质核对一致。

2. 含义

通过该表可展示去除不相关的差异进行筛选差异变量的结果,有利于寻找差异代谢物。

(三)解读

由正交偏最小二乘法判别分析表(表4-2)可知,芽头和嫩叶相比,最重要的差异物质有:水杨醇、茵陈色原酮、3-异丙基苹果酸、2-丙基苹果酸、东莨菪苷等,主要属于有机酸、香豆素、酚酸类、三萜等二级分类。嫩叶和成熟叶相比,最重要的差异物质有:山奈酚-3-O-芸香糖苷-7-O-葡萄糖苷、乔松苷、麦黄酮、2-苯乙胺、苯甲酰胺等,主要属于黄酮醇、二氢黄酮、黄酮、苄基苯乙胺类生物碱、酚酸类、香豆素等二级分类。芽头和成熟叶相比,最重要的差异物质有:水杨醇、2-苯乙醇、3-异丙基苹果酸、2-丙基苹果酸、乔松苷等,主要属于酚酸类、有机酸、二氢黄酮、黄酮、溶血磷脂酰乙醇胺等二级分类。

表4-2　　MpBud与MpTen OPLS-DA计算结果表

Index	物质	物质一级分类	物质二级分类	……	CAS	Level	MpBud1	MpTen1	VIP
					471-29-4	3	4.79E+04	3.12E+04	1.78E-01
				……					
					62-57-7	2	7.09E+06	5.66E+06	1.10E+00

注:此表省略了列Formula、Compounds、Class Ⅰ、Class Ⅱ、MpBud1、MpTen1,只展示部分数据。

二、OPLS-DA 得分图

(一)定义

OPLS-DA 得分图(Scores OPLS-DA Plot,SOD),即根据预测主成分和正交主成分的解释率,绘制各分组的得分图,进一步展示各个分组之间的差异。

(二)组成与含义

1. 组成

OPLS-DA 得分图横坐标表示预测主成分,纵坐标表示正交主成分,该成分对数据集的解释度用百分比表示;一个样品在图中用一个点表示,同一种颜色表示同一个组的样品,Group 为分组。

2. 含义

该图可展示样本之间的总体代谢差异和组内样本之间的变异度大小。

注:评价模型的预测参数有 R^2X,R^2Y 和 Q^2,所建模型对 X 和 Y 矩阵的解释率分别用 R^2X 和 R^2Y 表示,Q^2 表示模型的预测能力,模型越稳定可靠这三个指标越接近于1,模型为有效的模型时 $Q^2>0.5$;模型为出色的模型时 $Q^2>0.9$。

(三)解读

OPLS-DA 模式用于筛选已识别的代谢物,并评估 MpBud 和 MpTen 之间、MpTen 和 MpMat 之间、MpBud 和 MpMat 之间的差异代谢物,OPLS-DA 在 MpBud 和 MpTen 之间、MpTen 和 MpMat 之间、MpBud 和 MpMat 之间表现出明显的分离(图4-12)。

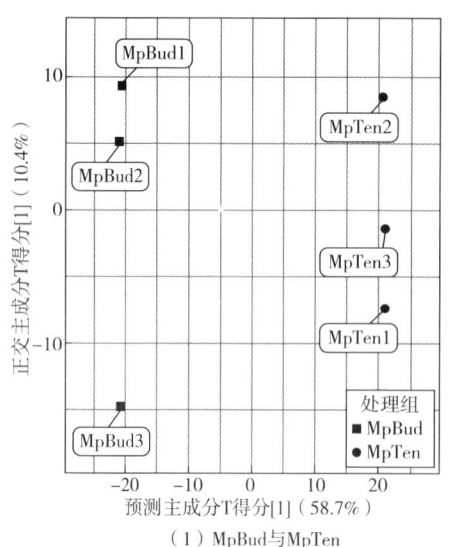
(1) MpBud与MpTen

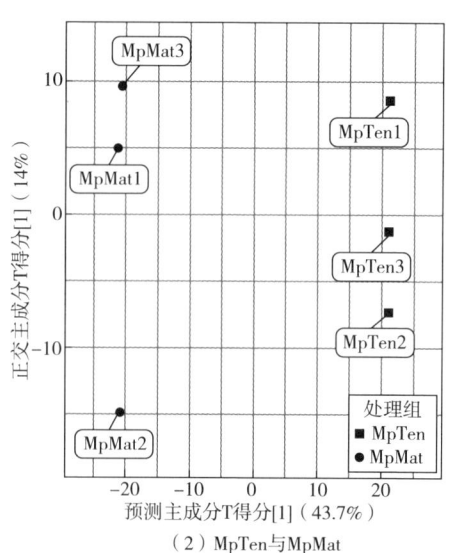
(2) MpTen与MpMat

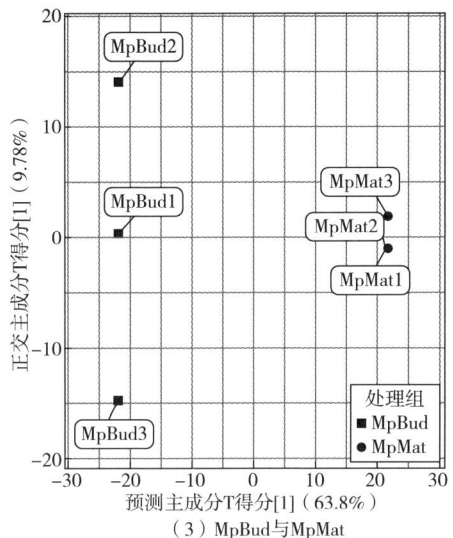

(3)MpBud与MpMat

图 4-12　OPLS-DA 得分图

拓展阅读

英文示例 4.5

三、OPLS-DA 验证图

OPLS-DA 模型验证,即对数据进行 200 次随机排列组合实验,然后参考预测参数 R^2X、R^2Y 和 Q^2,绘制 OPLS-DA 的置换检验图(OPLS-DA Permutation,OP),对随机分组模型和 OPLS-DA 模型进行评价。

（一）定义

OPLS-DA 验证图,即通过 Permutation 检测(置换检验),分析 OPLS-DA 模型的准确率,绘制 OPLS-DA 验证图,进一步展示随机分组模型的预测能力或其对 Y 矩阵的解释率是否优于本 OPLS-DA 模型。

（二）组成、含义与写作方式

1. 组成

OPLS-DA 验证图(OP)箭头表示本 OPLS-DA 模型准确率所在的位置,横坐标表示模型准确率,纵坐标是模型分类效果出现的频数。

2. 含义

OPLS-DA 验证图展示了 200 次随机排列组合中 Perm Q^2、Perm R^2Y 分类效果出现的频数。

注:若 Q^2 的 $P=0.02$,说明在此次 Permutation 检测中共有 4 个随机分组模型的预测能力优于本 OPLS-DA 模型,若 R^2Y 的 $P=0.545$,说明在此次 Permutation 检测中共有 109 个随机分组模型其对 Y 矩阵的解释率优于本 OPLS-DA 模型。一般情况下,$P<0.05$ 时模型最佳。

3. 写作方式

OPLS-DA 分析是一种具有监督模式识别的多元统计分析方法,能够有效的剔除与研究无关的影响从而筛选差异代谢物。利用 OPLS-DA 对 A、B、C、D 组进行成对的分析绘制得分图,在这个模型中,R^2X 和 R^2Y 分别表示所建模型对 X 和 Y 矩阵的解释率,Q^2 表示模型的预测能力,所有比较组的 Q^2 都高于 x(根据实际的模型进行书写),表明所构建的模型是合适的。OPLS-DA 得分图表明,不同的比较组中都发生明显的分离。

(三)解读

由 OPLS-DA 验证图(图 4-13)可知,样本间两两比较的 OPLS-DA 模型的 Q^2 分别为 0.969、0.922、0.979,均大于 0.9,即所建立的模型为预测能力很强的出色模型。在 MpBud 与 MpTen[图 4-13(1)]、MpTen 与 MpMat[图 4-13(2)]、MpBud 与 MpMat[图 4-13(3)]对比组中 R^2Y 和 Q^2 的 P 值均小于 0.005,说明这三个模型组都建立得很好,而且在 200 次置换检验中没有出现比 OPLS-DA 更好的模型(0/200)。R^2Y 均为 1,说明模型最佳。

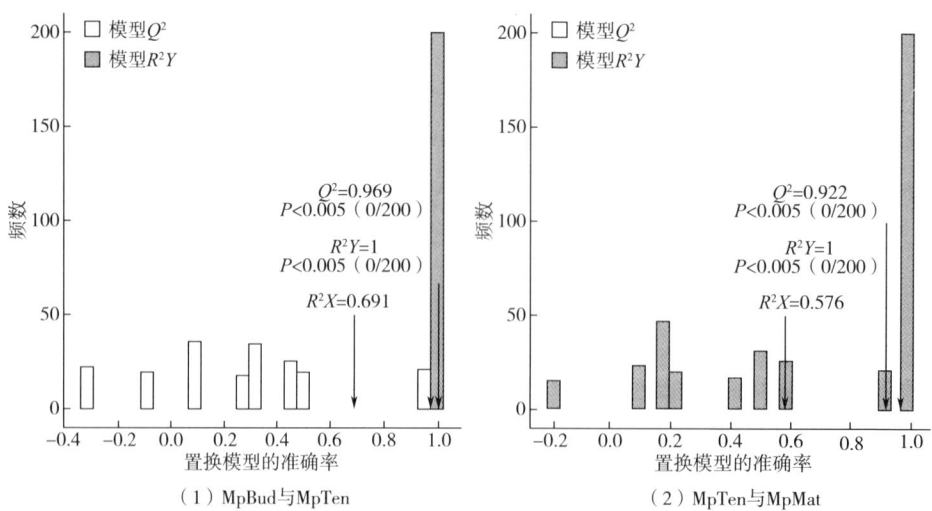

(1) MpBud 与 MpTen

(2) MpTen 与 MpMat

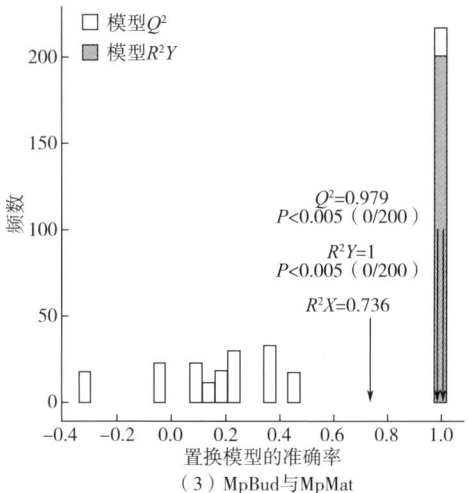

(3) MpBud与MpMat

图 4-13　OPLS-DA 验证图

四、OPLS-DA S-plot

(一)定义

OPLS-DA S-plot,即根据主成分与代谢物的协方差和相关系数,绘制 OPLS-DA 的 S-plot 图。

(二)组成与含义

1. 组成

OPLS-DA S-plot 红色的点表明代谢物的 VIP 值大于等于 1,绿色的点表示代谢物的 VIP 值小于 1;横坐标表示主成分与代谢物的协方差,纵坐标表示主成分与代谢物的相关系数。

2. 含义

该图可帮助挑选出与主成分及 Y 变量相关性强的代谢物。

注:越靠近右上角和左下角的代谢物差异越显著。

(三)解读

由 OPLS-DA S-plot 图(图 4-14)可知,MpBud 与 MpTen[图 4-14(1)]有 496 种代谢物 VIP>1,MpTen 与 MpMat[图 4-14(2)]有 425 种代谢物 VIP>1,MpBud 与 MpMat[图 4-14(3)]有 538 种代谢物 VIP>1。

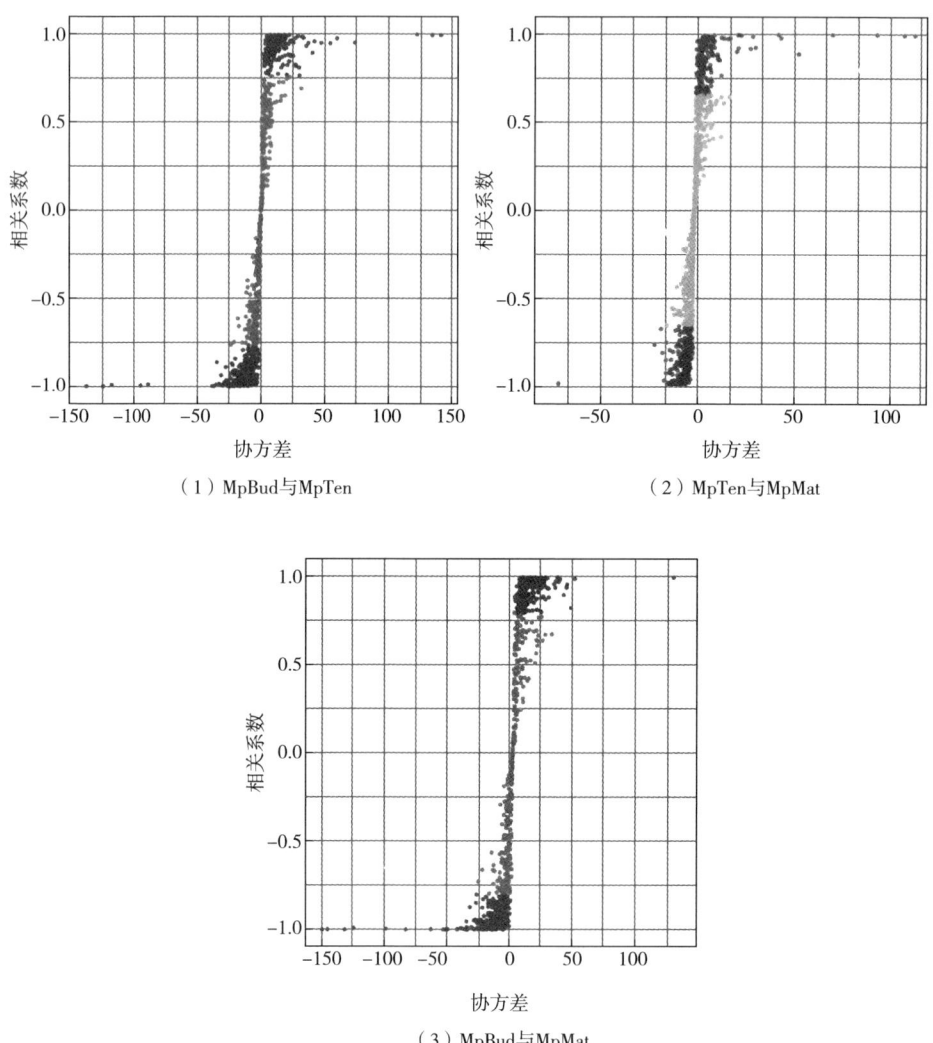

图 4-14 OPLS-DA S-plot

第四节 代谢物含量差异动态分布

为了更清楚、直观地展示总体代谢差异情况,对比较组中代谢物进行差异倍数(fold change,FC)值计算,计算之后根据 FC 值大小进行从小到大排列,绘制代谢物含量差异动态分布图,对上调和下调前 10 个代谢物进行标注。

一、定义

代谢物含量差异动态分布图（Top Fc Distribution Index,TI），即根据代谢物的差异倍数从小到大排列的累计物质数目及差异倍数以 2 为底的对数值，挑选上调和下调前 10 个代谢物进行代谢物含量差异动态分布图的绘制，进一步展示各个分组质检的代谢物含量差异。

二、组成与含义

（一）组成

代谢物含量差异动态分布图的横坐标代表按差异倍数从小到大排列的累计物质数目，纵坐标代表差异倍数以 2 为底的对数值；每一个点代表一个物质，绿色的点代表下调排名前 10 的物质，红色的点代表上调排名前 10 的物质。

（二）含义

该分析展示了各个分组质检的代谢物含量差异。

三、解读

由代谢物含量差异动态分布图（图 4-15）可知，MpBud 与 MpTen 下调排名前 10 的物质为：4-O-甲基没食子酸、水杨醇；邻羟基苄醇、3α-二氢卡丹宾碱、木犀草素-7-O-槐糖苷-5-O-阿拉伯糖苷、槲皮素-3-O-(2'''-O-对香豆酰)槐糖苷-7-O-葡萄糖苷、顺式-4-羟基-D-脯氨酸、1β,2α,3α,19α-四羟基乌苏-12-烯-28-酸、熊果醛、4-羟基苯乙酮、槲皮素-3-O-(6''-O-乙酰)葡萄糖苷，上调排名前 10 的物质为：芹菜素-6-C-葡萄糖苷（异牡荆素）、牡荆素-2''-O-半乳糖苷、茵陈色原酮、2-[2-(4-甲氧基)苯乙基]色酮、槲皮素-7-O-芸香糖苷-4'-O-葡萄糖苷、咖啡碱、山奈酚-3-O-芸香糖苷-7-O-葡萄糖苷、L-精氨酸、芹菜素-6,8-二-C-葡萄糖苷（新西兰牡荆苷Ⅱ）、S-磺基-L-半胱氨酸。

MpTen 与 MpMat、MpBud 与 MpMat 的分析同上。

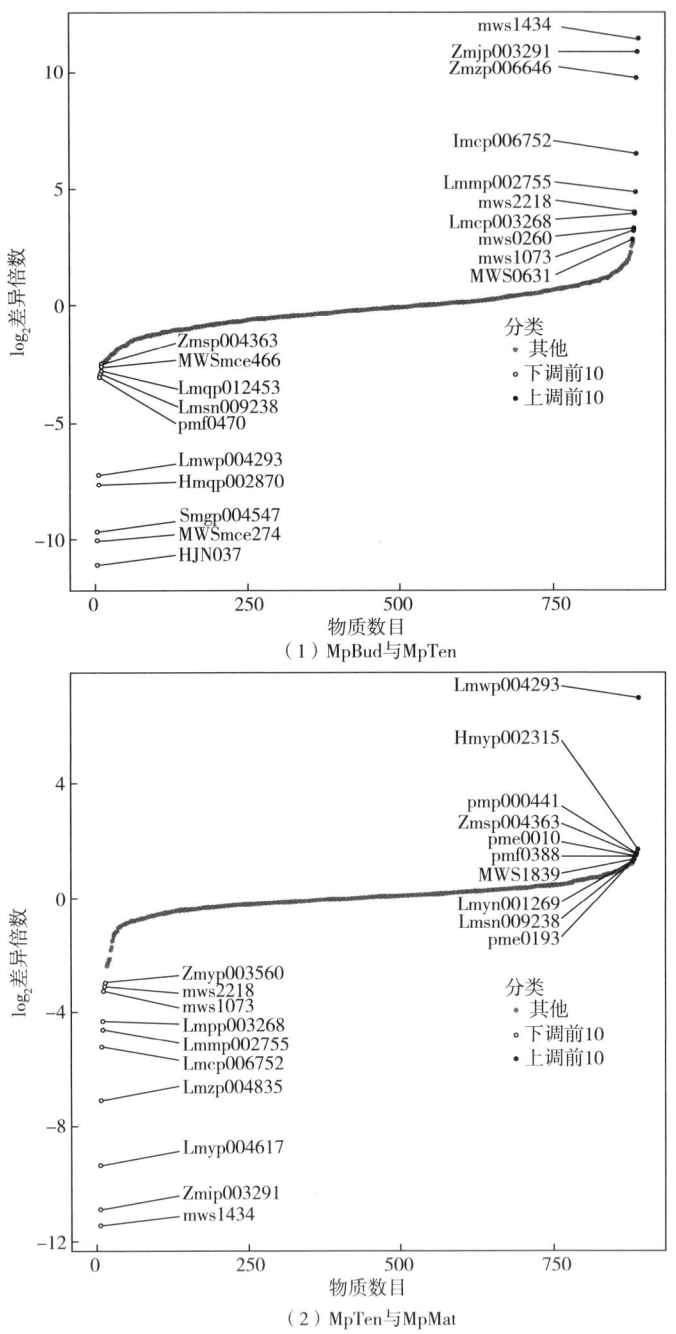

（1）MpBud与MpTen

（2）MpTen与MpMat

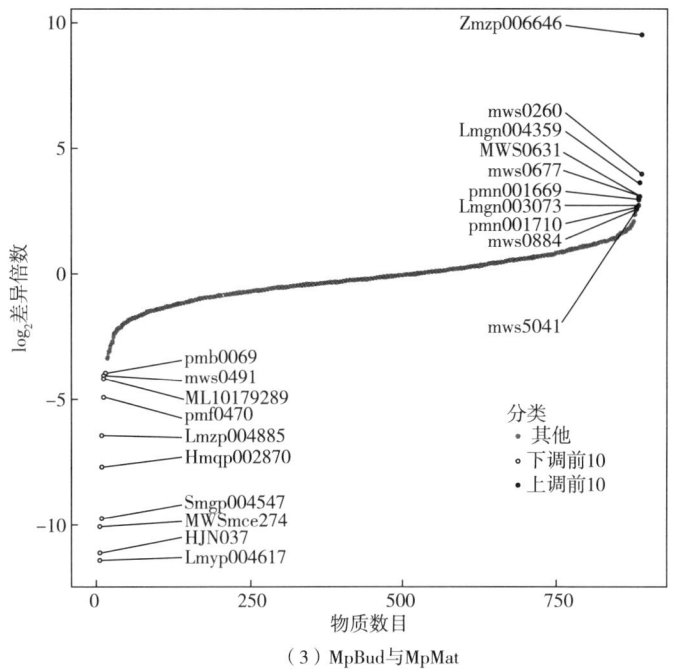

（3）MpBud与MpMat

图 4-15　代谢物含量差异动态分布图

第五节　差异代谢物筛选

　　差异代谢物的筛选需要结合单变量统计分析和多元统计分析的方法,并根据数据特性从多角度分析,最终准确地挖掘差异代谢物。单变量统计分析方法包括参数检验和非参数检验,多元统计分析方法包括主成分分析、偏最小二乘法判别分析等。基于 OPLS-DA 结果,从获得的多变量分析 OPLS-DA 模型的变量重要性投影(variable importance in projection,VIP),可以初步筛选出不同品种或组织间差异的代谢物;同时可以结合单变量分析的 P-value 或者差异倍数值来进一步筛选出差异代谢物。

　　注:若无生物学重复样本比较,根据差异倍数值进行差异筛选。若有生物学重复,则采取将差异倍数、OPLS-DA 模型的 VIP 值相结合的方法来筛选差异代谢物。

　　筛选标准:(1)选取 Fold Change≥2 和 Fold Change≤0.5 的代谢物。代谢物在对照组和实验组中差异为 2 倍以上或 0.5 以下,则认为差异显著。

　　(2)选取 VIP≥1 的代谢物。VIP 值表示对应代谢物的组间差异在模型中各组样本分类判别中的影响强度,一般认为 VIP ≥ 1 的代谢物则为差异显著。

一、差异代谢物筛选结果

(一)定义

差异代谢物筛选表格,即结合单变量统计分析和多元统计分析的方法,并根据数据特性从多角度分析,最终准确地挖掘差异代谢物所得到的表格。

(二)组成、含义与写作方式

1. 组成

常见差异代谢物筛选结果表有 22 列,依次为 Index(迈维 ID)、Formula(物质分子式)、Compounds(物质英文名称)、物质(物质中文名称)、Class Ⅰ(物质英文一级类别)、物质一级分类(物质中文一级类别)、Class Ⅱ(物质英文二级类别)、物质二级分类(物质中文二级类别)、CAS(物质 CAS 号)、Level(物质鉴定级别)、VIP(变量重要性投影)、P-value(显著性检验 P 值)、FDR(多重假设检验验证后的错误发现率)、Fold_Change(差异倍数)、$\log_2 FC$(差异倍数以 2 为底取对数)、Type(代谢物上下调类型)。其中 Compounds(物质英文名称)、物质(物质中文名称)、Class Ⅰ(物质英文一级类别)、物质一级分类(物质中文一级类别)常用于制作差异代谢物分类的饼图或统计图。

注:Level(物质鉴定级别)中,1 为样本物质二级质谱、RT 与数据库物质匹配得分为 0.7 分以上;2 为样本物质二级质谱、RT 与数据库物质匹配得分为 0.5~0.7 分;3 为样本物质 Q1、Q3、RT、DP、CE 与数据库物质核对一致。

2. 含义

该表可展示差异代谢物的类型和物质分类信息等。

3. 写作方式

差异代谢物的筛选标准为(|Fold Change|>2,VIP>1),每个差异分组,分别有差异代谢物 a、b、c。其中,A 差异分组上调差异代谢物为 b,下调差异代谢物为 c。这些差异代谢物共有 x 个。

(三)解读

由差异代谢物筛选结果表(表 4-3)可知,在 MpBud 与 MpTen 共筛选出 202 种差异代谢物,其中 74 种差异代谢物呈上调,128 种差异代谢物呈下调。MpTen 与 MpMat 共筛选出 54 种差异代谢物,其中 27 种差异代谢物呈上调,27 种差异代谢物呈下调。MpBud 与 MpMat 共筛选出 254 个差异代谢物,其中 107 种差异代谢物呈上调,147 种差异代谢物呈下调。

表4-3　　　　　　　　　MpBud与MpTen差异代谢物筛选结果

Index	物质	物质一级分类	物质二级分类	……	MpBud	MpTen	VIP	$\log_2 FC$
					9±0	25010±12380	1	11
				……				
					19490±5382	9±0	1	-11

注：此表省略了列Formula、Compounds、Class Ⅰ、Class Ⅱ、CAS、Level、p_value、Fold Change等。

拓展阅读

英文示例4.6

二、差异代谢物条形图

（一）定义

差异代谢物条形图(Top Fc Bar Chart Index)，即在对所检测到的代谢物进行定性和定量分析后，结合具体样品的分组情况，对各分组中代谢物定量信息发生的差异倍数变化进行比较，最后将各分组比较中差异倍数$\log_2$处理后，选取变化排在前面的差异表达代谢物结果，以柱状图的形式进行可视化展示。

（二）组成与含义

1. 组成

差异代谢物条形图红条形代表上调差异代谢物，绿色代表下调差异代谢物；横坐标为差异代谢物的$\log_2 FC$，纵坐标为差异代谢物。

2. 含义

该图可展示各分组中代谢物定量信息发生的差异倍数变化。

（三）解读

由差异代谢物条形图（图4-16）可知，在MpBud与MpTen中芹菜素-6-C-葡萄糖苷（异牡荆素）是显著的上调差异代谢物，$\log_2 FC$为11.44，说明在芽头中的含量较嫩叶低、4-O-甲基没食子酸是显著的下调差异代谢物，$\log_2 FC$为-11.08，说明在芽头中的含量较嫩叶高。

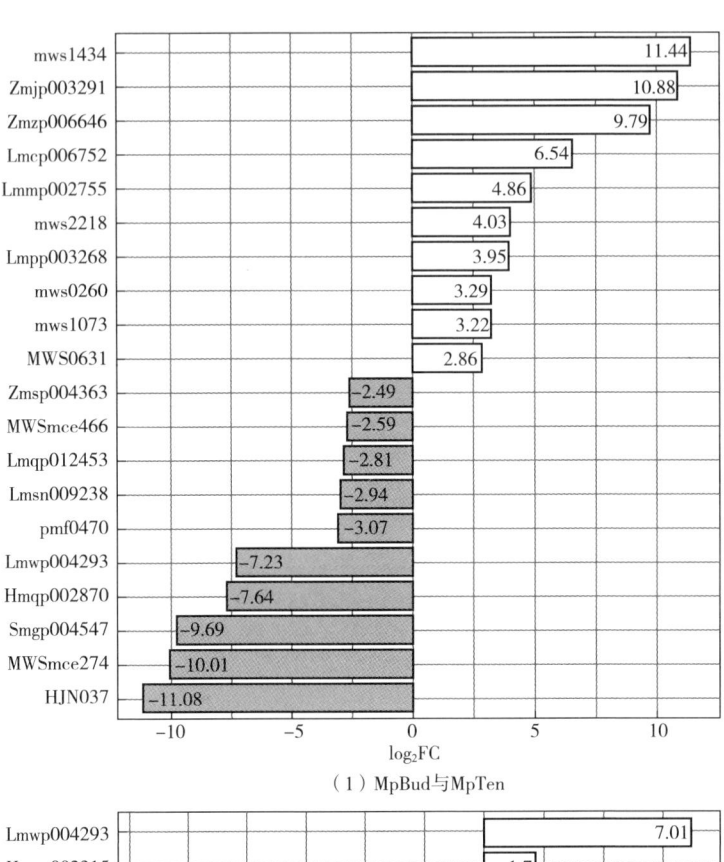

（1）MpBud与MpTen

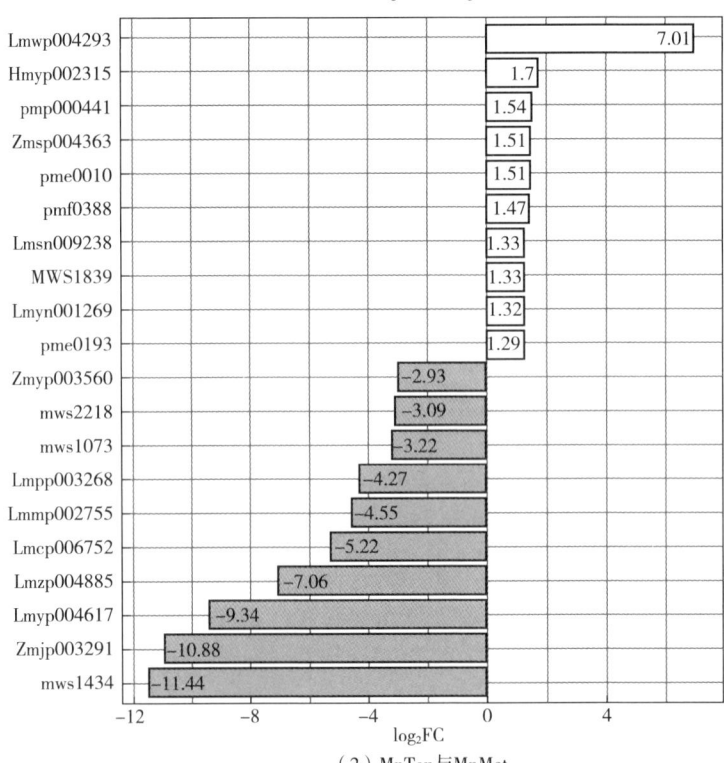

（2）MpTen与MpMat

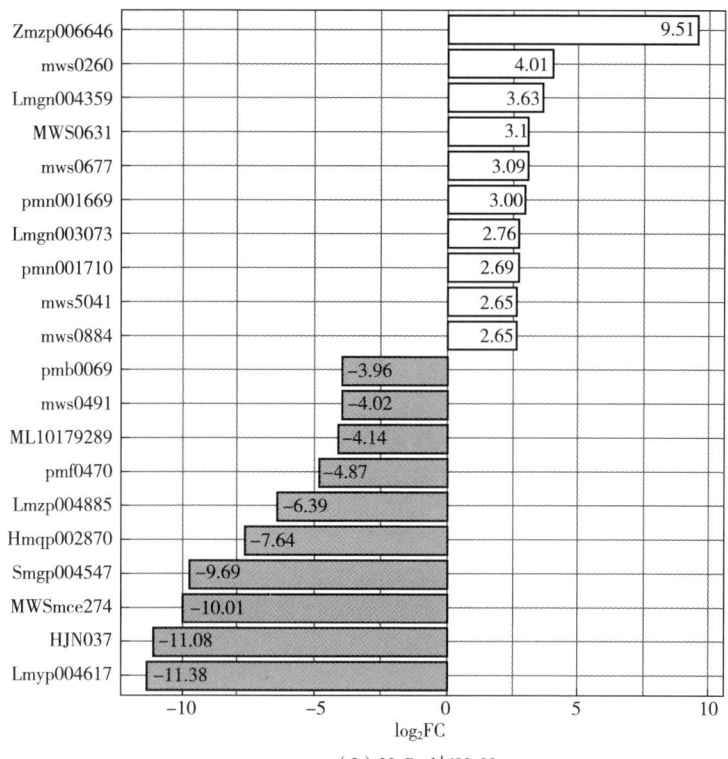

（3）MpBud与MpMat

HJN037—4-O-甲基没食子酸；Hmqp002870—木犀草素-7-O-槐糖苷-5-O-阿拉伯糖苷；Hmyp002315—3,5,7,4′-四羟基香豆色原酮；Lmcp006752—2-[2-(4-甲氧基)苯乙基]色酮；Lmgn003073—5-O-阿魏酰奎尼酸；Lmgn004359—芥子酰咖啡酰奎宁酸葡萄糖；Lmmp002755—槲皮素-7-O-芸香糖苷-4′-O-葡萄糖苷；Lmpp003268—山柰酚-3-O-芸香糖苷-7-O-葡萄糖苷；Lmqp012453—熊果醛；Lmsn009238—1β,2α,3α,19α-四羟基乌苏-12-烯-28-酸；Lmwp004293—槲皮素-3-O-(2‴-O-对香豆酰)槐糖苷-7-O-葡萄糖苷；Lmyn001269—山柰酚-3-O-槐糖苷（槐属黄酮苷）；Lmyp004617—乔松素-7-O-葡萄糖苷（乔松苷）；Lmzp004885—苜蓿素（麦黄酮）；ML10179289—2-苯乙醇；mws0260—L-精氨酸；mws0491—2-苯乙胺；MWS0631—S-磺基-L-半胱氨酸；mws0677—N-乙酰-5-羟基色胺；mws0884—环-3′,5′-腺嘌呤核苷酸；mws1073—芹菜素-6,8-二-C-葡萄糖苷（新西兰牡荆苷Ⅱ）；mws1434—芹菜素-6-C-葡萄糖苷（异牡荆素）；MWS1839—4-羟基苯甲酸乙酯；mws2218—咖啡碱；mws5041—L-甘氨酰-L-异亮氨酸*；MWSmce274—水杨醇；邻羟基苄醇；MWSmce466—4-羟基苯乙酮；pmb0069—苯甲酰胺；pme0010—L-丝氨酸；pme0193—L-谷氨酰胺；pmf0388—去氢催吐萝芙木醇；pmf0470—顺式-4-羟基-D-脯氨酸；pmn001669—芥子酸甲酯；pmn001710—迷迭香苷-3′-O-葡萄糖苷；pmp000441—11-酮基-熊果酸；Smgp004547—3α-二氢卡丹宾碱；Zmjp003291—牡荆素-2″-O-半乳糖苷；Zmsp004363—槲皮素-3-O-(6″-O-乙酰)葡萄糖苷；Zmyp003560—玉叶金花苷酸甲酯；Zmzp006646—茵陈色原酮。

图4-16 差异代谢物条形图

在 MpTen 与 MpMat、MpBud 与 MpMat 中的分析同上。

综上所述,随着玉叶金花生长发育,在嫩叶中部分黄酮类代谢物含量增加。

拓展阅读

英文示例4.7

三、差异代谢物雷达图

(一)定义

雷达图(Top Fc Radar Chart Index,TFCI)即差异代谢物条形图的变形图,对不同分组代谢物定量结果计算差异,基于筛选标准鉴定得到的差异代谢物,挑选差异变化最大的前10个代谢物进行雷达图的绘制。

(二)组成与含义

1. 组成

雷达图(TFCI)网格线对应 $\log_2 FC$,即差异代谢物的差异倍数以 2 为底取对数的值,绿色阴影由每个物质的 $\log_2 FC$ 连线组成。

2. 含义

该图可展示样本中差异代谢物表达情况。

(三)解读

由雷达图(图4-17)可知,MpBud 与 MpTen 上调差异代谢物有:茵陈色原酮(Zmzp006646)、牡荆素-2″-O-半乳糖苷(Zmjp003291)、芹菜素-6-C-葡萄糖苷(异牡荆素)(mws1434)、槲皮素-7-O-芸香糖苷-4′-O-葡萄糖苷(Lmmp002755)、2-[2-(4-甲氧基)苯乙基]色酮(Lmcp006752);下调差异代谢物有:3α-二氢卡丹宾碱(Smgp004547)、水杨醇和邻羟基苄醇(MWSmce274)、槲皮素-3-O-(2‴-O-对香豆酰)槐糖苷-7-O-葡萄糖苷(Lmwp004293)、木犀草素-7-O-槐糖苷-5-O-阿拉伯糖苷(Hmqp002870)、4-O-甲基没食子酸(HJN037)。

MpTen 与 MpMat,MpBud 与 MpMat 的分析同上。

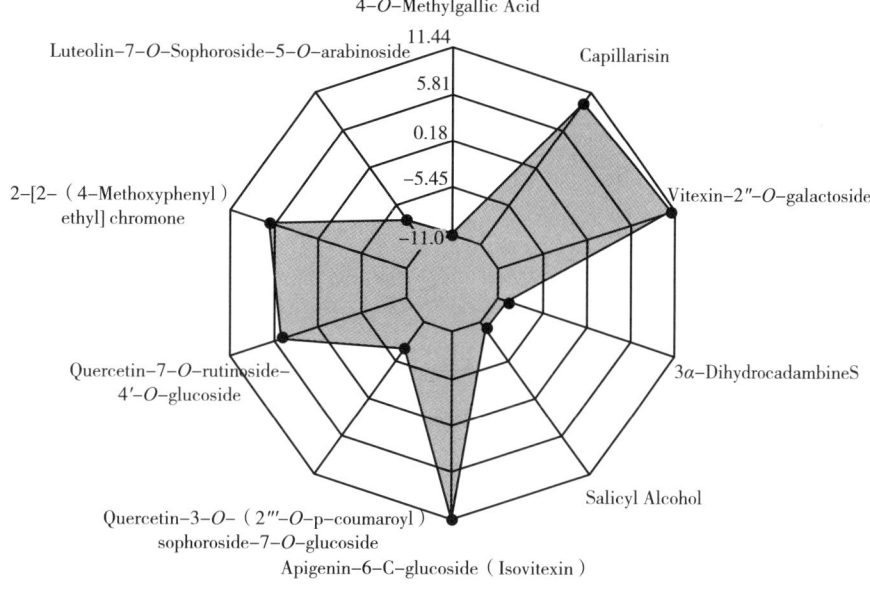

（1）MpBud与MpTen

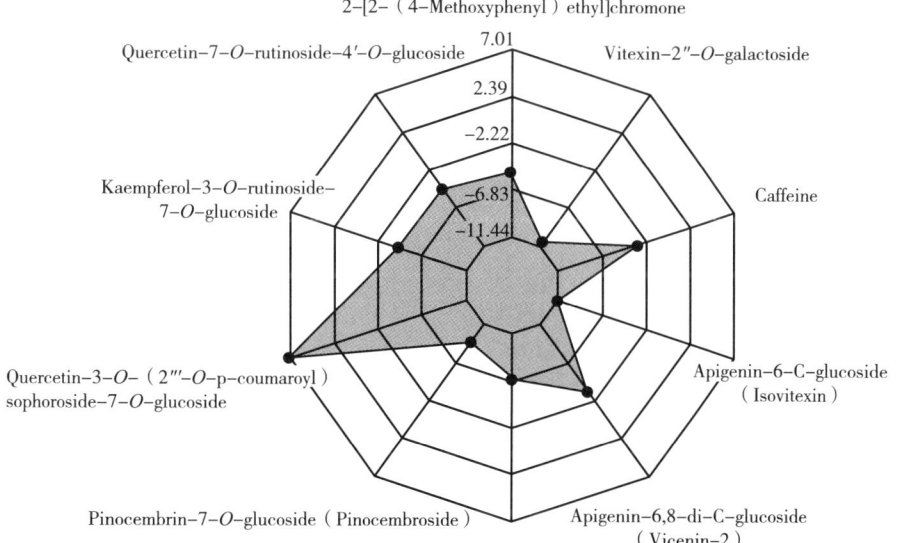

（2）MpTen与MpMat

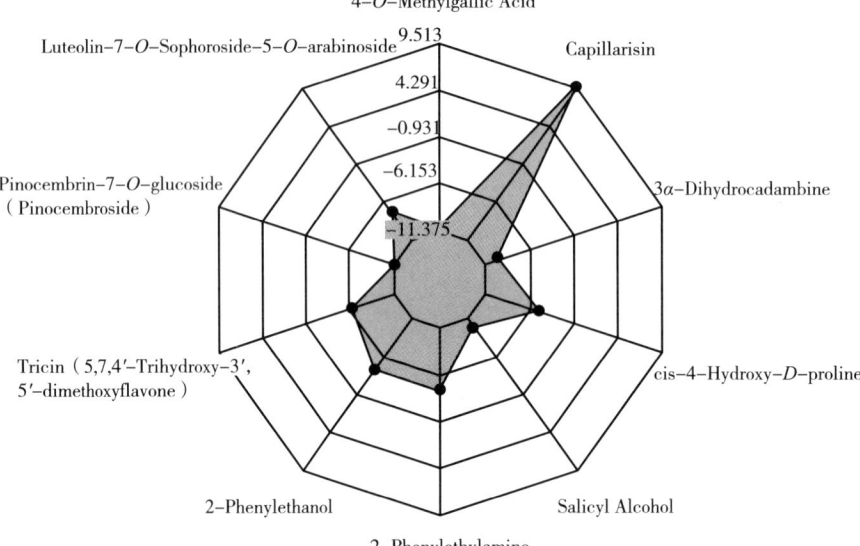

（3）MpBud与MpMat

11-Keto-ursolic acid—11-酮基-熊果酸；1β,2α,3α,19α-Tetrahydroxyurs-12-en-28-oic acid—1β,2α,3α,19α-四羟基乌苏-12-烯-28-酸；2-[2-(4-Methoxyphenyl)ethyl]chromone—2-[2-(4-甲氧基)苯乙基]色酮；2-Phenylethanol—2-苯乙醇；2-Phenylethylamine—2-苯乙胺；3,5,7,4′-Tetrahydroxy-Coumaronochromone—3,5,7,4′-四羟基香豆色原酮；3α-Dihydrocadambine—3α-二氢卡丹宾碱；4-Hydroxyacetophenone—4-羟基苯乙酮；4-O-Methylgallic Acid—4-O-甲基没食子酸；5-O-Feruloylquinic acid—5-O-阿魏酰奎尼酸；Apigenin-6,8-di-C-glucoside（Vicenin-2）—芹菜素-6,8-二-C-葡萄糖苷（新西兰牡荆苷Ⅱ）；Apigenin-6-C-glucoside（Isovitexin）—芹菜素-6-C-葡萄糖苷（异牡荆素）；Benzamide—苯甲酰胺；Caffeine—咖啡碱；Capillarisin—茵陈色原酮；cis-4-Hydroxy-D-proline—顺式-4-羟基-D-脯氨酸；Cyclic 3′,5′-Adenylic acid—环-3′,5′-腺嘌呤核苷酸；Dehydrovomifoliol—去氢催吐萝芙木醇；Ethylparaben—4-羟基苯甲酸乙酯；Kaempferol-3-O-rutinoside-7-O-glucoside—山奈酚-3-O-芸香糖苷-7-O-葡萄糖苷；Kaempferol-3-O-sophoroside—山奈酚-3-O-槐糖苷（槐属黄酮苷）；L-Arginine—L-精氨酸；L-Glutamine—L-谷氨酰胺；L-Glycyl-L-isoleucine*—L-甘氨酰-L-异亮氨酸*；L-Serine—L-丝氨酸；Luteolin-7-O-Sophoroside-5-O-arabinoside—木犀草素-7-O-槐糖苷-5-O-阿拉伯糖苷；Methyl sinapate—芥子酸甲酯；Mussaenoside—玉叶金花苷酸甲酯；N-Acetyl-5-hydroxytryptamine—N-乙酰-5-羟基色胺；Pinocembrin-7-O-glucoside（Pinocembroside）—乔松素-7-O-葡萄糖苷（乔松苷）；Quercetin-3-O-(2‴-O-p-coumaroyl)sophoroside-7-O-glucoside—槲皮素-3-O-(2‴-O-对香豆酰)槐糖苷-7-O-葡萄糖苷；Quercetin-3-O-(6″-O-acetyl)glucoside—槲皮素-3-O-(6″-O-乙酰)葡萄糖苷；Quercetin-7-O-rutinoside-4′-O-glucoside—槲皮素-7-O-芸香糖苷-4′-O-葡萄糖苷；Rosmarinic acid-3′-O-glucoside—迷迭香酸-3′-O-葡萄糖苷；Salicyl Alcohol—水杨醇；邻羟基苄醇；SinapoylcaffeoylQuinic acid O-glucose—芥子酰咖啡酰奎宁酸葡萄糖；S-Sulfo-L-Cysteine—S-磺基-L-半胱氨酸；Tricin（5,7,4′-Trihydroxy-3′,5′-dimethoxyflavone）—苜蓿素（麦黄酮）；Ursolaldehyde—熊果醛；Vitexin-2″-O-galactoside—牡荆素-2″-O-半乳糖苷。

图4-17 差异代谢物条形图

四、差异代谢物 VIP 值图

(一) 定义

VIP 值图(VIP score Index,VSI),即对各分组比较中基于筛选标准鉴定得到的差异代谢物,选择在 OPLS-DA 模型中 VIP 值最大的前 20 个代谢物以散点图形式进行可视化展示。

(二) 组成与含义

1. 组成

VIP 值图红色代表上调差异代谢物,绿色代表下调差异代谢物;横坐标表示 VIP 值,纵坐标表示差异代谢物。

2. 含义

该图可展示样本中差异代谢物表达情况。

(三) 解读

由 VIP 值图(图 4-18)可知,在 OPLS-DA 模型中 VIP 值最大的前 20 个代谢物中:MpBud 与 MpTen 组有 4 个物质呈上调,16 个物质呈下调。其中下调幅度最大的差异代谢物为 4-O-甲基没食子酸,即在芽头中含量相比于嫩叶较多、最显著的上调差异代谢物有陈色原酮(Zmzp006646)、4,8-二羟基喹啉-2-羧酸(Zmtn001464)、L-甘氨酰-L-异亮氨酸(mws5041、牡荆素-2″-O-半乳糖苷(Zmjp003291),尤其是黄酮类物质,即这些物质在芽头中含量相比于嫩叶较少。

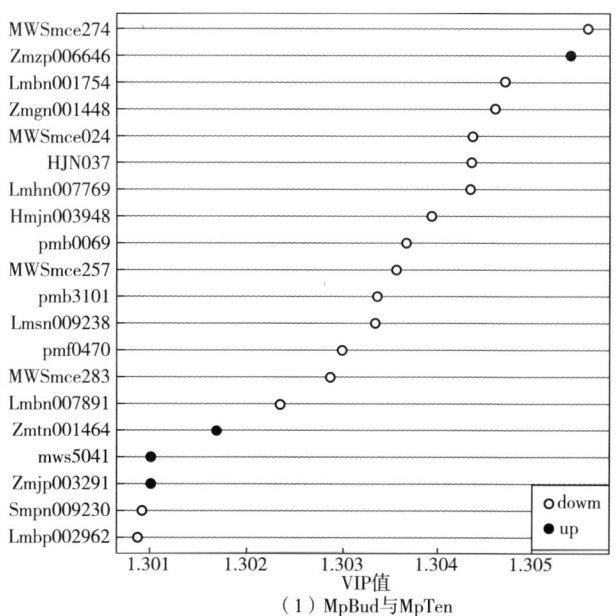

(1) MpBud与MpTen

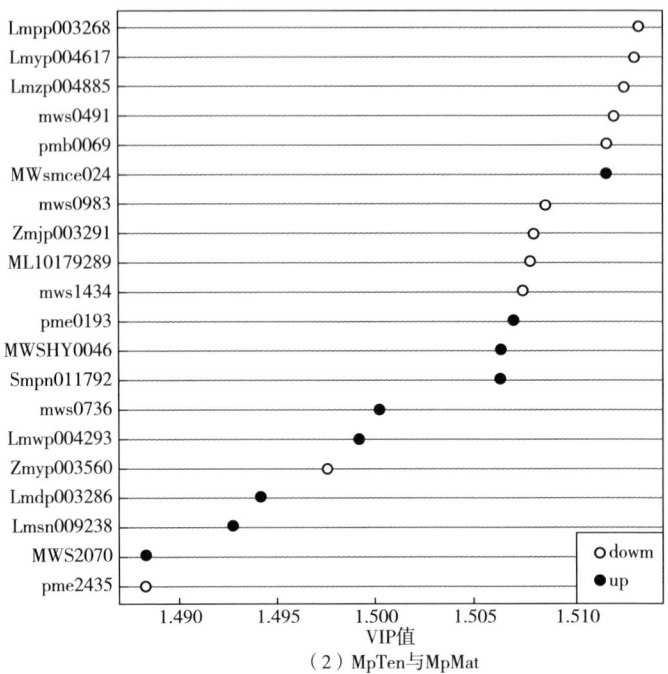

(2) MpTen 与 MpMat

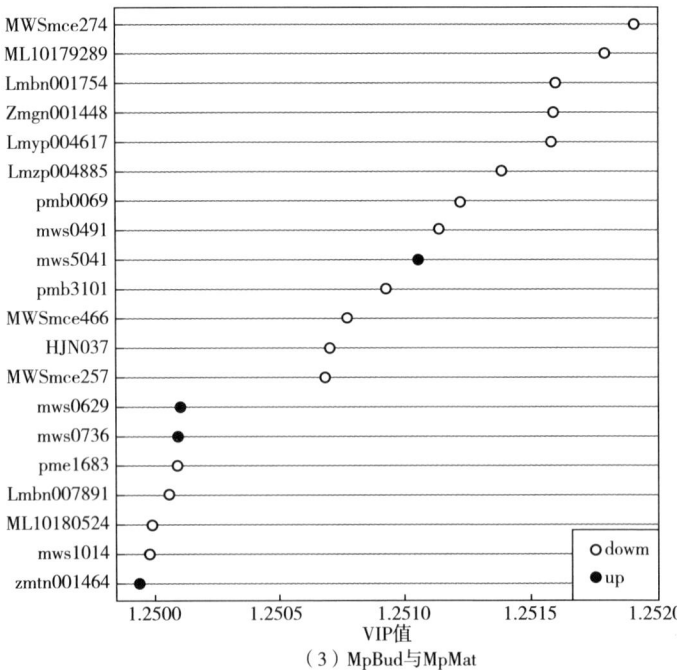

(3) MpBud 与 MpMat

图 4-18　差异代谢物 VIP 值图

MpTen 与 MpMat,MpBud 与 MpMat 的分析同上。

综上所述,从芽头(MpBud)到嫩叶(MpTen)阶段的差异代谢物含量差异较大,从嫩叶到成熟叶(MpMat)阶段的差异代谢物含量差异较小。初级代谢物的含量随着玉叶金花叶龄的增长而逐渐下降,即芽中最多。次级代谢物部分黄酮类,在嫩叶阶段富集最多。

五、差异代谢物火山图

(一)定义

火山图(Volcano Plot),即根据两组样品的差异倍数和差异显著性(校正后的 P 值)的整体分布情况绘制而成。

(二)组成、含义与写作方式

1. 组成

火山图纵坐标表示 VIP 值,横坐标表示某代谢物在两组样品中相对含量差异倍数的对数值($\log_2 FC$);圆点表示代谢物,其大小代表 VIP 值;红色的点代表上调差异代谢物,灰色的点代表检测到,但差异不显著的代谢物,绿色的点代表下调差异代谢物;右上角和左上角的点分别表示表达水平差异非常显著的上调基因和下调基因。

注:纵坐标值越大,表明差异越显著,筛选得到的差异表达代谢物越可靠;横坐标绝对值越大,说明该物质在两组样品间的相对含量差异越大。

2. 含义

该图主要用于展示两个(组)样品中的相对含量差异以及在统计学上差异的显著性。

3. 写作方式

进一步利用 Fold Change 和 VIP 来筛选差异代谢物,代谢物同时满足 FC>2、VIP>1 被认为是差异代谢物,结果表明在 A 与 B 组的对比中,一共有 a 种差异代谢物,其中有 b 种代谢物上调表达,有 c 种代谢物下调表达;在 C 组和 D 组的对比中,一共有 d 种差异代谢物,其中有 e 种代谢物上调表达,有 f 种代谢物下调表达。

(三)解读

由火山图(图 4-19)可知:MpBud 与 MpMat、MpBud 与 MpTen、MpTen 与 MpMat,要求 VIP>1,所以 VIP~$\log_2 FC$ 图中绿色点(图左侧深色点)和红色点(图右侧深色点)均在 1 以上;同时 $P<0.05$,所以 $-\lg P$~$\log_2 FC$ 图中红色点和绿色点均在 1.3 以上。

在 MpBud 与 MpTen 组的对比中，一共有 885 种差异代谢物，其中有 97 种代谢物上调表达，有 132 种代谢物下调表达；在 MpTen 与 MpMat、MpBud 与 MpMat 中的分析同上。

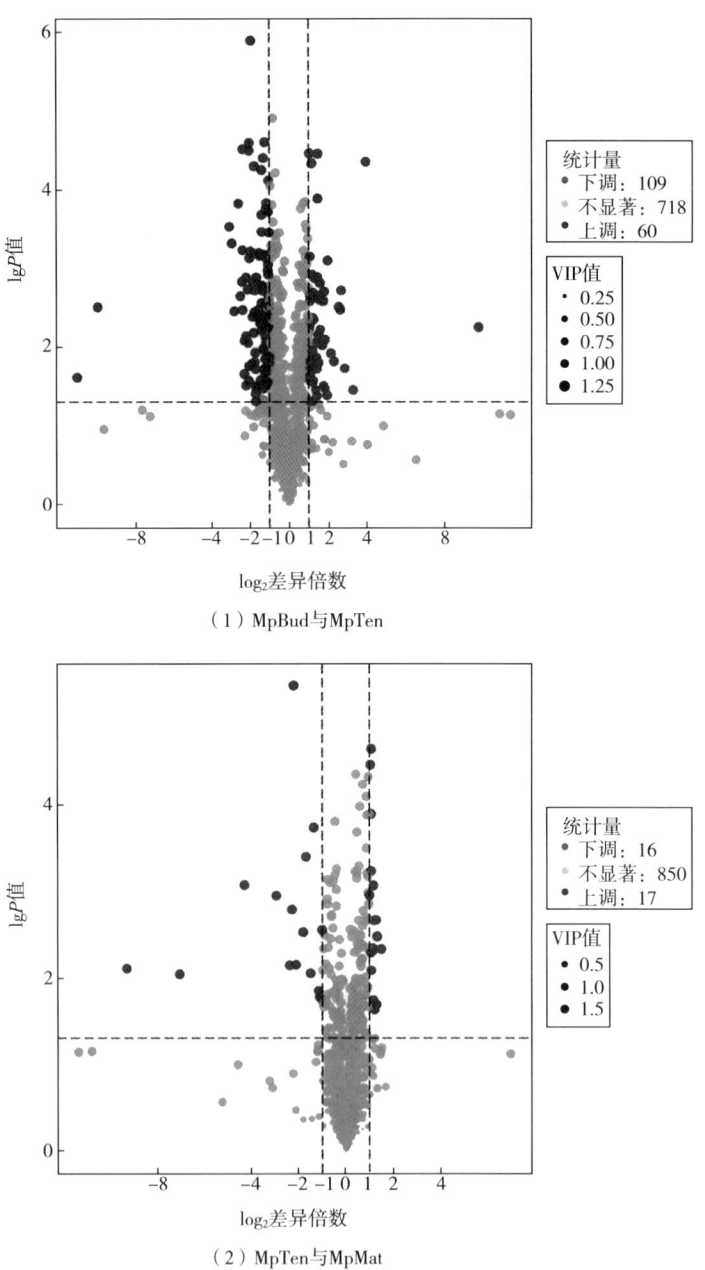

（1）MpBud与MpTen

（2）MpTen与MpMat

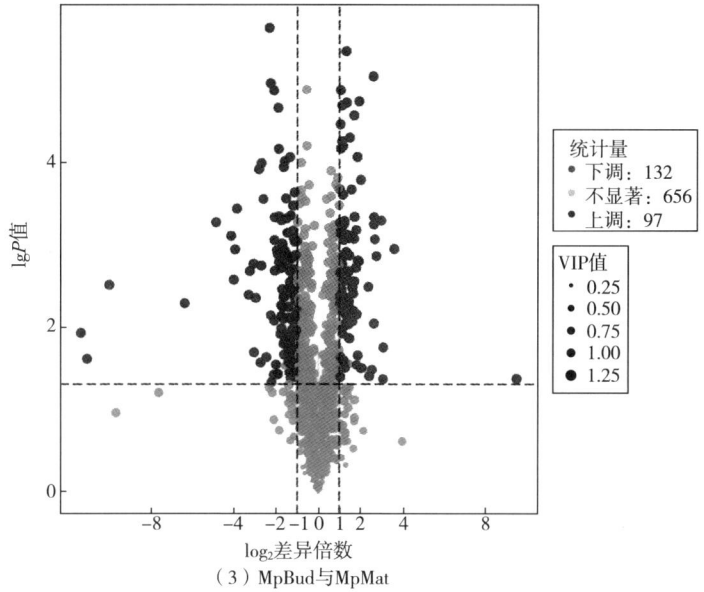

（3）MpBud与MpMat

图 4-19　差异代谢物火山图

拓展阅读

英文示例 4.8

六、差异代谢物聚类热图

(一)定义

差异代谢物聚类热图,即以颜色变化来显示数据的矩阵。

(二)组成、含义与写作方式

1. 组成

差异代谢物聚类热图纵坐标为差异代谢物,横坐标为样品名称,热图中不同颜色代表差异代谢物相对含量归一化处理后得到的数值,反映其相对含量的高低(绿色代表低含量,红色代表高含量),热图上方的注释条对应样品分组(group)、若对差异代谢物进行层次聚类(hierarchical clustering),则热图左侧的树状图代表差异代谢物聚类结果、若对差异代谢物进行分类,则热图左侧的注释条对应物质一级分类(class),不同颜色代表不同的物质类别。

注:为了方便观察代谢物相对含量的变化规律,本研究对应用筛选标准鉴定得到的差异代谢物的原始相对含量按行采用归一化处理(unit variance scaling,UV Scaling),通过 R 软件 Complex Heatmap 包绘制热图。

2. 含义

用途主要包括两大方面:

①呈现多样本或多代谢物表达量的聚类关系;

②直观展示重点研究对象的表达量及数据差异变化情况。

3. 写作方式

不同样品中(自己的样品:几个不同的品种、不同的处理等)代谢物的积累模式差异可以通过聚类热图进行分析(图)。聚类热图分析的结果表明,在不同组别中物质有明显的差异,一共分为了 x 簇(cluster),簇 1 中的代谢物在 A 组中最高,在 B 组中含量中等,在 C 组中含量最低;簇 2 中的代谢物在 B 组中最高,在 D 组中含量中等,在 E 组中含量最低。不同的生物学重复之间也同样聚成一簇,表明生物学重复之间良好同质性和数据的高可靠性。

在热图中,样品 a、b 中的代谢物表现出相似的积累趋势。这些代谢产物在 F、G 中积累显著。因此,我们对这些不同组织或品种活发育时期,处理时间进行了进一步的分析。

(三)解读

由差异代谢物聚类热图(图 4-20)可知:在 MpBud 与 MpTen 组中,芽头(Bud)酯类萜类含量高,氨基酸及其衍生物含量低、成熟叶(Ten)类黄酮类含量高,萜类含量低。

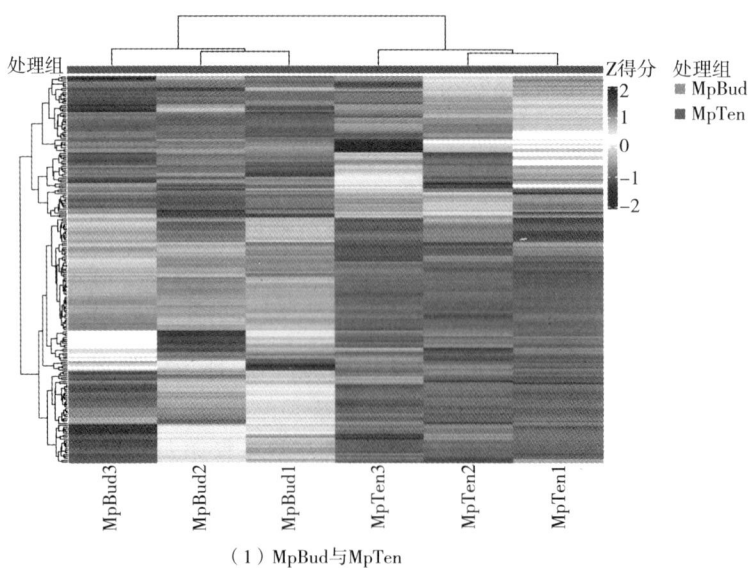

(1) MpBud 与 MpTen

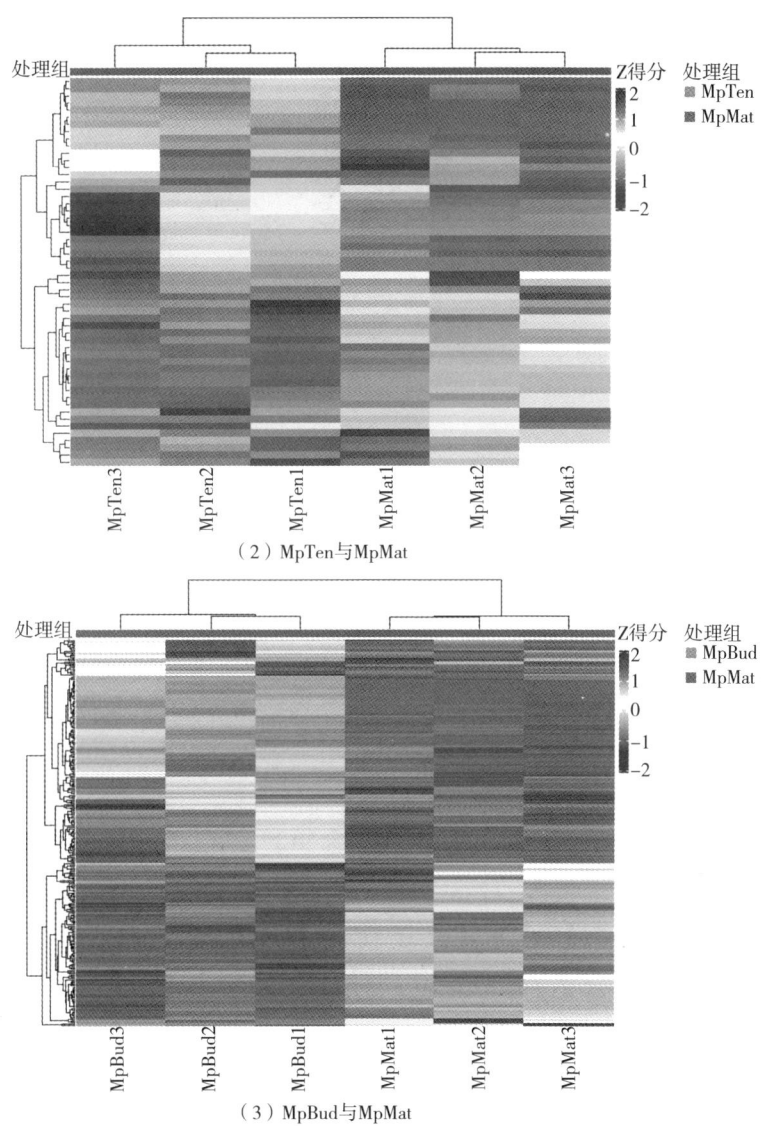

图 4-20 差异代谢物聚类热图

在 MpTen 与 MpMat 组、MpBud 与 MpMat 组的分析同上。

不同样品中代谢物的积累模式差异可以通过聚类热图进行分析。聚类热图分析结果表明,在不同组别中物质有明显的差异,一共分为了 2 簇,簇 1 中的代谢物在 MpBud 组中含量最高,在 MpMat 组中含量最低;簇 2 中的代谢物在 MpMat 组中含量最高,在 MpBud 组中含量最低。不同的生物学重复之间也同样聚成一簇,表明生物学重复之间良好的同质性和数据的高可靠性。

拓展阅读

英文示例 4.9

七、差异代谢物 Z 值图

(一)定义

Z 值(Z-score)图,即将所有标准化值以散点的方式标注在图中,让具有不同量级、量纲的变量的纵向比较成为可能,用以预览所有变量的标准化取值分布情况,对于分类数据而言,还能纵览变量对不同类别样本的区分能力。

(二)组成与含义

1. 组成

Z-score 图横坐标表示 Z 值,纵坐标表示差异代谢物,不同颜色的点表示不同组别的样本。

2. 含义

该图可展示差异代谢物在不同组间的分布情况。

(三)解读

由 MpBud 与 MpTen 的差异代谢物 Z 值图可知,Zmzp6646、Zmzp3560、Zmzp1464 等物质的组间差异很明显,由此得出 Z-score 值为[-1,1]时,大部分物质的组间差异明显(图 4-21)。

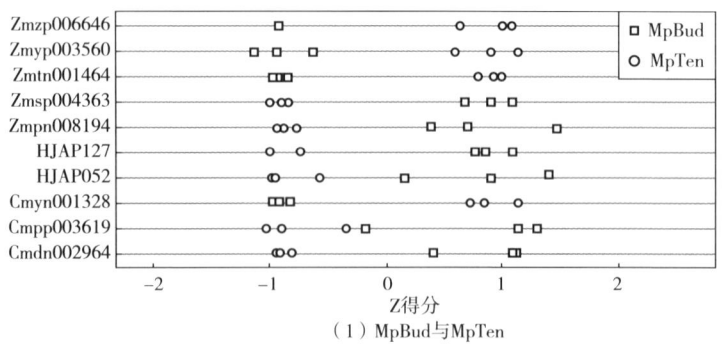

(1)MpBud 与 MpTen

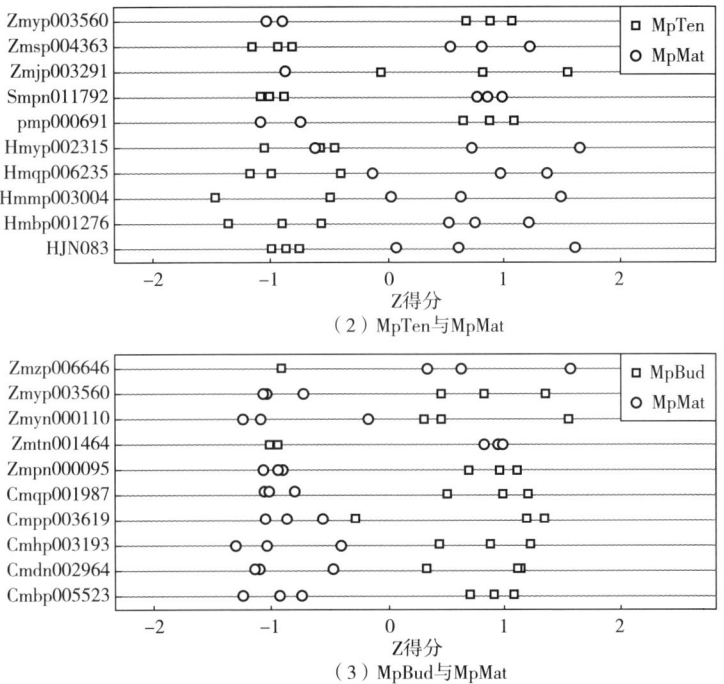

（2）MpTen与MpMat

（3）MpBud与MpMat

图4-21 差异代谢物Z值图（部分）

八、差异代谢物维恩图

(一)定义

维恩图(Veen Plot)，即用于显示元素集合重叠区域的图示。

(二)组成、含义与写作方式

1. 组成

维恩图中每个圈代表一个比较组，圈和圈没有重叠部分的数字代表比较组特有差异代谢物个数，重叠部分的数字代表比较组之间共有的差异代谢物个数。

2. 含义

该图可展示不同比较组合间差异基因的重叠情况。

3. 写作方式

通过维恩图来分析不同差异分组代谢物的交集和特有情况。其中，几个差异分组里共有的差异代谢物数量为a，每个差异分组特有的差异代谢物数量分别为b、c、d。

(三)解读

在所有组比较中,共有 317 种代谢物,每种组合中总共有 12 种代谢物显示出显著差异(图 4-22),芽头(MpBud)与嫩叶(MpTen)有 202(36+12+17+137)个差异代谢物,特有的代谢物质有 36 个;嫩叶与成熟叶(MpMat)有 44(17+12+15)个差异代谢物,特有的代谢物质有 10 个;芽头与成熟叶有 164(137+12+15)个差异代谢物,特有的代谢物质有 90 个。

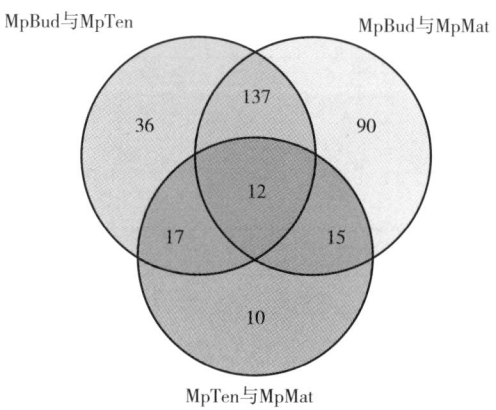

图 4-22 各组差异维恩图

拓展阅读

英文示例 4.10

九、K-Means 分析

(一)定义

K-Means 图(kmeans_cluster),即根据所有分组筛选得到全部差异代谢物的相对含量,绘制 K-Means 图。

(二)组成、含义与写作方式

1. 组成

K-Means 图横坐标表示样品名称,纵坐标表示标准化的代谢物相对含量;Sub

Class 代表相同变化趋势的代谢物类别编号,total:\(*\)代表该类别的代谢物的数目为\(*\)。

2. 含义

该图可展示代谢物在不同分组中的相对含量变化趋势。

3. 写作方式

数据分析方法如下:

①如果有表型参数,可以根据表型参数的变化趋势,筛选与表型参数变化趋势一致的,或者趋势相反的簇来重点关注。

②如果有重点关注的代谢物,可以重点关注这个代谢物所在簇中的所有代谢物。

③查看上述重点关注的簇中,代谢物在 KEGG 富集和 GO 注释中的情况,分析所关注的簇与研究目的是否相关。

注:基于代谢物含量在样本间的变化趋势进行分簇,有多少种变化趋势则分为多少个簇,簇的编号无特殊意义,只用于区分不同簇。

(三)解读

该分析共鉴定出共有 317 个差异代谢物,基于代谢物含量在样本间的变化趋势分为 12 个簇(图 4-23)。有 30 个差异代谢物先下降后上升(Sub Class 1、Sub Class 7),有 29 个差异代谢物随着植物的生长一直在下降(Sub Class 4)。

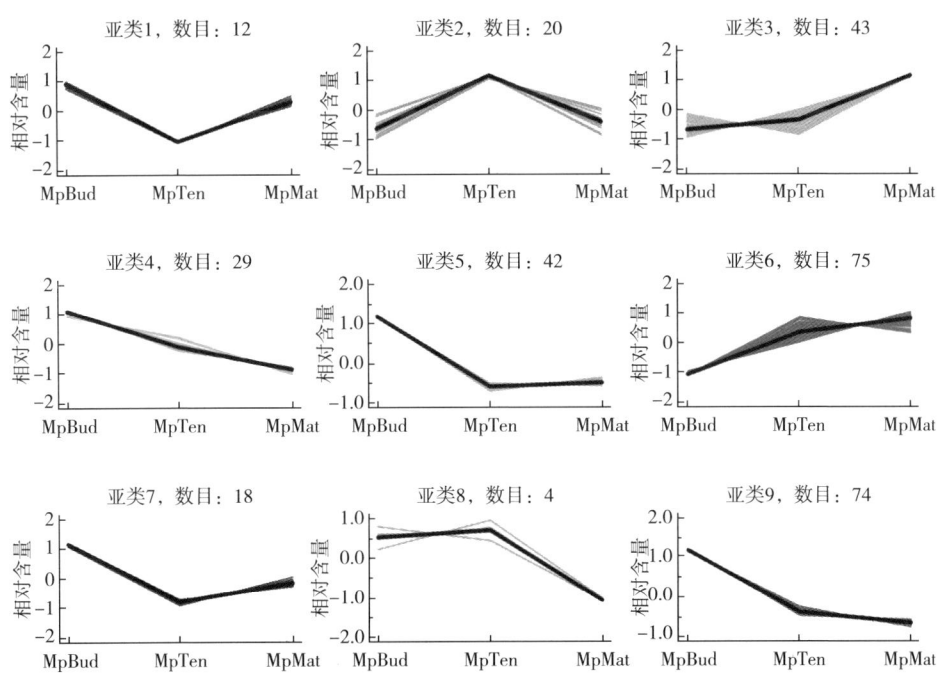

图 4-23　差异代谢物 K-Means 图

拓展阅读

英文示例 4.11

第六节　差异代谢物相关性分析

一、差异代谢物相关性热图

(一)定义

差异代谢物相关性热图(differential metabolite correlation heatmap, DMCH),即通过皮尔逊相关分析方法,按照筛选标准对差异代谢物进行相关性分析,绘制差异代谢物相关性热图。

(二)组成与含义

1. 组成

差异代谢物相关性热图不同颜色代表皮尔逊相关系数 r 的高低,绿色表示负相关性较强,红色表示正相关性较强,颜色越深代表样品间相关系数的绝对值越大;横向为差异代谢物名称,纵向为差异代谢物名称。

2. 含义

该图可展示生物状态变化过程中代谢物之间的相互调节关系,衡量显著性差异代谢物之间的代谢密切程度。

(三)解读

由差异代谢物相关性热图(图 4-24)可知,芽头和嫩叶(或成熟叶)的差异物质之间相关性非常高(非红即绿,图中显示为深灰色),嫩叶和成熟叶的某些物质之间相关性较低(显黄色,图中显示为浅灰色)。

二、差异代谢物和弦图

(一)定义

差异代谢物和弦图(differential metabolite chord diagram, DMC),即根据数据间相互关系,绘制差异代谢物和弦图。

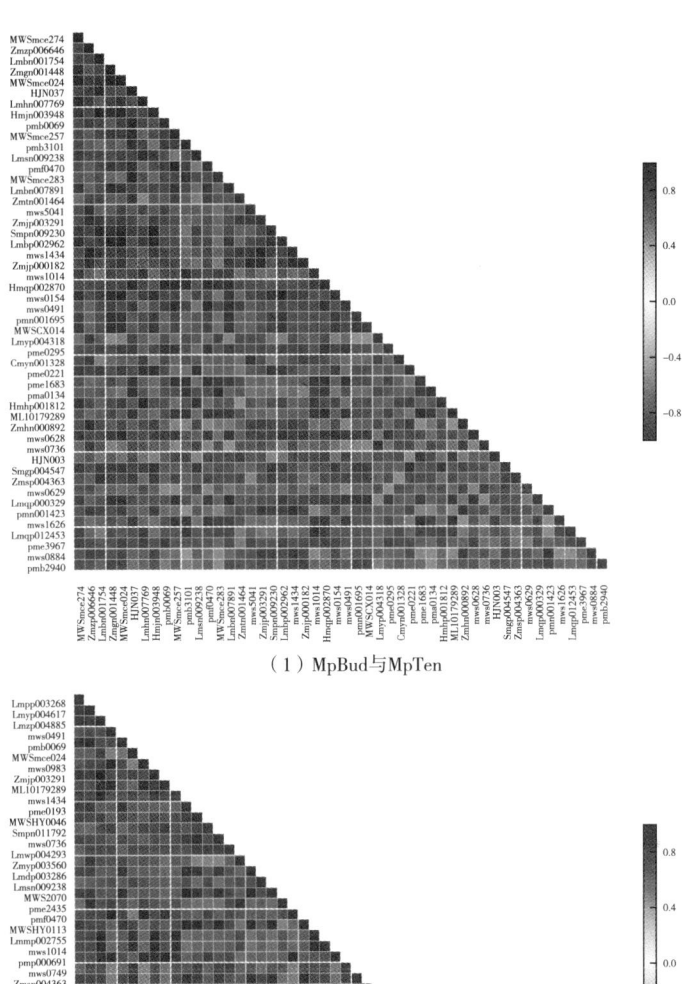

(1) MpBud与MpTen

(2) MpTen与MpMat

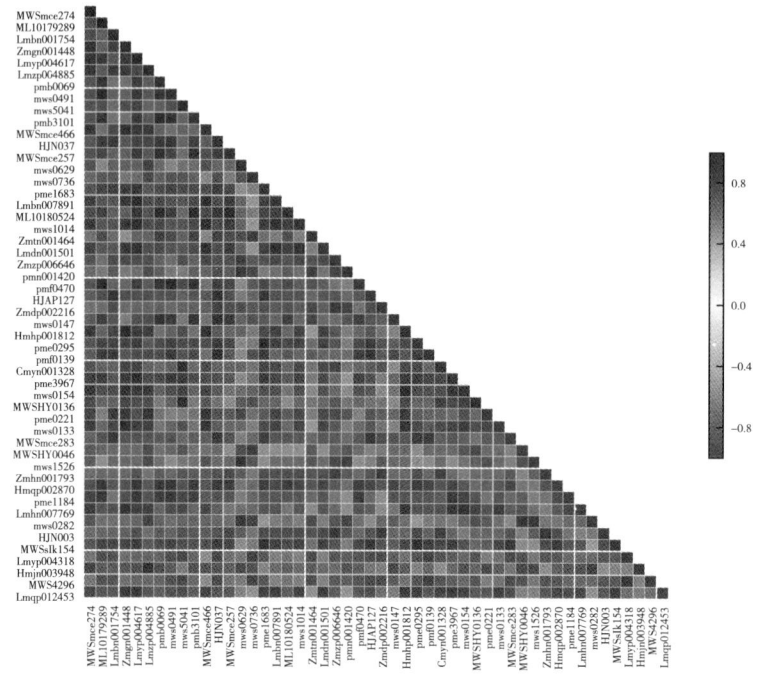

（3）MpBud与MpMat

图4-24　差异代谢物相关性热图

注：横向和纵向为差异代谢物标识代码，不同颜色代表皮尔逊相关系数 r 的高低。

(二)组成与含义

1. 组成

差异代谢物和弦图最外层为差异代谢物名称，中层点的大小代表 $\log_2 FC$ 值大小，点越大，其对应的 $\log_2 FC$ 值也就越大；文字和点的颜色反映物质的一级分类，不同的颜色代表不同代谢物来源分类（class），内层连线反映对应位置代谢物之间的皮尔逊相关系数 r 大小；红色线条代表正相关，蓝色线条代表负相关。

2. 含义

该图可展示差异代谢物之间的相关关系。

(三)解读

由图4-25可知，MWSmce461与萜类化合物(Terpenoids)之间相关性大，而与萜类化合物(Alkaloids)之间相关性小。

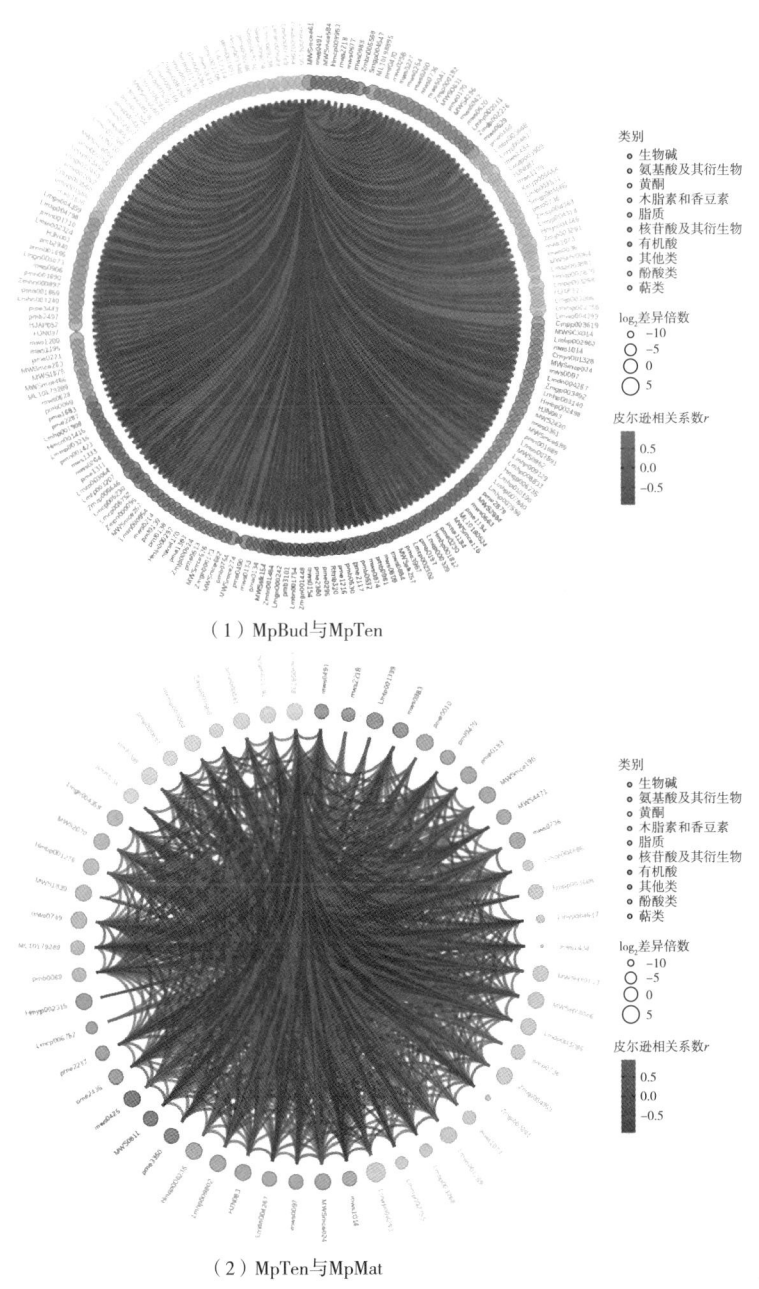

(1) MpBud 与 MpTen

(2) MpTen 与 MpMat

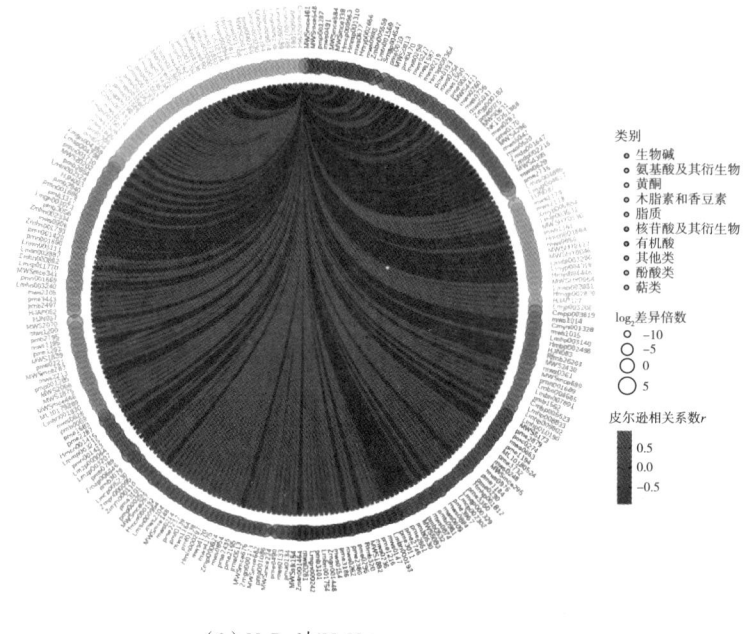

(3) MpBud与MpMat

图4-25 差异代谢物和弦图

三、差异代谢物相关性网络图

(一)定义

差异代谢物相关性网络图,即利用差异代谢物筛选结果表中的Compounds、物质、Class Ⅰ、物质一级分类、P值,可绘制差异代谢物的相关性网络图。为研究显著差异的微生物与代谢物之间的相关性提供了一个新的视角,用于展示微生物和代谢物之间的相关关系。

注:选取相关性|r|>=0.8且显著性检验 P 值<0.05的相关性数据绘图。

(二)组成与含义

1. 组成

差异代谢物相关性网络图点代表不同的差异代谢物,点的大小与连接度(degree)相关,点越大连接度越大,即与它连接的点(邻居)个数越多;线条的粗细代表皮尔逊相关系数 r 的绝对值的大小,线条越粗,|r|越大;蓝色线条代表负相关,红色线条代表正相关。

2. 含义

该图可展示微生物和代谢物之间的相关关系。

(三) 解读

由 MpBud 与 MpTen 可知,酚酸(phenolic acids)与萜类之间连接度大,呈负相关性,其他对比组与上述情况类似(图 4-26)。

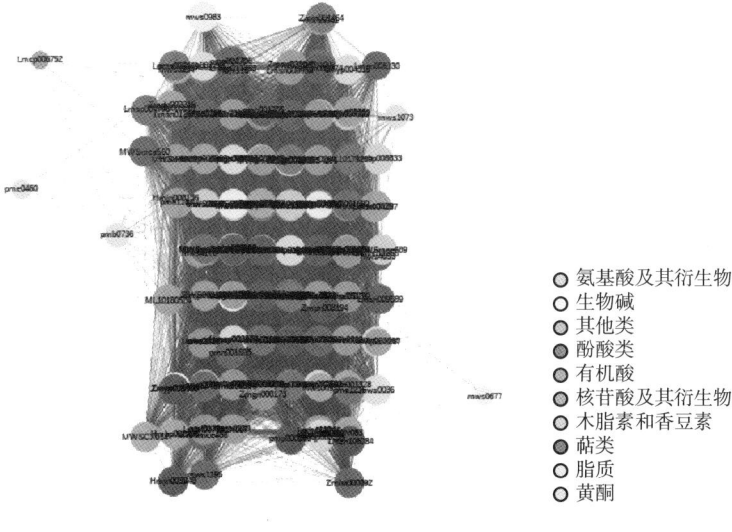

(1) MpBud 与 MpTen

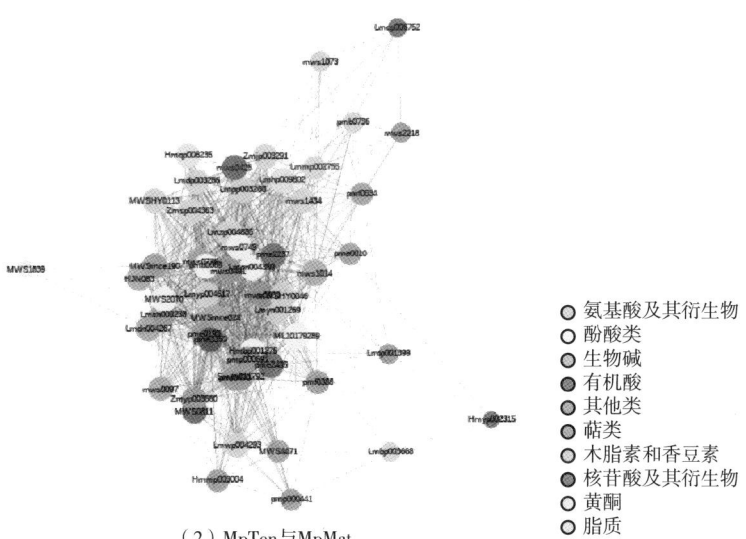

(2) MpTen 与 MpMat

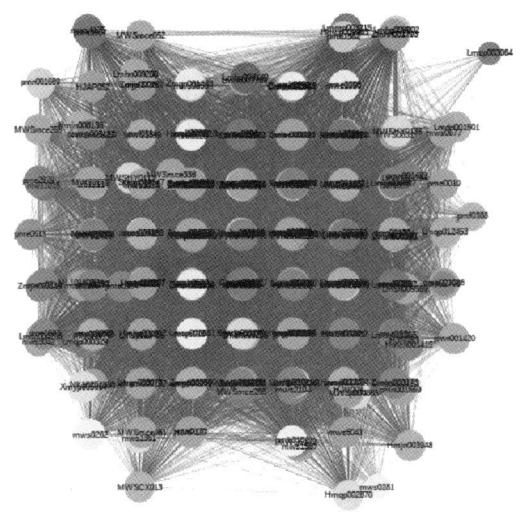

(3) MpBud与MpMat

图 4-26 差异代谢物相关性网络图

拓展阅读

英文示例 4.12

第七节 差异代谢物 KEGG 功能注释及富集分析

差异代谢物 KEGG 功能注释及富集分析,即根据 KEGG 数据库,对整合代谢途径进行查询,包括氨基酸、核苷酸、碳水化合物等的代谢及有机物的生物降解;且对催化各步反应的酶进行全面的注解,包含有 PDB 库的链接、氨基酸序列等。

一、差异代谢物功能注释

(一)差异代谢物 KEGG 通路图

1. 定义

差异代谢物 KEGG 通路图(ko02010),即根据差异代谢在生物体内相互作用形成的不同通路,参考 KEGG 数据库,对差异代谢物进行注释,最后导出注释结果保存,绘制差异代谢物 KEGG 通路图。

2. 组成、含义与写作方式

(1) 组成　差异代谢物 KEGG 通路图中绿色(浅灰色)表示代谢物含量在实验组中显著下调,蓝色(黑色)代表该代谢物被检测到但未发生显著变化,红色(深灰色)表示代谢物含量在实验组中显著上调;小圆点是化合物(代谢物),方框是基因(蛋白质或 mRNA)、酶。

(2) 含义　该图可展示差异代谢物含量。

(3) 写作方式　将不同比较组中所有的差异代谢物匹配 KEGG 的数据库从而获得代谢物参与的通路信息。对注释完的结果进行富集分析,获得差异代谢物富集较多的通路。A 组和 B 组的差异代谢物主要注释和富集在 a 通路、b 通路、c 通路(描述显著且丰富的通路,即气泡图中颜色红和气泡大的通路,最后考虑靠右边),B 组和 C 组的差异代谢物主要注释和富集在 b 通路、c 通路、d 通路,在这些比较组中,一些代谢通路有所重叠,如 b 通路、c 通路(没有则不写)。d 通路合成了上游物质,决定了基础。这些代谢通路与研究息息相关。

3. 解读

将不同比较组中所有的差异代谢物匹配 KEGG 的数据库从而获得代谢物参与的通路信息。对注释完的结果进行富集分析,获得差异代谢物富集较多的通路,如图 4-27 所示。MpBud 组和 MpTen 组的差异代谢物主要注释和富集在 ABC 转运蛋白(ABC transporters)通路和次生代谢物的生物合成(Biosynthesis of secondary metabolites)通路,在 ABC 转运蛋白通路中组氨酸(Histidine)、海藻糖(Trehalose)等 13 种物质上调,牛磺酸(Taurine)、低聚半乳糖(Oligogalac turonide)等 17 种物质被检测到,但未发生显著变化,木糖醇(Xylitol)、肌醇(myo-Inositol)等 6 种物质下调。在次生代谢物的生物合成通路中(优先描述显著且丰富的通路,即气泡图中颜色红和气泡大的通路),MpTen 组和 MpMat 组的差异代谢物主要注释和富集在黄酮与黄酮醇生物合成(Flavone and flavonol biosynthesis)通路和乙醛酸与二羧酸代谢(Glyoxylate and dicarboxylate metabolism)通路,在黄酮与黄酮醇生物合成通路中,物质 Sophoraflavonoloside(槐属黄酮苷)和异槲皮素(Isoquercitin)上调,异牡荆素(Isovitexin)下调,在乙醛酸和二羧酸代谢通路中,物质 L-Glutamine(L-谷氨酰胺)和 L-Serine(L-丝氨酸)上调,暂未发现在该通路中下调的基因。

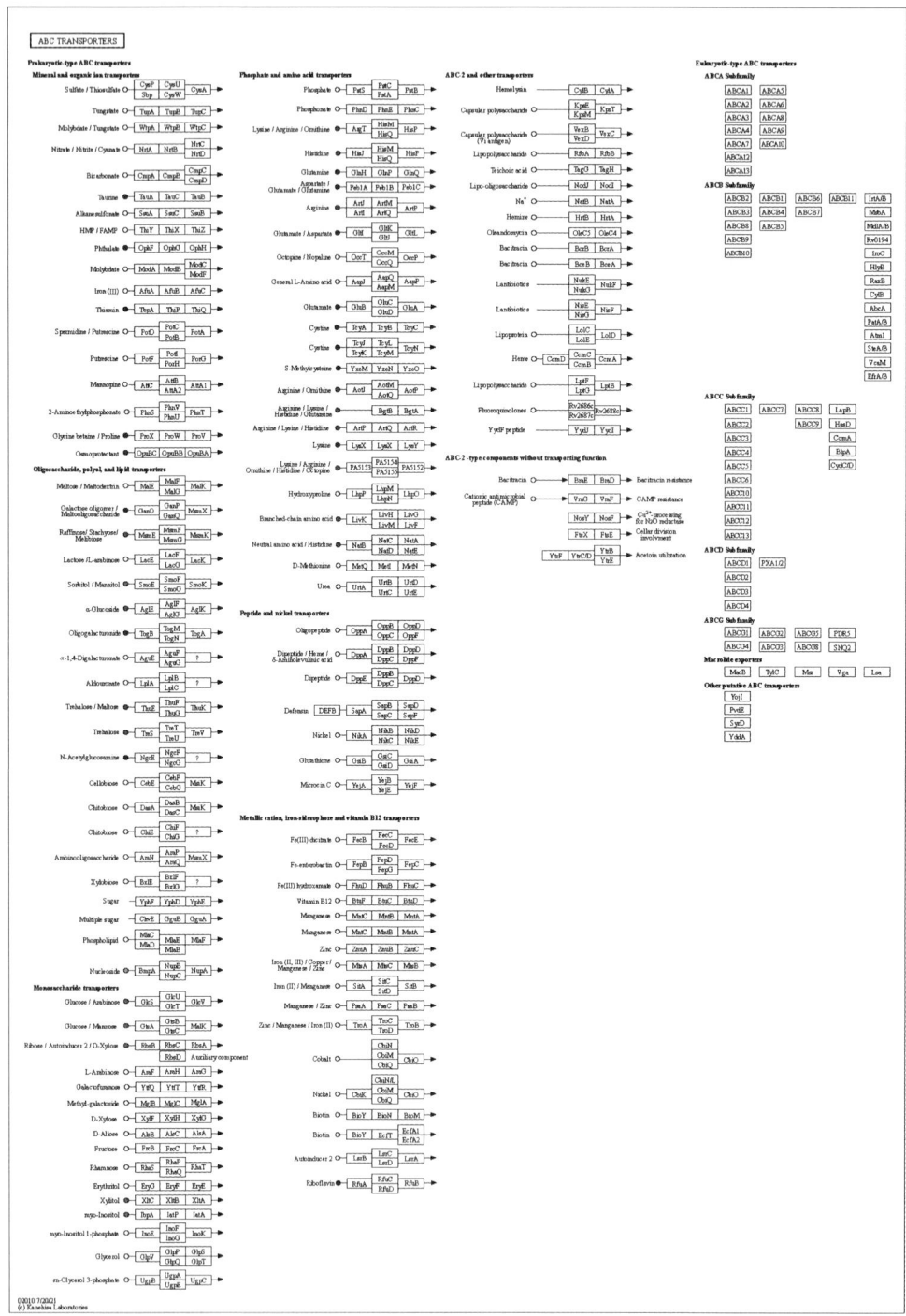

图 4-27 差异代谢物 KEGG 通路图示例（MpBud 与 MpTen）

注：ABC 转运蛋白代谢通路（编号 ko02010）示意图中，Histidine（组氨酸）、Trehalose（海藻糖）等深灰色圆点表示上调；Taurine（牛磺酸）、Oligogalac turonide（低聚半乳糖）等黑色圆点表示被检测到，但未发生显著变化；Xylitol（木糖醇）、myo-Inositol（肌醇）等浅灰色圆点表示下调。

拓展阅读

英文示例 4.13

(二)差异代谢物 KEGG 注释表

1. 定义

差异代谢物 KEGG 注释表,即根据差异代谢物的物质分类情况、VIP、P-value、$\log_2$FC 制作而成。

2. 组成与含义

(1)组成　常见差异代谢物 KEGG 注释表有 22 列,依次为 Index(迈维 ID)、Formula(物质分子式)、Compounds(物质英文名称)、物质(物质中文名称)、Class Ⅰ(物质英文一级类别)、物质一级分类(物质中文一级类别)、Class Ⅱ(物质英文二级类别)、物质二级分类(物质中文二级类别)、CAS(物质 CAS 号)、Level 物质鉴定级别(1:样本物质二级质谱、RT 与数据库物质匹配得分为 0.7 分以上;2:样本物质二级质谱、RT 与数据库物质匹配得分为 0.5~0.7 分;3:样本物质 Q1、Q3、RT、DP、CE 与数据库物质核对一致)、$\log_2$FC(差异倍数以 2 为底取对数)、VIP(变量重要性投影)、FDR(多重假设检验验证后的错误发现率)、P-value(显著性检验 P 值)、Fold-Change(差异倍数)、Type(类型)、cpd_ID(代谢物在 KEGG 数据库中的 ID 信息)、kegg_map(KEGG 数据库信号通路编号),其中 Index(迈维 ID)、Compounds(物质英文名称)、物质(物质中文名称)、Type(类型)、cpd_ID(代谢物在 KEGG 数据库中的 ID 信息),常用于制作代谢物分类的饼图或条形图或表格。

(2)含义　该表可展示样本代谢通路相关代谢物的差异表达情况。

3. 解读

N-甲基甘氨酸属氨基酸及其衍生物类的下调差异代谢物,VIP 值为 1.15,显著性检验 P 值为 1.36,差异倍数为 1.40 倍(表 4-4)。

表 4-4　　**MpBud 与 MpTen 差异代谢物 KEGG 注释表**

迈维 ID	物质	物质一级分类	物质二级分类	…	VIP	P-value	$\log_2$FC	类型
					1.15E+00	1.36E-02	1.40E+00	up
				……				
					1.31E+00	3.11E-03	−1.00E+01	down

注:此表省略了列 Compounds、Class Ⅰ、Class Ⅱ、CAS、Level、MpBud1、MpBud2、MpBud3、MpTen1、MpTen2、MpTen3、MpMat1、MpMat2、MpMat3、FDR、Fold-Change,只展示部分数据。

二、差异代谢物 KEGG 分类

(一)定义

差异代谢物 KEGG 分类图(KEGG barplot),即对差异显著代谢物 KEGG 的注释结果按照 KEGG 中通路类型进行分类。对于注释到的通路进行整体分类展示,易于从整体把握差异代谢物参与代谢通路类型。

(二)组成与含义

1. 组成

差异代谢物 KEGG 分类图纵坐标为 KEGG 代谢通路的名称,横坐标为注释到该通路下的代谢物个数及其个数占被注释上的代谢物总数的比例。

2. 含义

差异代谢物 KEGG 分类图可以对注释到的通路进行直观地整体分类展示。

(三)解读

由差异代谢物 KEGG 分类图(图 4-28)可知,KEGG 差异代谢物分类在代谢(metabolism)、遗传信息处理(genetic information processing)和环境信息处理(environmental information processing)三大类上均有富集,但是在代谢这个分类上富集的差异代谢途径是最多的,MaBud 与 MaMat、MaBud 与 MaTen、MaTen 与 MaMat 的差异代谢物富集最多的路径均为辅助因子的生物合成(biosynthesis of cofactors)。MaBud 与 MaMat、MaBud 与 MaTen、MaTen 与 MaMat 三组分别有 71、63、35 条代谢路径,2、1、1 条遗传信息处理,2、2、1 条环境信息处理。MaTen 与 MaMat 组路径富集是最少的。

MaBud 与 MaTen 组的代谢路径主要是辅助因子的生物合成、半乳糖代谢(galactose metabolism)、石榴碱代谢(punine metabolism)、苯丙烷生物合成(phenylpropanoid biosynthesis)等,在该途径中的差异代谢物数量较多而且差异也相对显著。环境信息处理主要是 ABC transporters(图 4-28)。

拓展阅读

英文示例 4.14

/第四章 玉叶金花不同叶位叶片的代谢组分析/

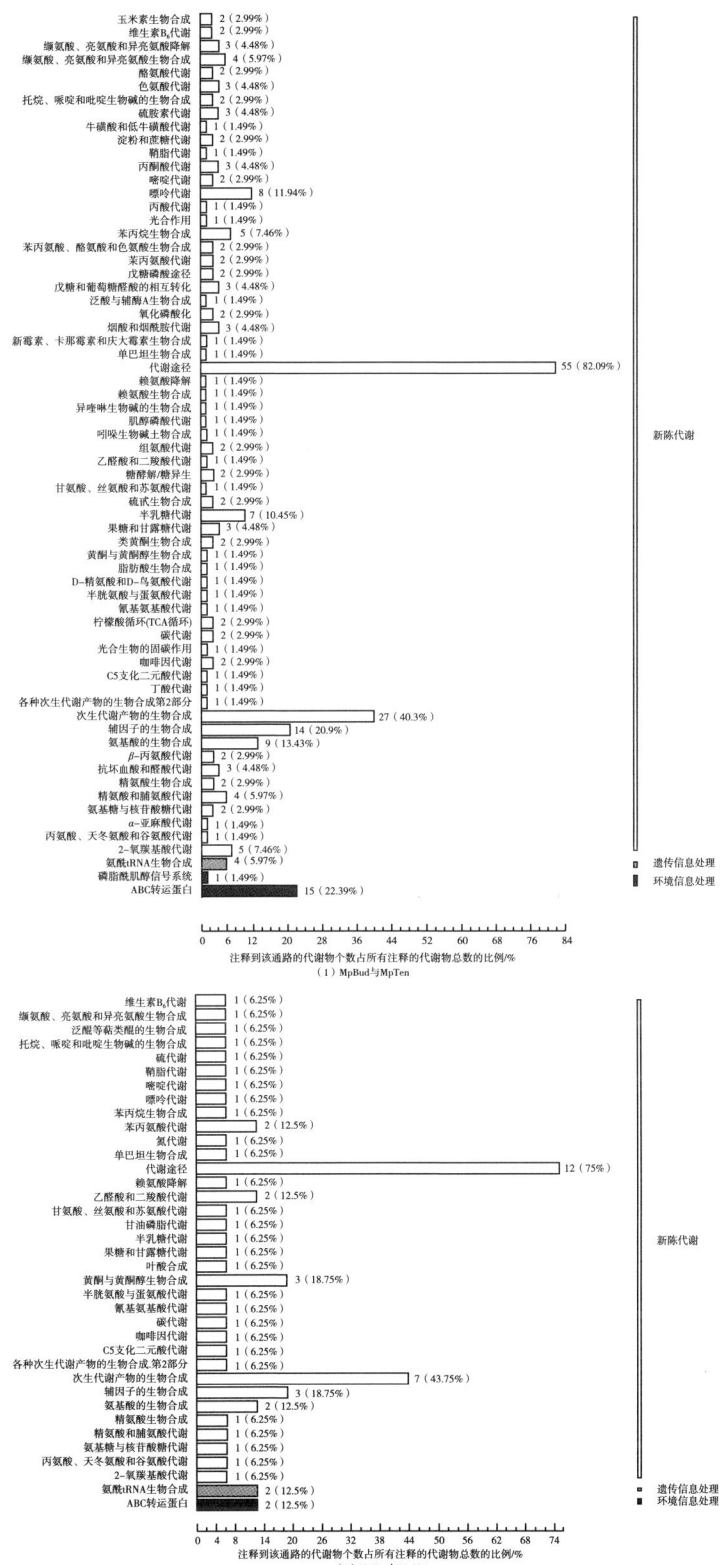

179

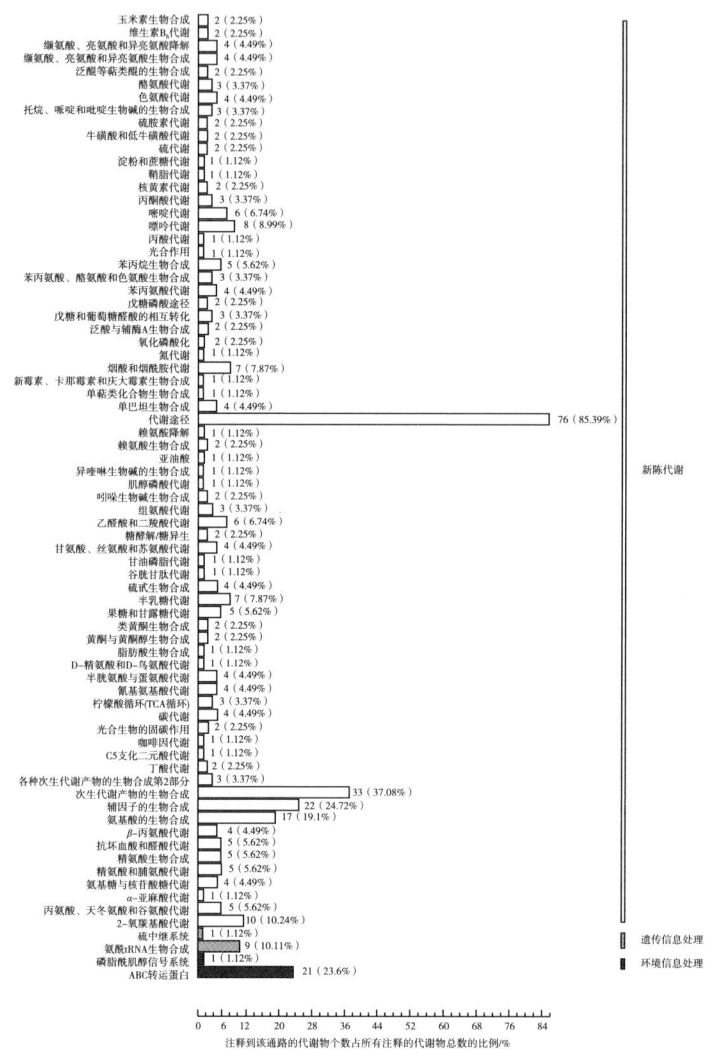

图 4-28 差异代谢物 KEGG 分类图

三、KEGG 信号通路差异代谢物聚类分析

(一)定义

KEGG 通路的差异代谢物聚类热图(KEGG heatmap Index),即利用按照筛选标准鉴定得到的差异代谢物的 KEGG 注释信息,选择至少含 5 个差异代谢物的 KEGG 代谢通路,对这些通路中的所有差异代谢物的相对含量进行聚类分析,绘制 KEGG 通路的差异代谢物聚类热图展示。

(二)组成、含义与写作方式

1. 组成

KEGG 通路的差异代谢物聚类热图中不同颜色代表差异代谢物相对含量归一化处理后得到的数值,反映其相对含量的高低(绿色代表低含量,红色代表高含量);横坐标为样品名称,纵坐标为差异代谢物;热图上方的注释条对应样品分组,热图左侧的树状图代表差异代谢物层次聚类结果,聚类树右侧的注释条对应物质一级分类,不同颜色代表不同的物质类别。

2. 含义

该图可展示潜在重要代谢通路中的物质含量在不同分组中的变化规律。

3. 写作方式

不同样品中(自己的样品;几个不同的品种、不同的处理等)代谢物的积累模式差异可以通过聚类热图进行分析。聚类热图分析的结果表明,在不同组别中物质有明显的差异,一共分为了 2 簇,簇 1 中的代谢物在 A 组中最高,在 B 组中含量中等,在 C 组中含量最低;簇 2 中的代谢物在 D 组中最高,在 E 组中含量中等,在 B 组中含量最低。不同的生物学重复之间也同样聚成一簇,表明生物学重复之间良好的同质性和数据的高可靠性。

在热图中,a、b 中的代谢物表现出相似的积累趋势。这些代谢产物在某组织或品种中积累显著。因此,我们对这些不同组织或品种在不同发育时期和处理时间进行了进一步的分析。

(三)解读

由 KEGG 通路的差异代谢物聚类热图(图 4-29)可知,在 MpBud 与 MpTen 组中,芽头(MpBud)酚酸含量高,核苷酸及其衍生物含量低,嫩叶(Ten)类氨基酸及其衍生物含量高,酚酸含量低。

在 MpTen 与 MpMat 组,MpBud 与 MpMat 组的分析同上。

四、差异代谢物 KEGG 富集分析

(一)定义

差异代谢物 KEGG 富集图(KEGG enrichment)是 KEGG 富集分析结果的图形化展示方式。

(二)组成、含义与写作方式

1. 组成

差异代谢物 KEGG 富集图圆点的颜色代表 P-value 大小,越红表示富集越显著,圆点的大小代表富集到的差异代谢物的个数多少;横坐标表示每个通路对应

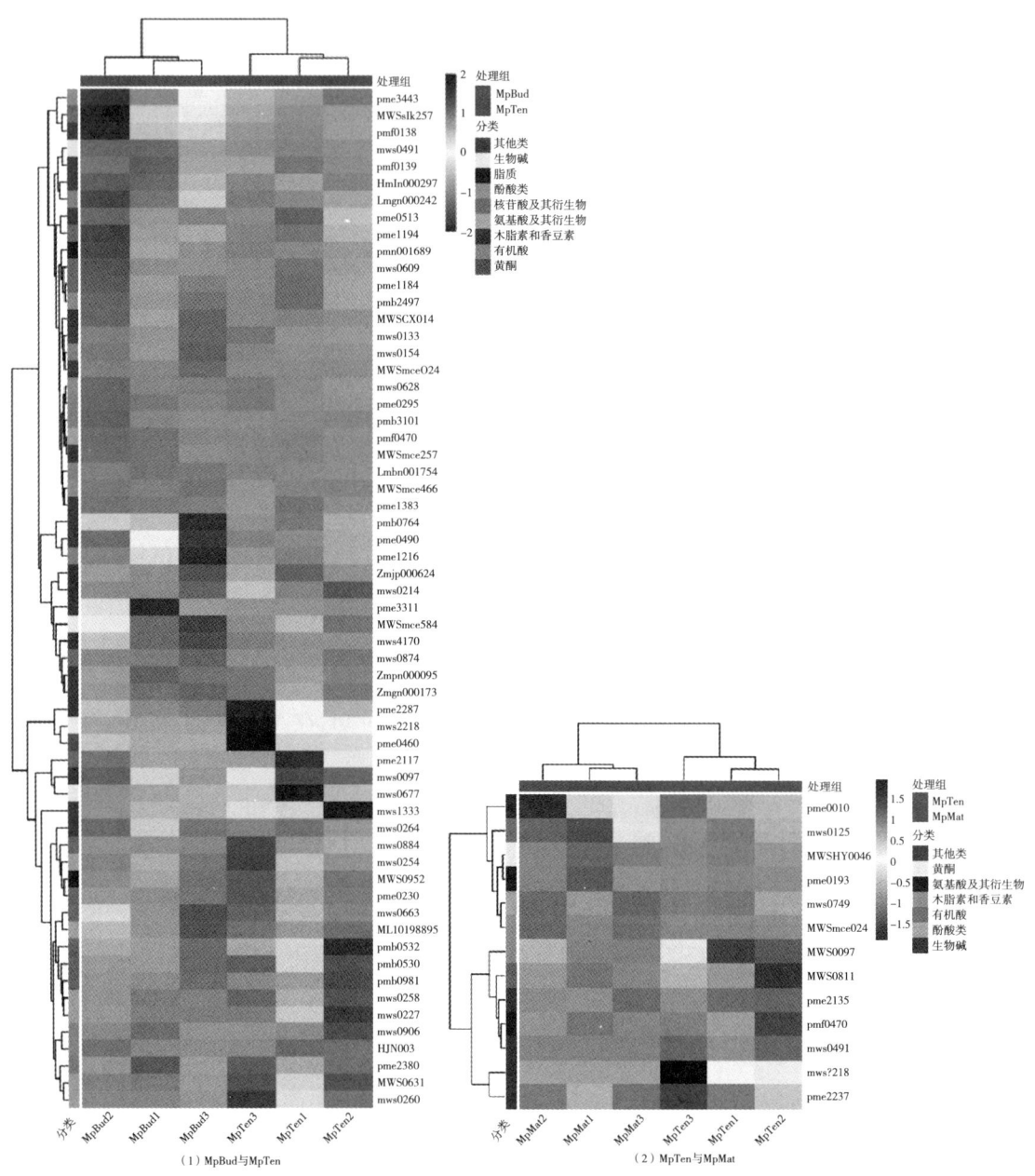

(1) MpBud与MpTen (2) MpTen与MpMat

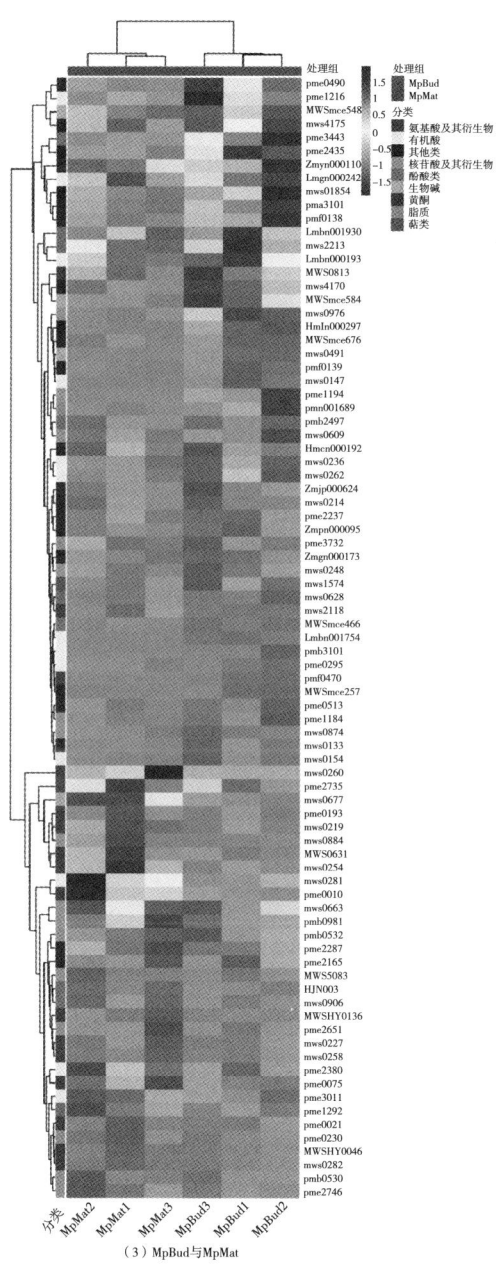

(3) MpBud与MpMat

图4-29 KEGG通路的差异代谢物聚类热图

的 Rich Factor,纵坐标为通路名称。

2. 含义

该图可展示不同差异代谢物的数量和富集到的通路情况。

3. 写作方式

所有差异分组的差异代谢物共同富集到的通路为 a、b、c。其中,A 差异分组中,富集的 KEGG 通路包括 d、e、f 等。B 差异分组中,显著富集的 KEGG 通路包括 g、h、i 等。挑选出了每个差异分组中前 20 个差异倍数最大的差异代谢物而且表达模式与对应的相关基因变化趋势一致的。在 A 分组中,排名靠前的代谢物与 j、k、l 大类相关。具体 j 大类的代谢物包括 m、n、o 等。每个差异分组都可以做一描述。

(三)解读

由差异代谢物 KEGG 富集图(KEGG Enrichment)(图 4-30)可知,在 MaBud 与 MaTen 组中,差异代谢通路有维生素 B_6 代谢(Vitamin B_6 metabolism)、缬氨酸,亮氨酸和异亮氨酸的降解(Valine, leucine and isoleucine degradation)、缬氨酸,亮氨酸和异亮氨酸生物合成(Valine, leucine and isoleucine biosynthesis)、色氨酸代谢(Tryptophan metabolism)、硫胺素代谢(Thiamine metabolism)、丙酮酸代谢(Pyruvate metabolism)、嘌呤代谢(Purine metabolism)、磷脂酰肌醇信号系统(Phosphatidylinositol signaling system)、苯丙烷类生物合成(Phenylpropanoid biosynthesis)、氧化磷酸化(Oxidative phosphorylation)、烟酸与烟酰胺代谢(Nicotinate and nicotinamide metabolism)、代谢途径(Metabolic pathways)、半乳糖代谢(Galactose metabolism)、辅助因子的生物合成(Biosynthesis of cofactors)、D-精氨酸和 D-鸟氨酸代谢(D-Arginine and D-ornithine metabolism)、咖啡因代谢(Caffeine metabolism)、次级代谢产物的生物合成(Biosynthesis of secondary metabolites)、辅助因子的生物合成(Biosynthesis of cofactors)、精氨酸和脯氨酸代谢(Arginine and proline metabolism)、ABC 转运蛋白(ABC transporters);富集度最高的是色氨酸代谢(Caffeine metabolism)、苯丙烷类生物合成(Phenylpropanoid biosynthesis)、ABC 转运蛋白(ABC transporters)等通路,最多差异代谢物富集的通路是半乳糖代谢(Galactose metabolism)、苯丙烷生物合成(Phenylpropanoid biosynthesis)、ABC 转运蛋白(ABC transporters)等。

MpTen 与 MpMat,MpBud 与 MpMat 的分析同上。所有差异分组的差异代谢物共同富集到的通路为代谢通路(Metabolic pathways),次生代谢物的生物合成(Biosynthesis of secondary metabolites)。其中,MpBud 与 MpTen 差异分组中,富集的 KEGG 通路包括次生代谢物的生物合成,ABC 转运蛋白等。MpTen 与 MpMat 差异分组中,显著富集的 KEGG 通路包括乙醛酸和二羧酸代谢(Glyoxylate and dicarboxylate metabolism),黄酮与黄酮醇生物合成(Flavone and flavonol biosynthesis)等。

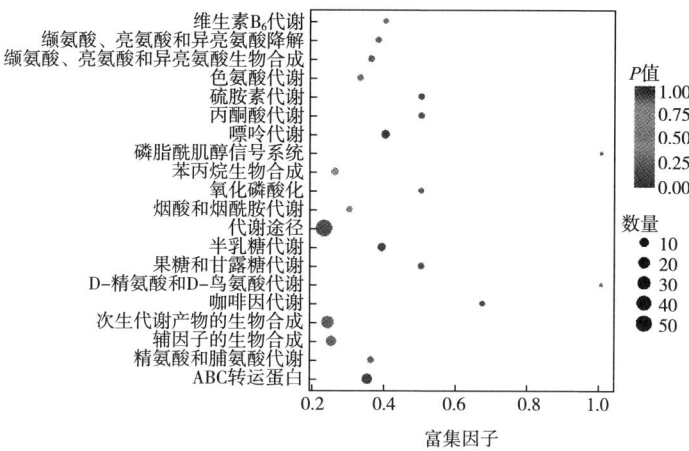

（1）MpBud与MpTen

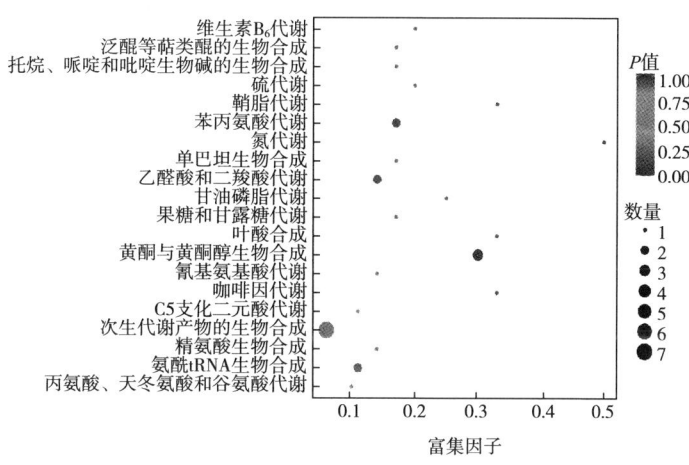

（2）MpTen与MpMat

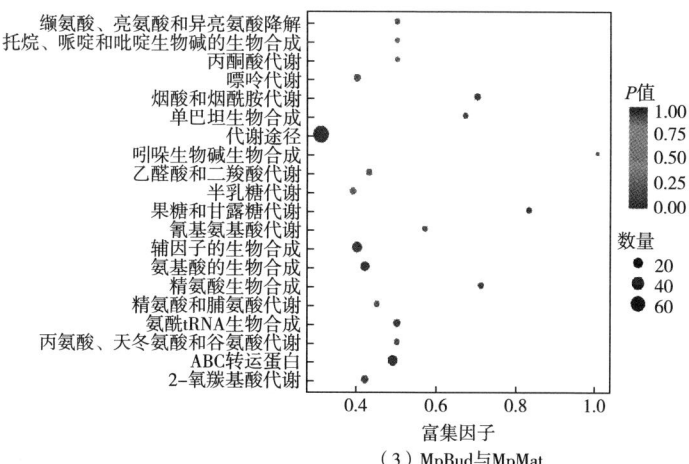

（3）MpBud与MpMat

图 4-30　差异代谢物 KEGG 富集图

拓展阅读

英文示例 4.15

五、KEGG 代谢通路整体变化分析

差异丰度得分(differential abundance score,DA Score)是一种基于通路的代谢变化分析方法,差异丰度得分可以捕捉到某一途径中所有差异代谢物的总体变化。

公式如下:

$$差异丰度得分=\frac{该通路上调差异代谢物个数-该通路下调差异代谢物个数}{注释到该通路的所有代谢物个数}$$

(一)定义

差异丰度得分图是差异丰度得分捕捉到的某一途径中所有差异代谢物的总体变化所作的图。

(二)组成与含义

1. 组成

差异丰度得分图横坐标表示差异丰度得分,纵坐标表示差异通路名称;差异丰度得分反映代谢途径所有代谢物的整体变化,得 1 分表示该通路中所有鉴定到的代谢物表达趋势上调,扣 1 分该通路中所有鉴定到的代谢物表达趋势下调;线段的长度表示差异丰度得分的绝对值,线段端点的圆点大小表示该通路中差异代谢物的个数,圆点分布在中轴左侧且线段越长,表示该通路整体表达情况越倾向于下调,圆点分布在中轴右侧且线段越长,表示该通路整体表达情况越倾向于上调,圆点越大表示代谢物数目越多;线段和圆点颜色反映 P-value 大小,越接近红色表示 P-value 越小,越接近紫色表示 P-value 越大。

2. 含义

该图可展示某一途径中的所有差异代谢物的总体变化。

(三)解读

由图 4-31 可知,在 MpTen 与 MpMat 组中的差异代谢物主要注释和富集在黄酮和黄酮醇的生物合成通路、苯丙氨酸代谢通路、乙醛酸和二羧酸代谢通路;

MpTen 与 MpMat,MpBud 与 MpMat 的分析同上。

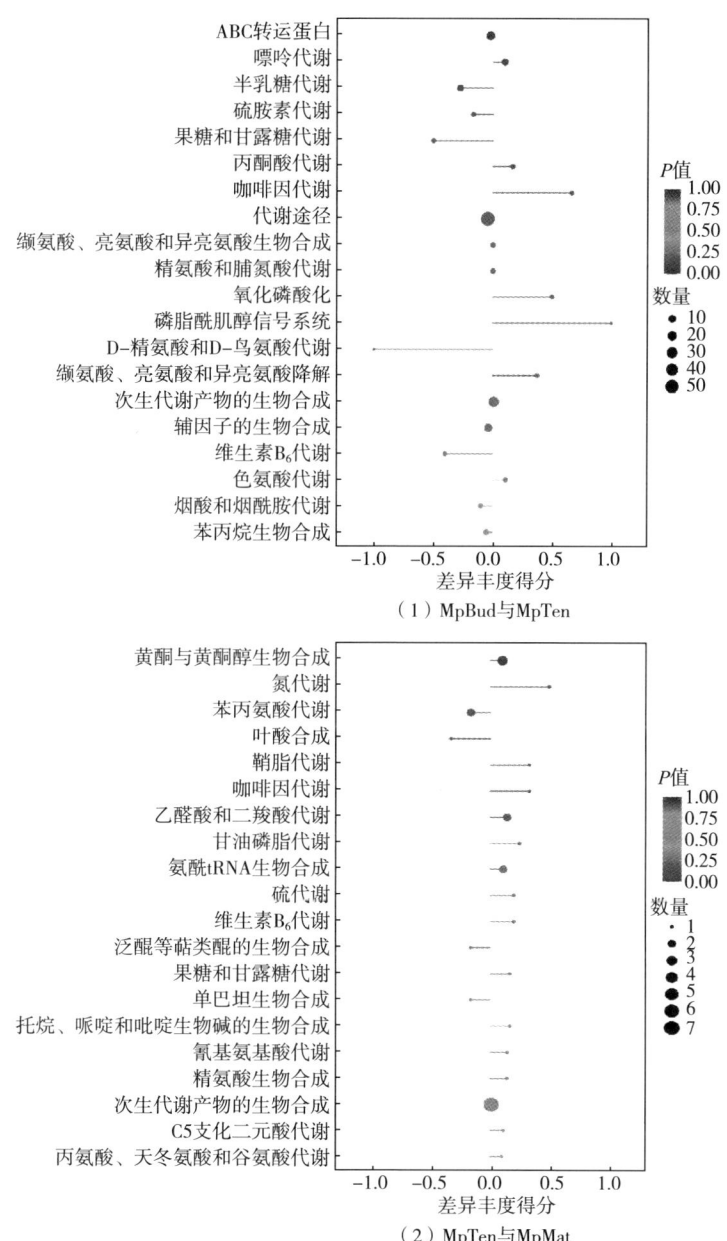

（1）MpBud与MpTen

（2）MpTen与MpMat

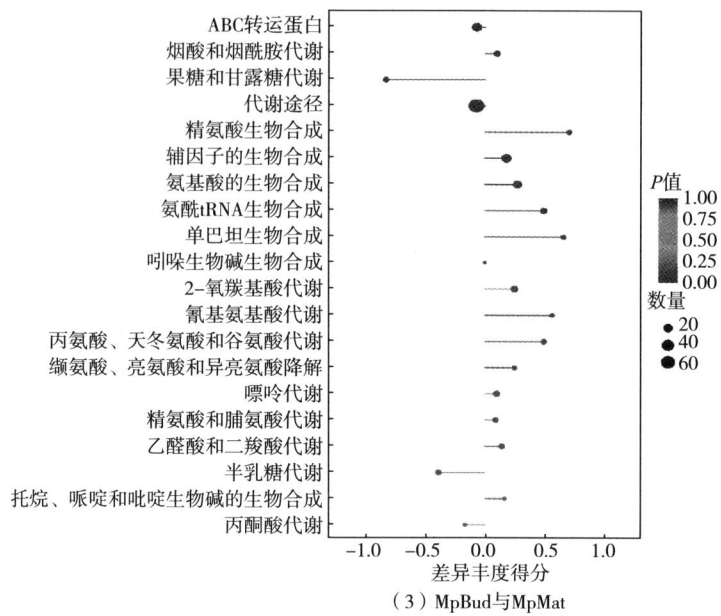

（3）MpBud与MpMat

图4-31 差异丰度得分图

参考文献

［1］廖小庭. 韭菜连续三代割茬胁迫的代谢组与转录组分析［D］. 广州中医药大学, 2021.

［2］梅鑫, 文治瑞, 刘金香, 等. 复合绿茶对高脂血症小鼠的降脂作用［J］. 食品工业科技, 2022, 43(1):21-31.

［3］梅鑫, 文治瑞, 刘金香, 等. 复合绿茶对高脂血症小鼠的降脂作用［J］. 食品工业科技, 2022, 43(1):21-31.

［4］BLANCO-ULATE B, AMRINE K C H, THOMAS S COLLINS, et al. Developmental and metabolic plasticity of white-skinned grape berries in response to *Botrytis cinerea* during noble rot［J］. Plant Physiology, 2015, 169(4):2422-2443.

［5］CHEN L M, WU Q C, HE T J, et al. Transcriptomic and metabolomic changes triggered by fusarium solani in common bean (*Phaseolus vulgaris* L.)［J］. Genes, 2020, 11(2):177.

［6］LI L, KONG Z Y, HUAN X J, et al. Transcriptomics integrated with widely targeted metabolomics reveals the mechanism underlying grain color formation in wheat at the grain-filling stage［J］. Frontiers in Plant Science, 2021, 12:757750.

［7］LI P Q, RUAN Z, FEI Z X, et al. Integrated transcriptome and metabolome analysis revealed that flavonoid biosynthesis may dominate the resistance of *Zanthoxylum bungeanum* against stem canker［J］. Journal of Agricultural and Food Chemistry, 2021, 69(22):6360-6378.

［8］LI S P, CHEN Y, DUAN Y et al. Widely targeted metabolomics analysis of different parts of *Salsola collina* Pall[J]. Molecules (Basel, Switzerland), 2021,26(4):1126. https://doi.org/10.3390/molecules26041126.

[9] SHEN S L, TANG Y S, ZHANG C, et al. Metabolite profiling and transcriptome analysis provide insight into seed coat color in *Brassica juncea*[J]. International Journal of Molecular Sciences, 2021,22(13):7215.

[10] TANG Y C, LIU Y J, HE G R, et al. Comprehensive analysis of secondary metabolites in the extracts from different lily bulbs and their antioxidant ability[J]. Antioxidants (Basel, Switzerland), 2021,10(10):1634.

[11] XIAO J Q, GU C Q, HE S. Widely targeted metabolomics analysis reveals new biomarkers and mechanistic insights on chestnut (*Castanea mollissima Bl.*) calcification process[J]. Food Research International (Ottawa, Ont.), 2021,141:110128.

[12] XIAO L CAO S, SHANG X H et al. Metabolomic and transcriptomic profiling reveals distinct nutritional properties of cassavas with different flesh colors[J]. Food Chemistry: Molecular Sciences, 2021,2:100016.

[13] YANG B, HE S, LIU Y, et al. Transcriptomics integrated with metabolomics reveals the effect of regulated deficit irrigation on anthocyanin biosynthesis in *Cabernet Sauvignon* grape berries. [J]. Food Chemistry, 2020,314:126170.

[14] YANG X A, LIN S A, JIA Y A, et al. Anthocyanin and spermidine derivative hexoses coordinately increase in the ripening fruit of *Lycium ruthenium*.[J]. Food Chemistry, 2020,311:125874.

第五章　玉叶金花转录组与广靶代谢联合分析

第一节　主成分分析

主成分分析(principal component analysis,PCA)是一种用于无监督模式识别的多维数据统计分析方法,将一组相关性的变量与一组线性不相关的变量进行转换(即主成分)。

一、定义

通过样本之间的总体代谢差异以及组内样本之间的变异度大小,进行PCA分析。

二、组成与含义

(一)组成

转录组/代谢组PCA分析图中横坐标代表主成分PC1,纵坐标代表主成分PC2。样本之间的距离代表分组之间的差异,百分比代表主成分对样品差异的贡献值,每个点代表一个样品,同一种颜色代表同一个组的样品。

(二)含义

PCA展示分组之间的差异,距离越近,说明样品的相似性越高;距离越远,说明样品之间的差异越明显。

(三)解读

由PCA图(图5-1)可知,转录组和代谢组的基因在叶片不同的发育阶段所得结果不同。三个发育阶段的叶子中,转录组中 PC1 的值为 27.26%,代谢组中 PC1 的值为 51.96%,说明代谢物差异比较明显,重复之间也比较接近;但嫩叶和成熟叶之间的基因表达比较接近,而且重复之间的差异也较大。这可能是因为基因数量比较多,且大多数基因的表达量在嫩叶和成熟叶中比较接近,掩盖了小部分差异基因的贡献。这也说明在嫩叶和成熟叶中代谢物之间存在明显差异,可能是少量差异基因或者是由于代谢物的积累或运输、降解等引起的。

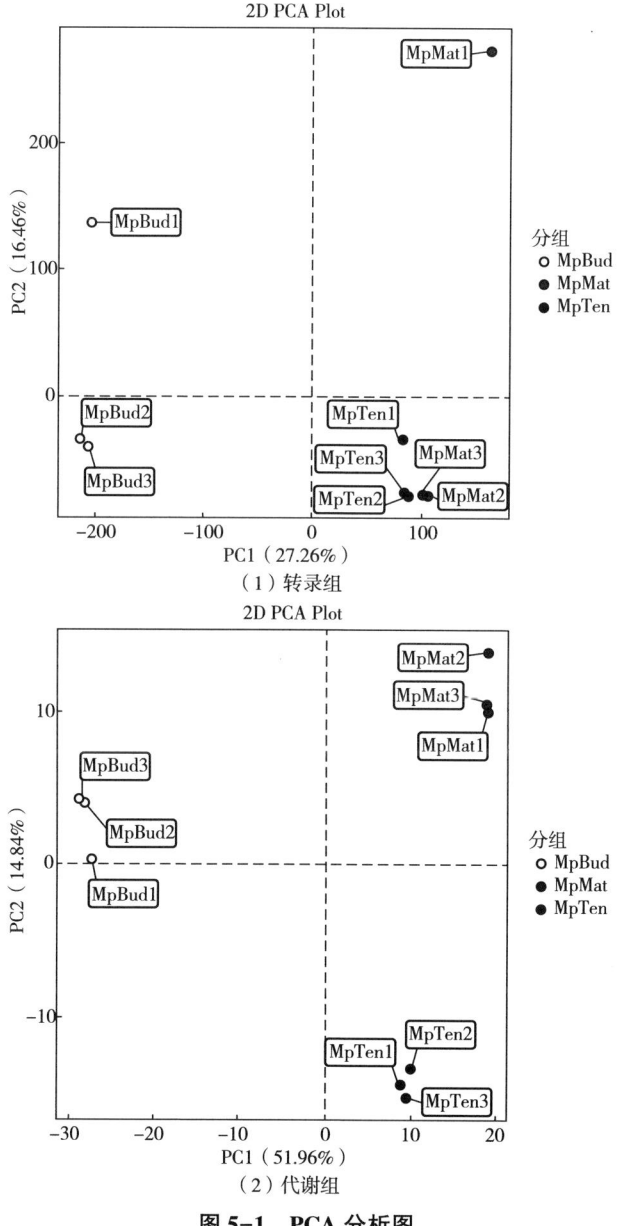

图 5-1　PCA 分析图

第二节 KEGG 富集分析

一、KEGG 富集表

KEGG(Kyoto Encyclopedia of Genes and Genomes)数据库整合了基因组、生物学通路、化学物质等信息,有助于将基因及表达信息作为一个整体进行研究,为基因组测序和其他高通量实验技术所产生的大数据进行系统化的分析。

(一)定义

通过基因注释到 KEGG 数据库后,KEGG 富集表显示了每个 KEGG 通路中的差异基因数量。

(二)组成与含义

1. 组成

常见 KEGG 富集表有 6 列,依次为 KEGG_map(表示 KEGG 数据库 ko 通路号)、Description(表示 ko 通路描述)、P-value_meta(表示代谢组显著性检验 P 值)、Count_meta(表示注释到该通路的差异代谢物数目)、P-value_gene(表示转录组显著性检验 P 值)、Count_gene(注释到该通路的差异基因数目)。

2. 含义

由 KEGG 富集表中数据可绘制 KEGG 富集条形图、KEGG 富集气泡图、KGML 互作图等,展示了转录组和代谢组共同富集到的 Pathway 通路,说明上述通路参与玉叶金花叶片的生长发育过程。

(三)解读

由 KEGG 富集表(表 5-1)可知,MpBud 与 MpMat 的 KEGG 富集分析到 72 种 KEGG 数据库 ko 通路;MpBud 与 MpTen 的 KEGG 富集分析分析到 62 种 KEGG 数据库 ko 通路;MpTen 与 MpMat 的 KEGG 富集分析到 27 种 KEGG 数据库 ko 通路。

表 5-1　　　　KEGG 富集表(MpBud 与 MpMat)

KEGG 数据库 ko 通路	ko 通路描述	代谢组 P 值	差异代谢物数目	转录组 P 值	差异基因数目
ko01100		0.019326683	76	4.36722435992465e-10	1301
			……		
ko00970		0.036405712	9	0.999990248	20

拓展阅读

英文示例 5.1

二、KEGG 富集条形图

(一)定义

利用 KEGG 富集表中的 ko 通路描述、代谢组 P 值、差异代谢物数目、转录组 P 值、差异基因数目,根据两组学共同富集到的 Pathway 通路绘制条形图,图形化展示了富集到某一通路的差异代谢物和差异基因的数目。

注:对于共有 Pathway 通路数目超过 25 的,以转录组为准,只展示 P-value 排名前 25 的通路。

(二)组成与含义

1. 组成

KEGG 富集条形图横坐标代表富集到该通路的差异代谢物与差异基因的数目(Number of Genes Metabolites),纵坐标代表 KEGG Pathway 名称(Pathway Name),红、绿色条形分别代表代谢组(meta)和转录组(gene)。

2. 含义

通过 KEGG 富集条形图中横纵坐标、颜色、长短体现不同组学共同富集到的 Pathway 通路情况,展示了各对比组之间差异代谢物和差异基因的数目最多的通路的数量,说明差异基因在某通路上富集对样本生物学分子造成影响。

(三)解读

由 KEGG 富集条形图(图 5-2)可知,在 MpBud 与 MpMat 两组学共同富集到的通路中,苯丙素生物合成通路中富集到的基因和代谢物最多,总共是 140 个。差异代谢物数目最多的有 ABC 转运蛋白(ABC transporters)通路,有 21 个 2-羰基甲酸代谢(2-Oxocarboxylic acid metabolism)通路,有 10 个差异代谢物数目最少的为氮代谢(Nitrogen metabolism)等通路,有 1 个差异基因最多的是苯丙素生物合成(135 条基因)、糖酵解/糖异生通路(87 条基因)等通路等。在 MpBud 与 MpTen 和 MpTen 与 MpMat 的分析同上。

富集条形图表明在芽头中,苯丙素类生物合成比较特异,在叶片的生长发育过程中,辅助因子的合成发生了较大变化。

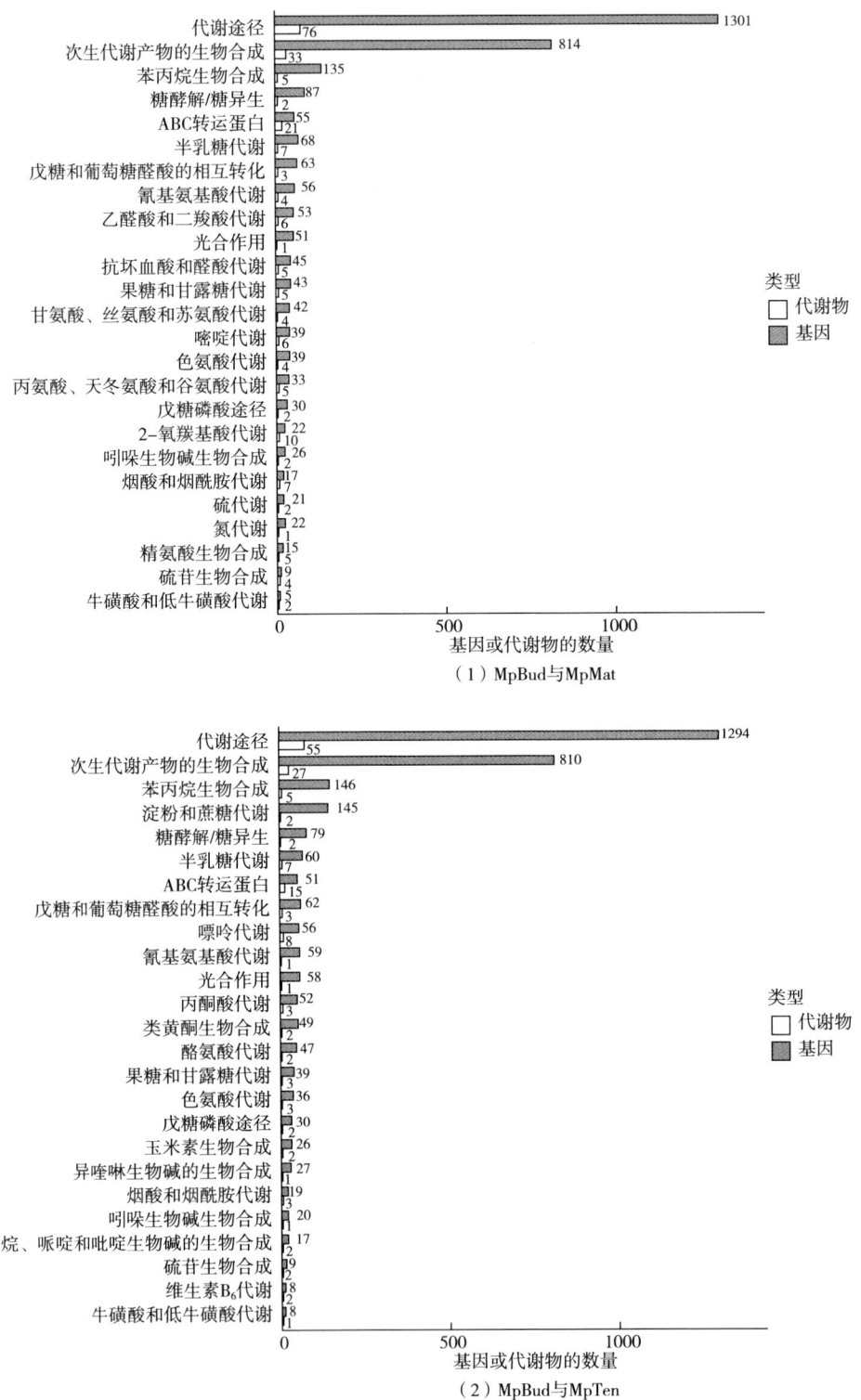

（1）MpBud与MpMat

（2）MpBud与MpTen

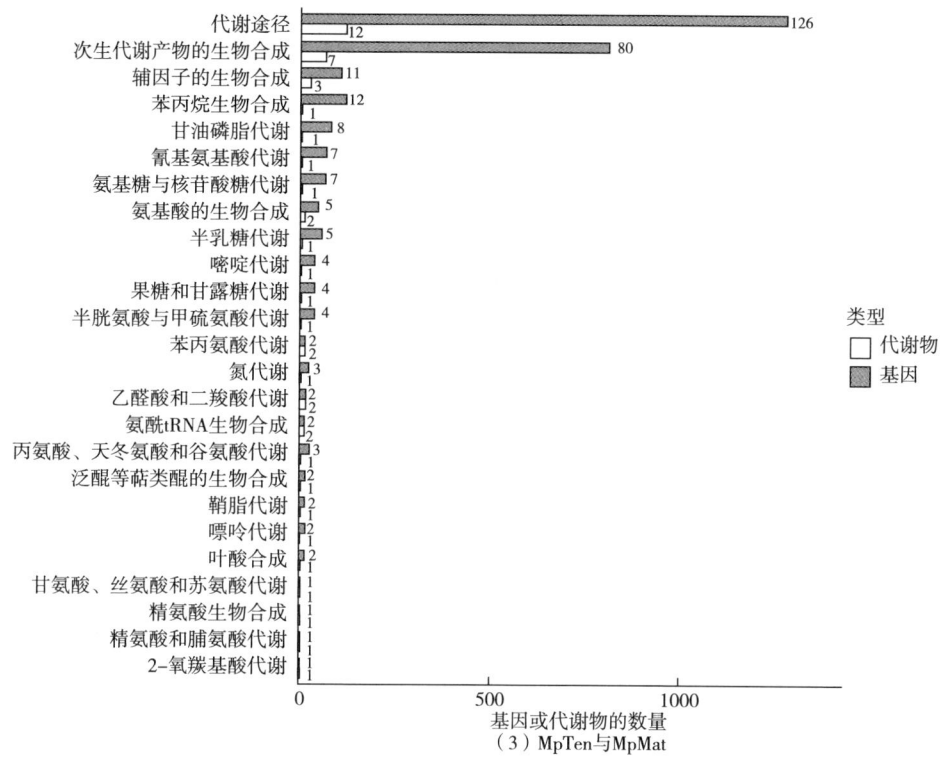

(3) MpTen与MpMat

图 5-2　KEGG 富集条形图

拓展阅读

英文示例 5.2

三、KEGG 富集气泡图

(一)定义

利用 KEGG 富集表中的 Description、$P\text{-value\_meta}$、Count_meta、$P\text{-value\_gene}$、Count_gene，根据两组学共同富集到的 Pathway 通路绘制气泡图，图形化展示了富集到某一通路的差异代谢物和差异基因的数目及其富集程度。

注:对于共有 Pathway 通路数目超过 25 的,以转录组为准,只展示 P-value 排名前 25 的通路。

(二)组成与含义

1. 组成

KEGG 富集气泡图横坐标代表该通路在不同组学的富集因子(Enrichfactor),纵坐标代表 KEGG Pathway 名称(Pathway Name),三角形和圆形分别代表代谢组(meta)和转录组(gene),Count 代表数量,红-黄-绿色的渐变代表富集的显著程度由高-中-低的变化,用 P-value 表示。

2. 含义

由 KEGG 富集气泡图中横纵坐标、气泡颜色渐变、形状、大小体现不同组学共同富集到的 Pathway 通路情况。其中,气泡的大小代表差异代谢物或基因的数目,数目越多,点越大,则富集因子越大(横坐标越往右),富集度越高。说明差异表达基因主要参与的代谢和转导途径,分析基因的功能和表达信息。

(三)解读

由 KEGG 富集气泡图(图 5-3)可知,在 MpBud 与 MpMat 中,转录组的差异普遍比代谢组的差异显著(即圆形的颜色比三角形的更偏红),但代谢组的富集因子更高(即三角形都在圆形右边),物质数量较为接近(三角形和圆形的大小相似),转录组和代谢组都显著富集的有吲哚生物碱生物合成(indole alkaloid biosynthesis);转录组富集极显著而代谢组不显著的有苯丙醇生物合成(phenylpropanol biosynthesis)、半乳糖代谢(galactose metabolism)、糖酵解/糖异生(glyolysis/gluconeogenesis)、戊糖和葡萄糖醛酸的转化(pentose and glucuronate interconversions);代谢组富集极显著而转录组不显著的有 ABC 转运蛋白(ABC transporters)、果糖和甘露糖代谢(fructose and mannose metabolism.)、精氨酸生物合成(arginine biosynthesis)、烟酸和烟酰胺代谢(nicotinate and nicotinamide metabolism)。

在 MpBud 与 MpTen 和 MpTen 与 MpMat 的分析同上。

拓展阅读

英文示例 5.3

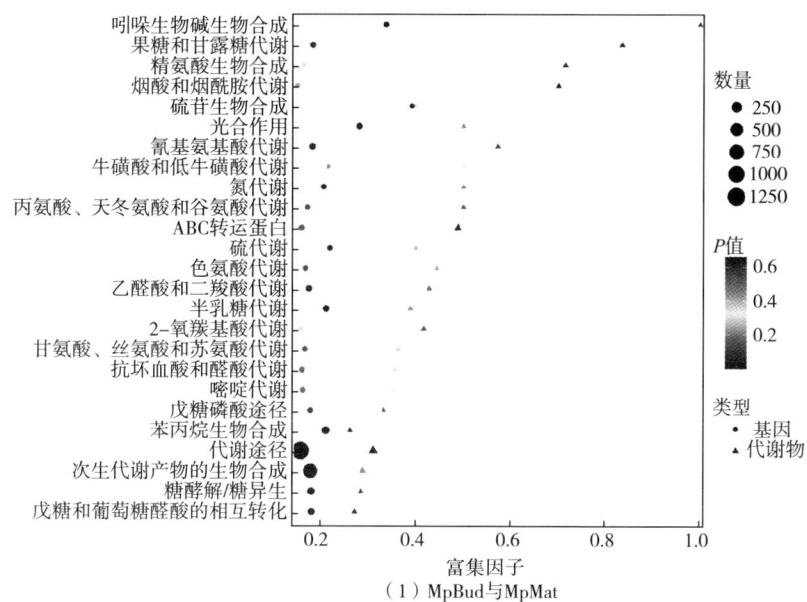
（1）MpBud与MpMat

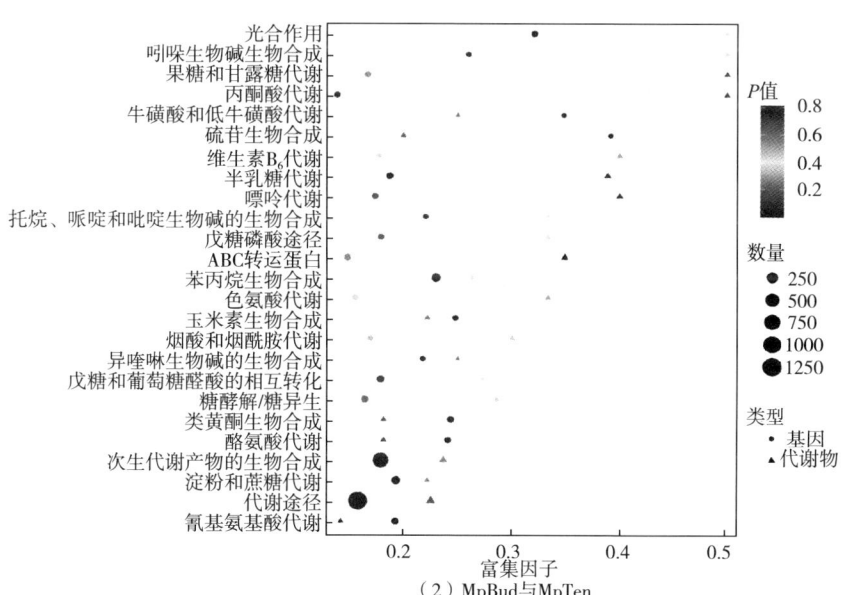
（2）MpBud与MpTen

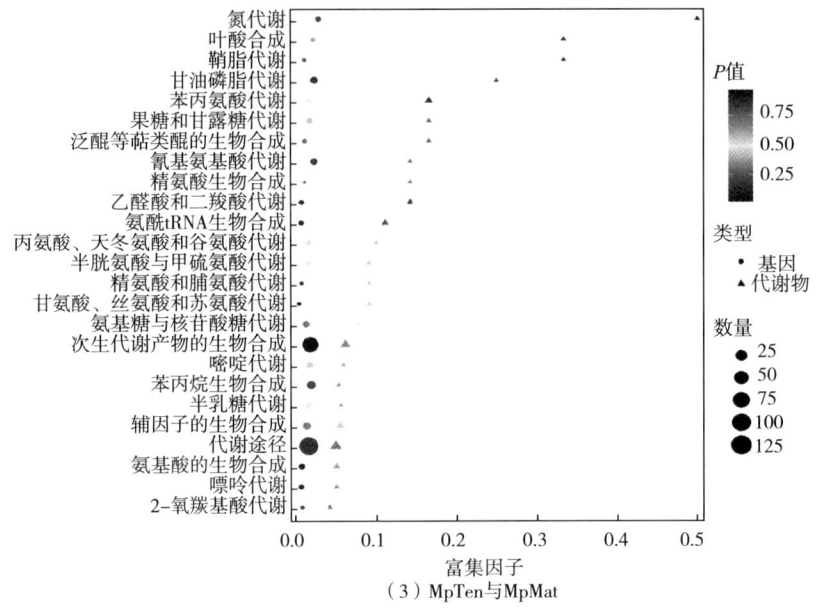
(3) MpTen与MpMat

图 5-3　KEGG 富集气泡图

四、KEGG 通路图

(一)定义

利用 KEGG 富集表的 KEGG_map、Description,可绘制 KEGG 通路图。

(二)组成与含义

1. 组成

KEGG 通路图中左上角为 KEGG 通路图名称,红色代表基因/代谢物上调,绿色代表基因/代谢物下调,蓝色代表同时包含上调和下调,白色代表未检测到;小圆点是化合物(代谢物),方框是基因(蛋白质或 mRNA)、酶。

2. 含义

KEGG 通路图显示了相关基因和代谢物在代谢通路中的差异表达,说明样本中显著代谢通路相关的基因和代谢物的上调和下调。

(三)解读

由植物激素信号转导 KEGG 通路图(图 5-4)可知,在 Tryptophan metabolism(色氨酸代谢)通路中,下调的基因和代谢物有 Auxin(生长素)、AUX/LAA(基因)、GH3(基因),在 Zeatin biosynthesis(玉米素生物合成)通路中,下调的代谢物有 B-ARR(调节因子);在 Carotenoid biosynthesis(类胡萝卜素生物合成)通路中,下调的代谢物有 Abscisic

/ 第五章　玉叶金花转录组与广靶代谢联合分析 /

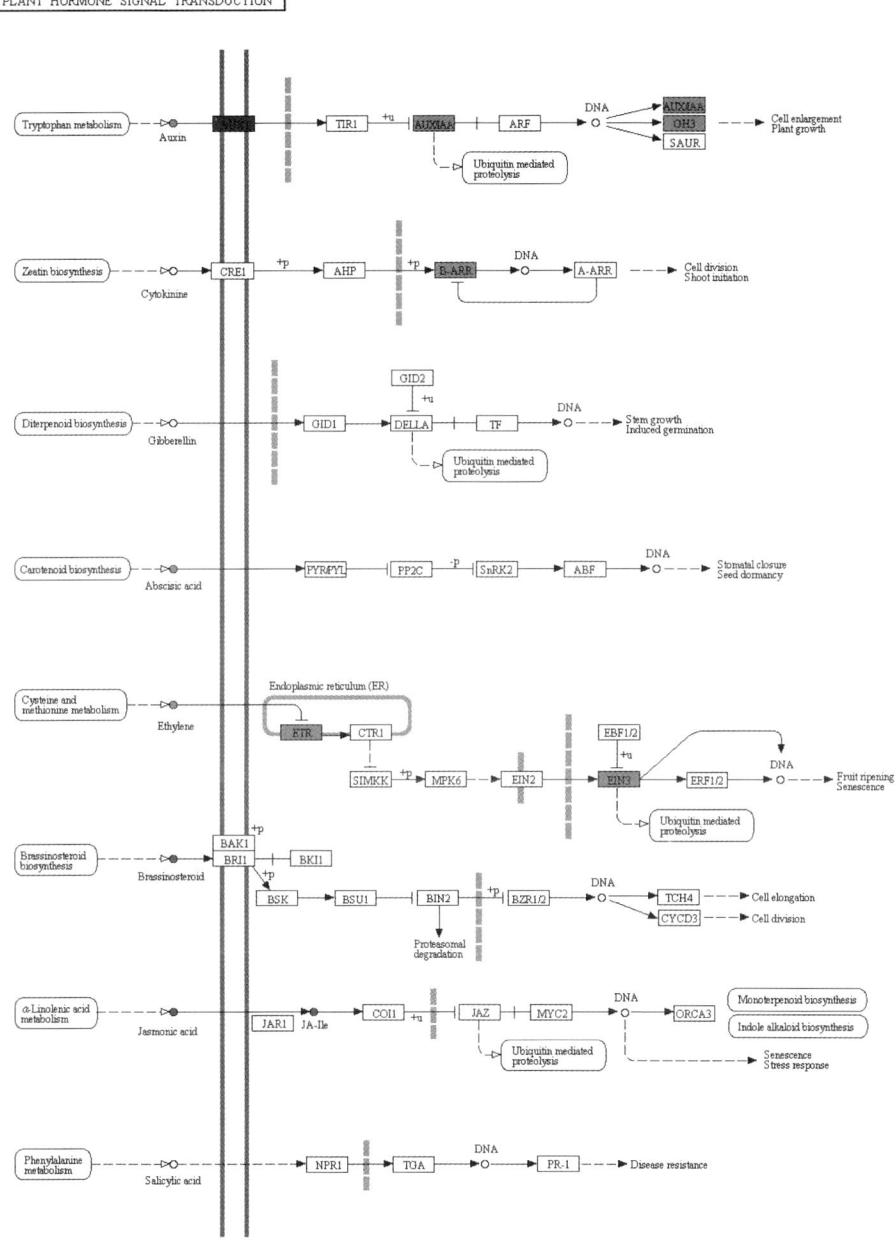

Tryptophan metabolism—色氨酸代谢;Auxin—生长素;Zeatin biosynthesis—玉米素生物合成;Carotenoid biosynthesis—类胡萝卜素生物合成; Abscisic acid—脱落酸;Cysteine and methionine metabolism—半胱氨酸和蛋氨酸代谢; Ethylene—乙烯;Brassinosteroid biosynthesis—油菜素甾醇生物合成;Brassinosteroid,油菜素甾醇;α-Linolenic acid metabolism,α-亚麻酸代谢;Jasmonic acid,茉莉酸。

图 5-4　KEGG 通路图示例(ko04075:植物激素信号转导)

acid(脱落酸);在 Cysteine and methionine metabolism(半胱氨酸和蛋氨酸代谢)通路中,下调的代谢物和基因有 Ethylene(乙烯)、ETR(乙烯受体 ETR)、EIN3(乙烯信号转录因子);在 Brassinosteroid biosynthesis(油菜素固醇生物合成)通路中,上调的代谢物有 Brassinosteroid(油菜素固醇);在 α-Linolenic acid metabolism(α-亚麻酸代谢)通路中,上调的代谢物有 Jasmonic acid(茉莉酸)、JA-I1e(茉莉酸信号分子)。说明相关基因主要参与玉叶金花叶片不同生育期植物激素代谢通路。

在 MpBud 与 MpTen 和 MpTen 与 MpMat 的分析同上。

拓展阅读

英文示例 5.4

第三节　KGML 分析

一、定义

KEGG 标记语言(KEGG markup language,KGML)互作图,即利用 KEGG 数据库中的 pathway 绘制所得到的图,可系统地研究基因产物和代谢物之间的相互作用,直观地展示了 pathway 中各种组分的详细信息及其基因产物和代谢物的网络关系。

二、组成与含义

(一)组成

KGML 互作图中方形代表基因或基因产物,圆形代表代谢物,菱形代表通路名称,红色代表基因、基因产物、代谢物上调,绿色代表基因、基因产物、代谢物下调。

(二)含义

KGML 互作图展示了样本中转录组和代谢组基因之间的互作程度,说明了在玉叶金花叶片生长过程中基因的合成发挥重要性作用。

三、解读

由 KGML 互作图(图 5-5)可知,玉叶金花叶片不同生育期中基因产物和代谢物的网络关系比较复杂的有 B4G1P1、A0A1D6MBA1、hsa00061 等结点;其中 B4G1P1 结点相连的通路有 6 条、基因或基因产物有 1 个,A0A1D6MBA1 结点相连的通路有 4 条、基因或基因产物有 5 个,hsa00061 结点相连的基因或基因产物有 7 个。此外,玉叶金花叶片不同生育期中代谢物上调的有 Phosphatidyl-L-serine(磷脂酰丝氨酸)、2-Oxobutanoate(2-氧代丁酸乙酯),代谢物下调的有 Lanosterol(羊毛甾醇)。以上结果说明 B6SWE6(AMP-binding protein)、Q9SWR9(pyruvate dehydrogenase E2 component)等是由 hsa00061(Fatty acid biosynthesis)通路带动的。

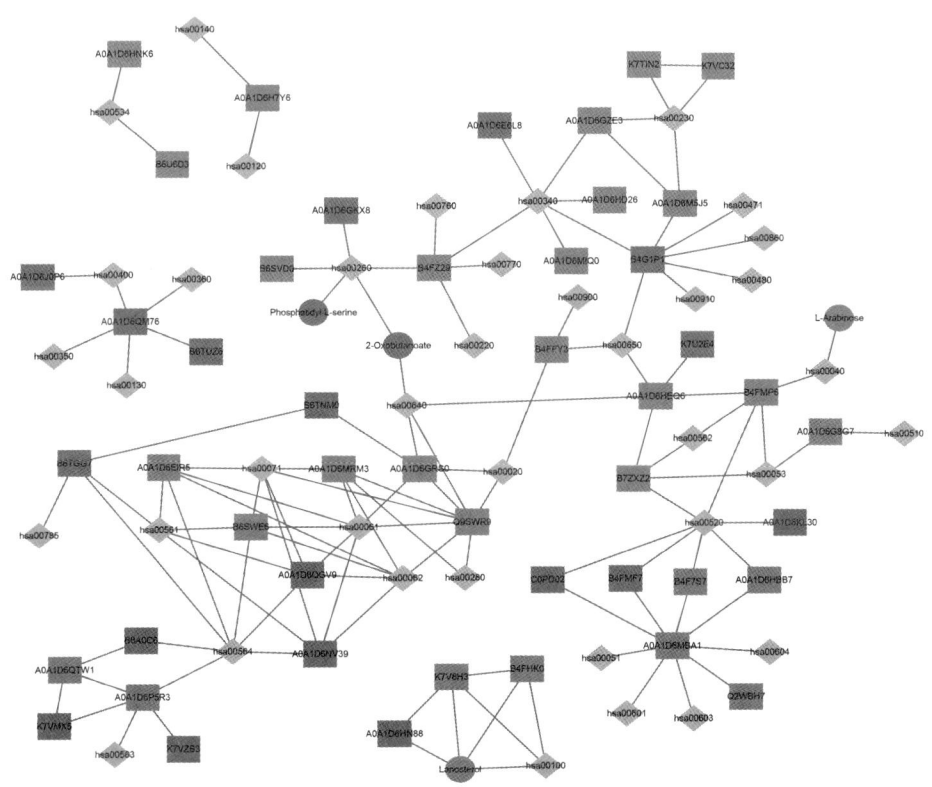

图 5-5　KGML 互作图

注:图中方形表示基因或基因产物,圆形表示代谢物,菱形表示通路名称,文字表示代码。图中深灰色表示基因或者基因产物或者代谢物上调,中灰色表示基因或者基因产物或者代谢物下调。

拓展阅读

英文示例5.5

第四节 表达相关性分析

相关分析是指对两个或两个以上相关性变量元素的分析,需要在变量元素之间建立一定的联系或者概率,以衡量两个因素之间的相关密切程度。

一、总体相关性分析

(一)总体相关性分析表

1. 定义

总体相关性分析表,即利用基因和代谢物在所有样本中的定量值进行相关性分析。相关性方法是使用 R 中的 cor 函数计算基因和代谢物的皮尔逊相关系数(Pearson correlation coefficient),并选取相关性系数大于 0.80 且 P-value 小于 0.05 的值。

注:皮尔逊相关系数是用于表示相关性大小的最常用指标,数值介于 -1~1 之间。P 值越接近 0 表示相关性越低,越接近 -1 或 1 表示相关性越高。正负号表示相关方向,正号为正相关、负号为负相关。

2. 组成与含义

(1)组成 总体相关性表有 4 列,依次为 gene ID(表示基因 ID)、meta ID(表示代谢物 ID)、coefficient(表示相关性系数)、P-value(表示相关性 P 值)。

(2)含义 根据总体相关性表中相关性系数大于 0.80 且 P-value 小于 0.05 的值,来说明差异基因与差异代谢物两个重复样品间相关性的大小。

注:由总体相关性表中数据可绘制相关性分析九象限图、差异相关性表格。

3. 解读

由总体相关性表(表 5-2)知,在玉叶金花叶片不同生育期中,Cluster-1117.42088 和 Lmbn001754(3-异丙基苹果酸)的正相关性最高,相关系数为 0.9991。Cluster-1117.23811 和 MWSmce274(水杨醇/邻羟基苄醇)的负相关最高,相关系数为 -0.9991。

表 5-2　　　　　　　　　　　　　　　总体相关性表

基因 ID	代谢物 ID	相关性系数	P 值
Cluster-1117.10134	pme3200	0.842219549	0.004386853
......			
Cluster-1117.14026	pme3200	0.838350783	0.004756007

拓展阅读

英文示例 5.6

(二)总体表达趋势分析

1. 定义

利用总体相关性表中基因 D、代谢物 ID、相关性系数、P 值,可绘制相关性九象限图,图形化展示了基因和代谢物的表达趋势,并将表达趋势相同的基因进行归类。

2. 组成与含义

(1)组成　相关性九象限图横坐标表示基因的 $\log_2 FC$($\log_2 FC$ of gene),纵坐标表示代谢物的 $\log_2 FC$($\log_2 FC$ of meta)。图中用黑色虚线从左至右、从上至下,依次划分为 1~9 个象限。

(2)含义　相关性九象限图基于基因与代谢物的相关性进行绘图,用于说明基因和代谢物的表达情况和调控机制。

3. 解读

由九象限图(图 5-6 和表 5-3)可知,从芽成长至嫩叶的过程中,增加的代谢物由基因下调引起的较多(1 象限),由基因上调引起的偏少(3 象限);当嫩叶变为成熟叶时,代谢物增加的较少(1、3 象限),基因的变化主要引起了大量代谢物的下调,而且很多代谢物的下调与基因无关(8 象限),这也表明了成熟叶中有些物质的变化是非酶促的,可能是自然降解或转运了。

表 5-3　　　　　　　　　　　　　　　九象限图解读标准

象限	解读	可挖掘信息
5	基因与代谢物均非差异表达	该差异分组基因和代谢物非差异表达
3,7	基因与代谢物差异表达模式一致	具有正相关性的基因与代谢物,代谢物的表达变化可能是由基因正向调控

续表

象限	解读	可挖掘信息
1,9	基因与代谢物差异表达模式相反	具有非一致调控趋势的基因与代谢物,代谢物的表达变化可能是由基因负向调控
2,4,6,8	**********	代谢物表达未变,基因上、下调或基因表达未变,代谢物上、下调

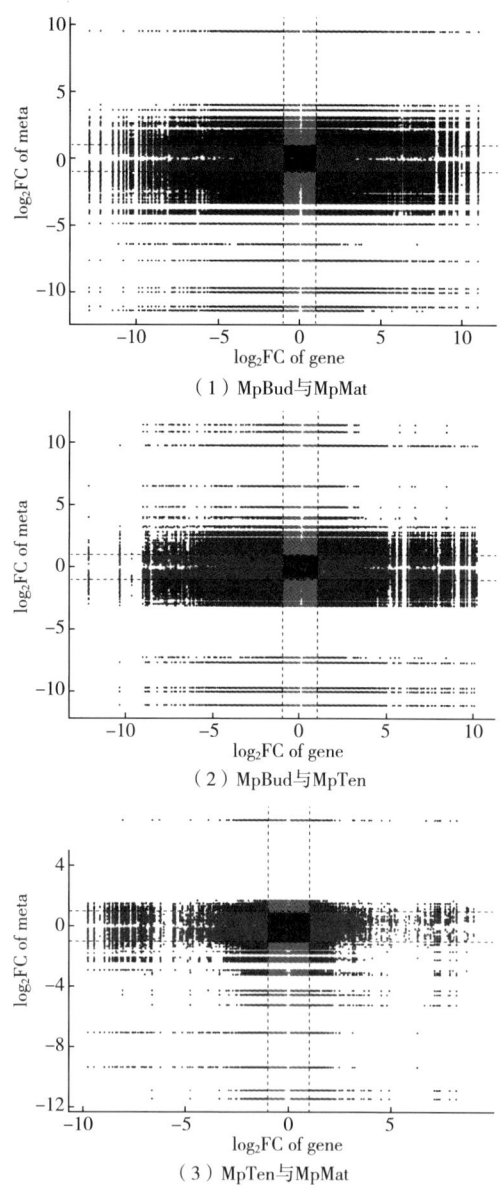

（1）MpBud与MpMat

（2）MpBud与MpTen

（3）MpTen与MpMat

图 5-6 相关性九象限图

拓展阅读

英文示例 5.7

二、差异相关性分析

(一)差异相关性表

1. 定义

差异相关性表,利用从总体相关性结果中选取差异基因和差异代谢物相关性分析结果进行相关性分析,相关性方法是使用 R 中的 cor 函数计算基因和代谢物的皮尔逊相关系数,并选取相关性系数大于 0.80 且 P 值小于 0.05 的值。

2. 组成与含义

(1)组成　差异基因和差异代谢物相关性表有 9 列,依次为 geneID(表示基因 ID)、KO(表示基因 KEGG KO 注释编号)、metaID(表示代谢物 ID)、Compounds(表示代谢物名称)、物质(表示代谢物中文名)、Class Ⅰ/Class(表示代谢物分类)、CID(表示代谢物 KEGG COMPOUND 注释编号)、coefficient(表示相关性系数)、P-value(表示相关性 P 值)。

(2)含义　通过差异相关性表中 coefficient 大于 0.80 且 P 值小于 0.05 的值,说明差异基因与差异代谢物的相关性。

注:由上述数据可绘制相关性系数聚类热图、相关性网络图。

3. 解读

由差异基因和差异代谢物相关性表(表 5-4)可知,在 MpBud 与 MpTen 组中,Cluster-1117.42088 和 Lmbn001754(3-异丙基苹果酸)的正相关性最高,相关系数为 0.9991,Cluster-1117.50925 和 mws5041(L-甘氨酰-L-异亮氨酸)的负相关性最高,相关系数为 -0.9995;在 MpTen 与 MpMat 组中,Cluster-1117.41886 和 Lmzp004885(麦黄酮/苜蓿素)的正相关性最高,相关系数为 0.99943,Cluster-1117.49605 和 Lmzp004885(麦黄酮/苜蓿素)的负相关性最高,相关系数为 -0.9983。

表 5-4　差异基因和差异代谢物相关性表(MpBud 与 MpMat)

基因 ID	KO 注释编号	代谢物 ID	代谢物名称	物质	Class Ⅰ	CID	相关性系数	P 值
Cluster-1117.10069	—	MWSmce461			Alkaloids	—	0.893452845	0.001169679

续表

基因 ID	KO 注释编号	代谢物 ID	代谢物名称	物质	Class I	CID	相关性系数	P 值
......								
Cluster-1117.11681	—	MWSmce461	—		Alkaloids	—	0.863880584	0.002675093

英文示例 5.8

(二)差异相关性聚类热图

1. 定义

利用差异相关性表的基因 ID、代谢物 ID、Class I/Class、P 值、相关性系数,可绘制差异相关性聚类热图,直观地展示了差异基因与差异代谢物的表达量及相关性。

2. 组成与含义

(1)组成　相关性聚类热图中每行为一个基因,每列为一个代谢物,Class I 表示代谢物分类,每个模块代表横坐标与纵坐标之间的相关性。红色代表差异基因和差异代谢物呈正相关,绿色则相反。

(2)含义　在差异相关性聚类热图中,颜色越红,则相关系数越大(相关性越强)。颜色越绿,则相关系数越小(相关性越弱),说明样本中基因与代谢物之间的相关关系。

3. 解读

由聚类热图(图 5-7)可知,在 MpBud 与 MpMat 组中基因和代谢物相关性比较明显,正负相关各约二分之一;在 MpBud 与 MpTen 和 MpTen 与 MpMat 的分析同上。这表明基因表达量主要参与了芽生长至嫩叶的过程,在此过程中很多物质变化与基因表达关系不大。

英文示例 5.9

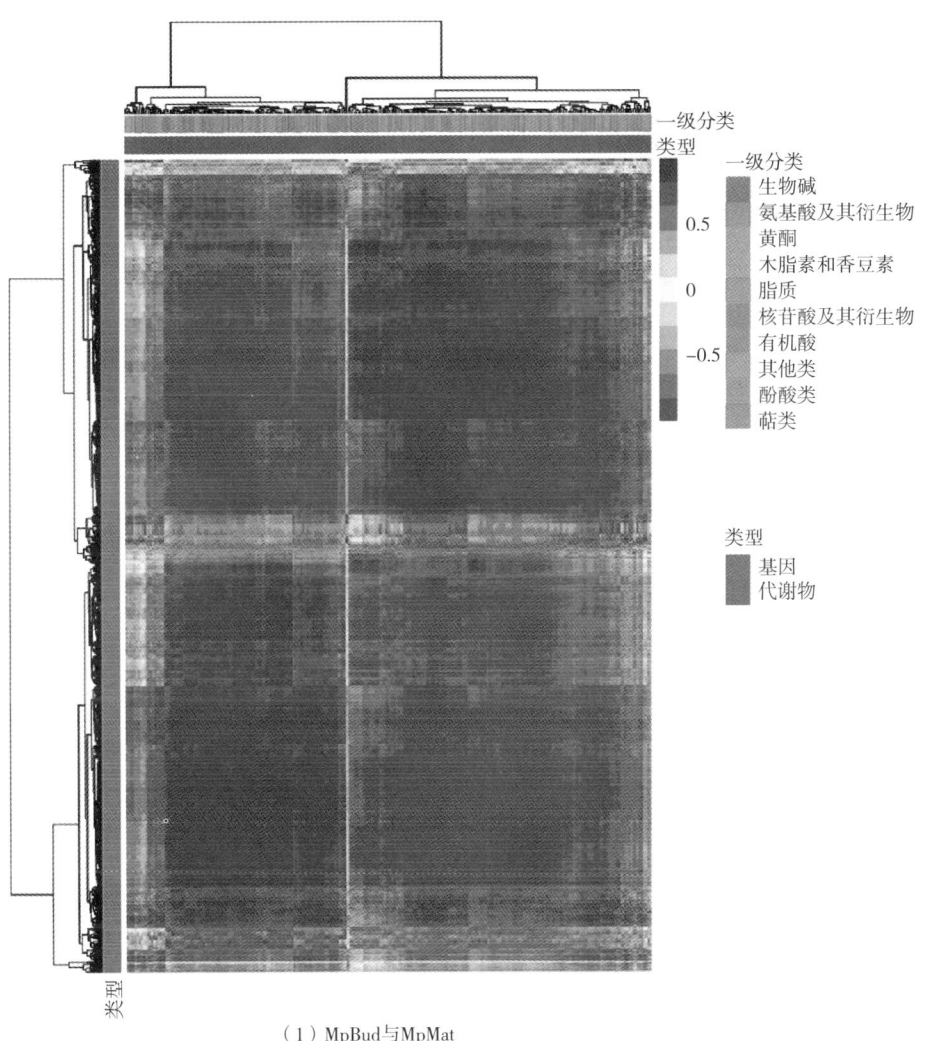

（1）MpBud与MpMat

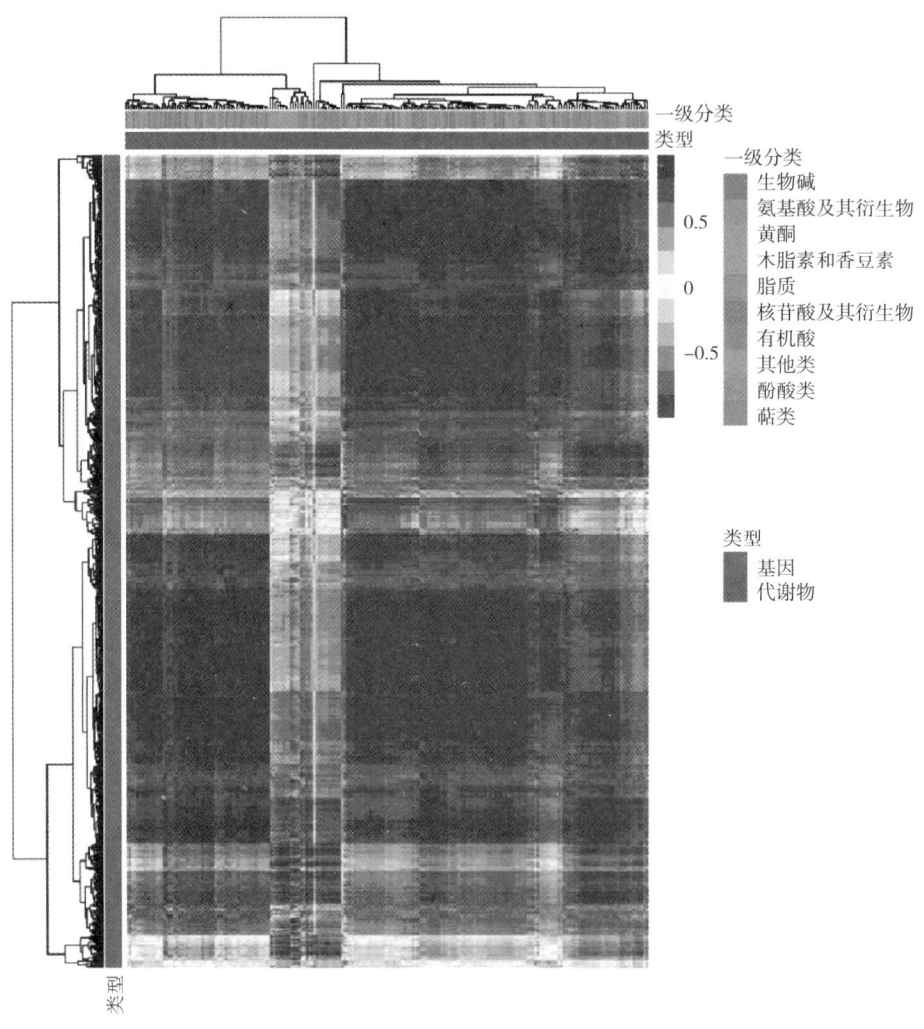

(2) MpBud与MpTen

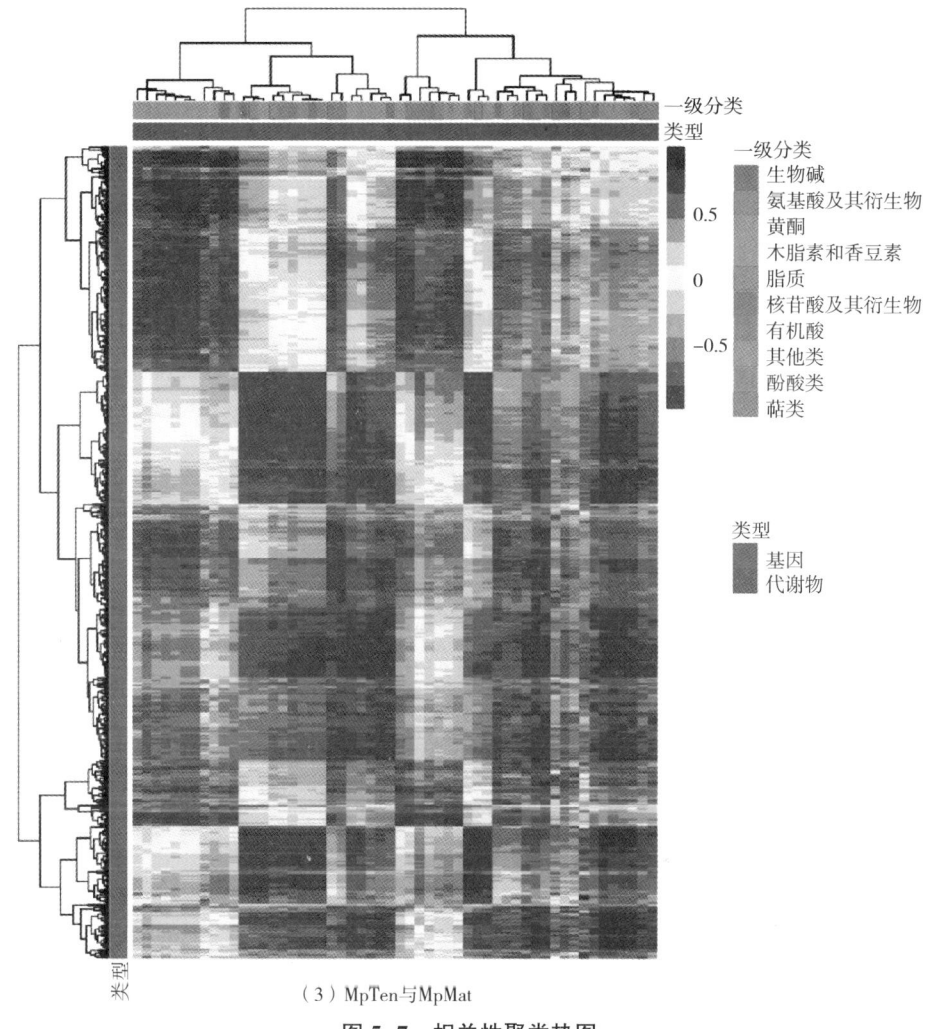

（3）MpTen与MpMat

图 5-7 相关性聚类热图

(三)差异相关性网络图

1. 定义

差异相关性网络图,即利用差异相关性表中的基因 ID、代谢物 ID、P 值、相关性系数绘制所得,其直观地展示了差异基因和差异代谢物之间的相关关系。

2. 组成与含义

(1)组成　相关性网络图中圆形表示基因,方形表示代谢物,实线表示正相关,虚线表示负相关,线的粗细表示相关性强弱。

(2)含义　通过相关性网络图展示了样本中差异代谢物受差异基因的调控以及两组学之间的相关关系。

3. 解读

由相关性网络图(图5-8)可知,在 MpBud 与 MpMat 中,mws4170(D-葡萄糖)和 pme2287(焦磷酸硫胺素)代谢物受 Cluster-1117.45149、Cluster-1117.35763 等

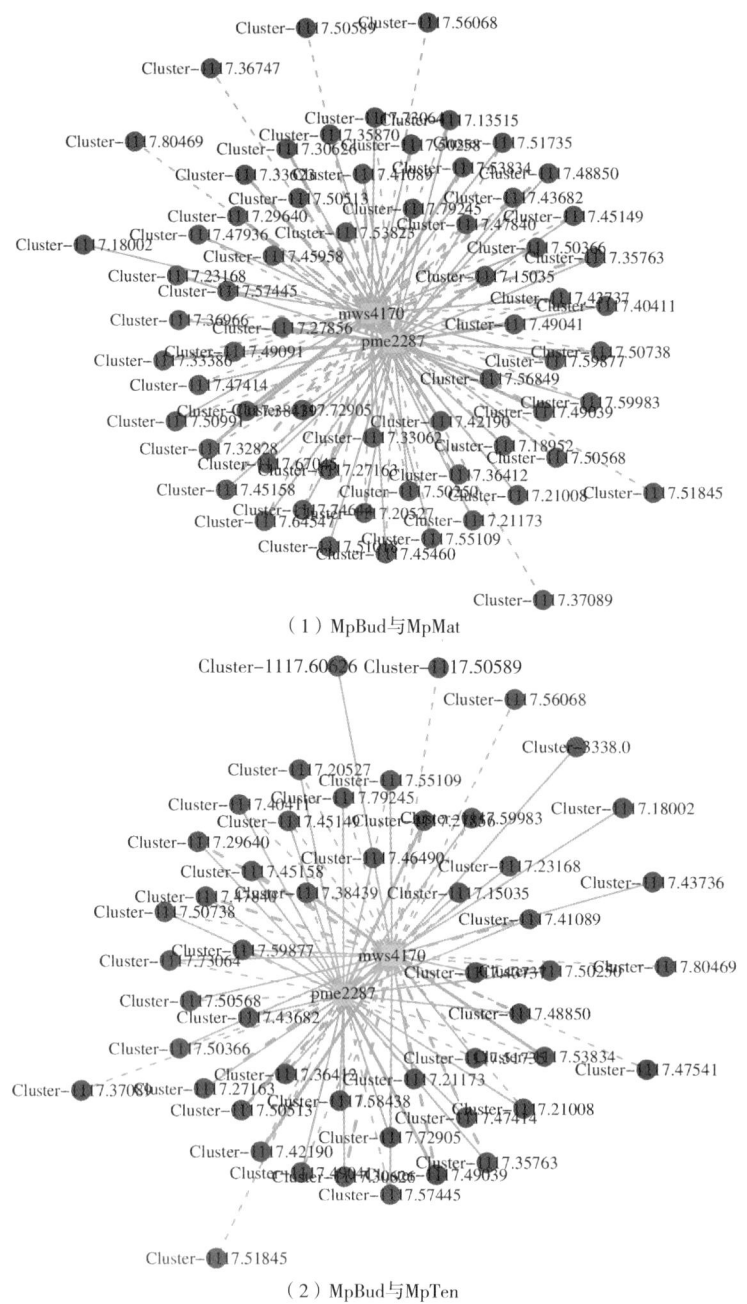

(1) MpBud与MpMat

(2) MpBud与MpTen

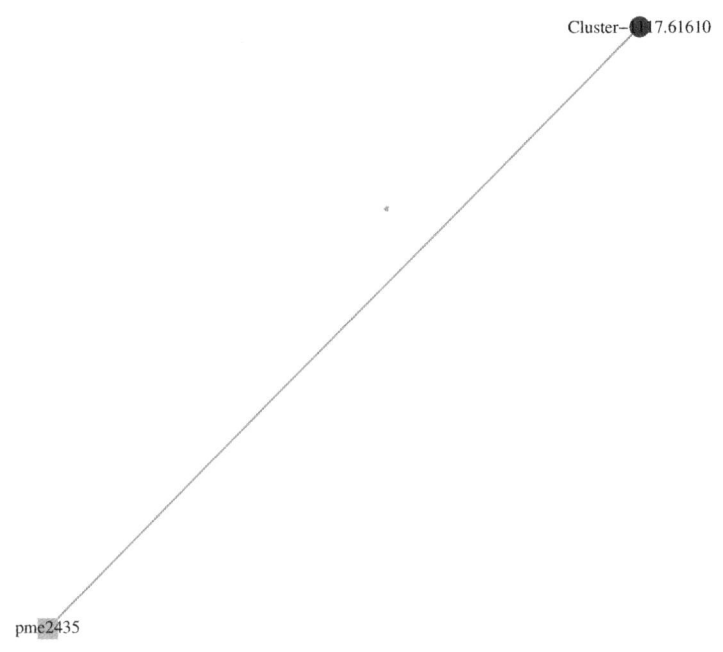

（3）MpTen与MpMat

图5-8 相关性网络图

多个基因共同调控,并且mws4170代谢物与Cluster-1117.18002基因呈正相关,与Cluster-1117.80469、Cluster-1117.36747、Cluster-1117.50589、Cluster-1117.56068基因呈负相关,pme2287代谢物与Cluster-1117.37089、Cluster-1117.51845基因呈正相关。

在MpBud与MpTen组和MpTen与MpMat组的分析同上。

拓展阅读

英文示例5.10

第五节　典型相关分析（CCA）

一、定义

典型相关分析（canonical correlation analysis，CCA），是利用综合变量对两组学之间的相关关系来反映指标之间的整体相关性的多元统计分析方法。

二、组成与含义

（一）组成

CCA 图中以十字区分出四个区域，紫色圆点（图中深灰色）代表代谢物，红色圆点（图中浅灰色）基因，维度1（Dimension 1）和维度2（Dimension 2）代表两个变量组中各变量的线性组合。

（二）含义

由 CCA 图可知，在同一个区域内，距原点越远，相互距离越近，关联性越高，说明样本中基因与代谢物之间的相关性。

（三）解读

由 CCA 图（图5-9）可知，在 MpBud 与 MpMat 和 MpBud 与 MpTen 的 ko00010（Glycolysis / Gluconeogenesis）代谢通路中，浅灰色的点大多数远离原点，表明转录组和代谢组之间的关联性较高，并且深灰色的 pme2287（焦磷酸硫胺素）和 mws4170（D-葡萄糖）两点中 mws4170 点距离浅灰色的点较近，与之紧密关联的基因较多，说明 mws4170 代谢物受到了 Cluster-1117.18002、Cluster-1117.80469den 等多个基因的调控。

在 MpTen 与 MpMat 的 ko00360（Phenylalanine metabolism）代谢通路中，浅灰色的 Cluster-1117.37474、Cluster-1117.50925 两点和深灰色的 ML10179289（2-苯乙醇）、mws0491（2-苯乙胺）两点都远离原点，表明转录组和代谢组之间的关联性较高，深灰色的 ML10179289、mws0491 两点距离红色的点较近，与之紧密关联的基因有 Cluster-1117.37474、Cluster-1117.50925，说明受到了这两个基因的调控。

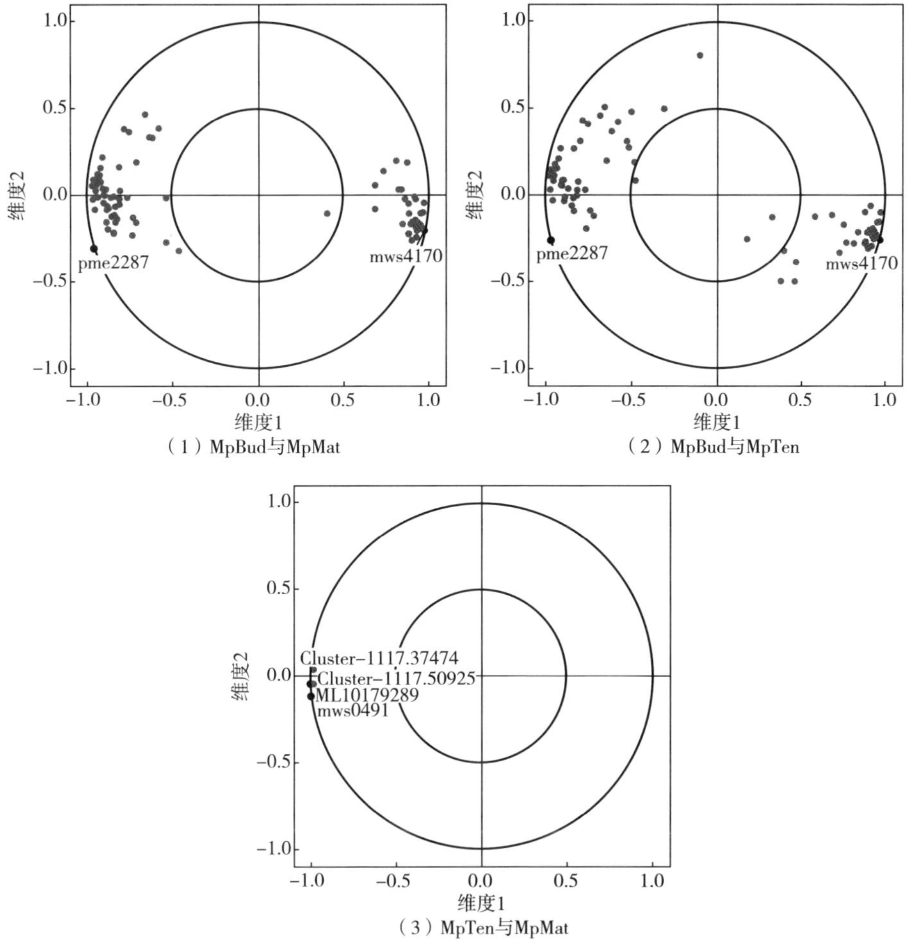

图 5-9　CCA 图

拓展阅读

英文示例 5.11

第六节　双向正交偏最小二乘法分析（O2PLS）

O2PLS 模型为非监督建模，常用于系统生物学组学间关联、分子调控机制-表型间关联等两个数据组间的整合分析(Bouhaddani et al.,2016)。

一、定义

O2PLS模型图,即由O2PLS模型所绘制出的图。

注:该图可客观描述两数据组间是否存在关联趋势,从而发现不同层面的调节信息,有助于建立系统生物学调节网络,尽可能从源头上避免假阳性关联。

二、组成与含义

（一）组成

O2PLS模型图中的点表示基因/代谢物,每个点到原点的距离代表和另外一个组学相关性的大小。载荷图中标示出对另一个组学影响较大的前10个物质。

（二）含义

通过载荷图初步判断不同数据组中相关性和权重都比较高的变量,并筛选出影响另一组学的重要变量,越靠近外圈的因子(基因和代谢物),说明两组学关联性越高。

三、解读

由O2PLS模型图(图5-10)可知,转录组与代谢组之间的相关性,基因组中各基因对代谢组的影响较小(0.005~0.025),对代谢物组影响权重最高的10个基因ID分别为Cluster-1117.37136、Cluster-1117.48948、Cluster-1117.46482、Cluster-1117.43587、Cluster-1117.38726、Cluster-1117.41886、Cluster-1117.43771、Cluster-1117.43701、Cluster-1117.40455、Cluster-1117.52387;代谢组显示了代谢物对转录组的关联较大(0.050~0.125),跟转录组相关性最高10个代谢物分别为Lmzp004885(苜蓿素/麦黄酮)、Zmjp003291(牡荆素-2″-O-半乳糖苷)、Zmyp003560(玉叶金花苷酸甲酯)、pmp000691(马钱苷元)、Lmpp003268(山奈酚-3-O-芸香糖苷-7-O-葡萄糖苷)、mws1434(芹菜素-6-C-葡萄糖苷/异牡荆素)、Lmyn001269(山奈酚-3-O-槐糖苷/槐属黄酮苷)、pme0193(L-谷氨酰胺)、mws0425(柠康酸)、mws0749(4-羟基苯甲酸)。

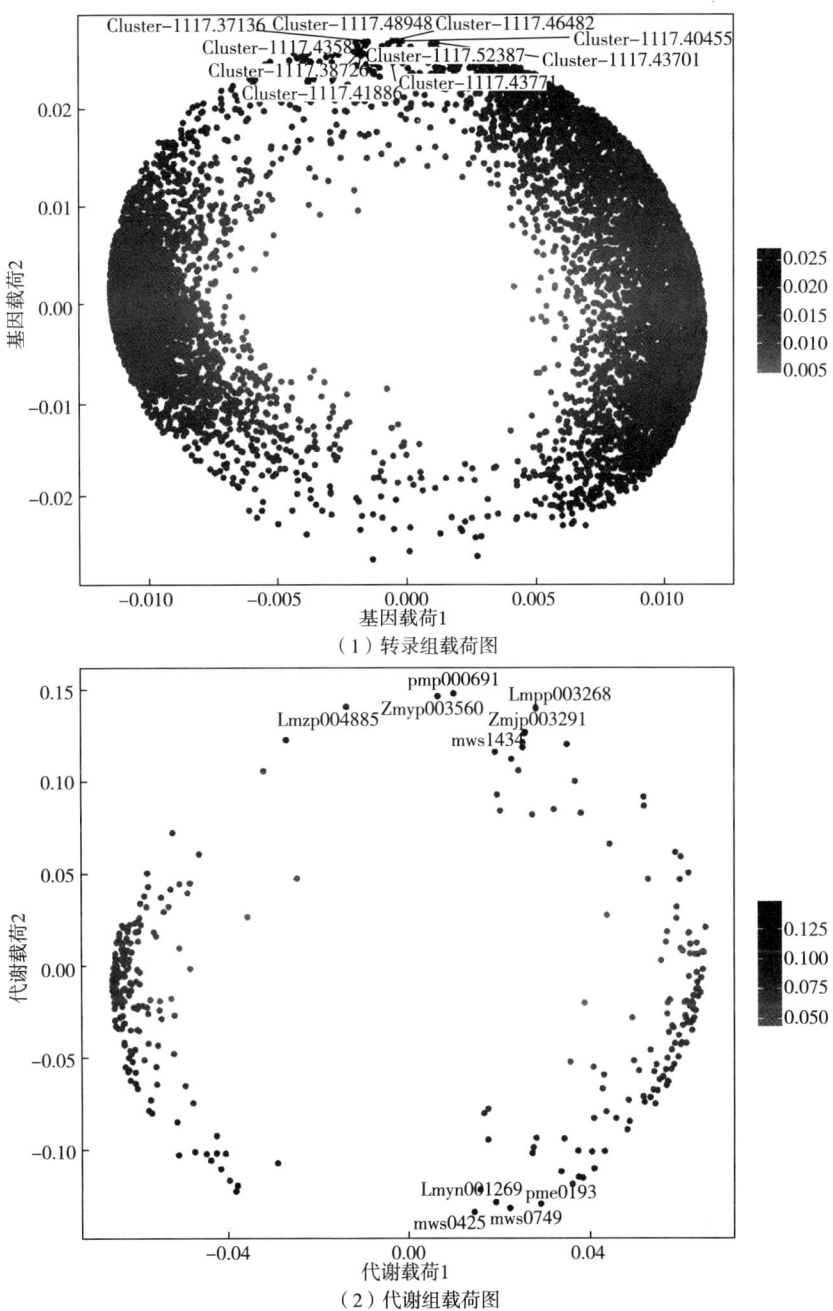

(1)转录组载荷图

(2)代谢组载荷图

图 5-10 O2PLS 模型图

拓展阅读

英文示例5.12

参考文献

［1］BOUHADDANI S E,HOUWING-DUISTERMAAT J,SALO P,et al. Evaluation of O2PLS in Omics data integration［J］. BMC Bioinformatics,2016,17(2):117.

［2］FU M Y,YANG X,ZHENG J R,et al. Unraveling the regulatory mechanism of color diversity in *Camellia japonica* petals by integrative transcriptome and metabolome analysis［J］. Frontiers in Plant Science,2021,12:685136.

［3］LI L,KONG Z Y,HUAN X J,et al. Transcriptomics integrated with widely targeted metabolomics reveals the mechanism underlying grain color formation in wheat at the grain-filling stage［J］. Frontiers in Plant Science,2021,12:757750.

［4］LI P Q,RUAN Z,EFEI Z X,et al. Integrated transcriptome and metabolome analysis revealed that flavonoid biosynthesis may dominate the resistance of *Zanthoxylum bungeanum* against stem canker［J］. Journal of Agricultural and Food Chemistry,2021,69(22):6360-6378.

［5］LI S,DENG B,TIAN S,et al. Metabolic and transcriptomic analyses reveal different metabolite biosynthesis profiles between leaf buds and mature leaves in *Ziziphus jujuba* mill［J］. Food Chemistry,2021,347:129005.

［6］LIU H,CHEN X X,CHEN H X,et a. Transcriptome and metabolome analyses of the flowers and leaves of *Chrysanthemum dichrum*［J］. Frontiers in Genetics,2021,12:716163.

［7］LU S W,WANG J Y,ZHUGE Y X,et al. Integrative analyses of metabolomes and transcriptomes provide insights into flavonoid variation in grape berries［J］. Journal of Agricultural and Food Chemistry,2021,49(41):12354-12367.

［8］QIN G,LIU C,LI J,et al. Diversity of metabolite accumulation patterns in inner and outer seed coats of pomegranate:exploring their relationship with genetic mechanisms of seed coat development［J］. Horticulture Research,2020,7.

［9］SADE D A,SHRIKI O A,CUADROS-INOSTROZA A B,et al. Comparative metabolomics and transcriptomics of plant response to Tomato yellow leaf curl virus infection in resistant and susceptible tomato cultivars［J］. Metabolomics,2014,11(1):81-97.

［10］SHI Q Q,DING Z H,TIE W W,et al. Metabolomic and transcriptomic analyses of anthocyanin biosynthesis mechanisms in the color mutant *ziziphus jujuba* cv. *Tailihong*［J］. Journal of Agricultural and Food Chemistry,2020,68(51):15186-15198.

[11] SUN J H, QIU C, DING Y Q, et al. Fulvic acid ameliorates drought stress-induced damage in tea plants by regulating the ascorbate metabolism and flavonoids biosynthesis[J]. BMC Genomics, 2020, 21(1):411.

[12] XIAO L, CAO S, SHANG X, et al. Metabolomic and transcriptomic profiling reveals distinct nutritional properties of cassavas with different flesh colors[J]. Food Chemistry: Molecular Sciences, 2021, 2:100016.

[13] YANG Y, CHEN M, LIU Y, et al. Metabolome and transcriptome analyses reveal different flavonoid biosynthesis and chlorophyll metabolism profiles between red Leaf and green Leaf of *Eucommia ulmoides*[J]. Forests, 2021, 12(1260):1260.

[14] ZHU H, AI H, HU Z, et al. Comparative transcriptome combined with metabolome analyses revealed key factors involved in nitric oxide(NO)-regulated cadmium stress adaptation in tall fescue[J]. BMC Genomics, 2020, 21(1):601.